智能制造

成型CNC技术

韩中 著

清華大學出版社
北 京

内容简介

本书从研发的思想出发，介绍智能制造涉及的多个关键技术，包含智能建模、智能优化、智能仿真、智能编程、智能维护、智能制造可靠性、智能物流等多方面内容。本书重点突出智能制造的系统性及其理论方法与应用的可操作性。书中给出大量应用实例及其测试数据和测试过程，以供读者参考。

本书具有一定的理论深度，涉及的知识面较广，但在编写时也兼顾了初学者，可作为高等院校相关专业高年级本科生及研究生的教材，也可作为智能制造行业的科研或工程技术人员的参考书。

图书在版编目(CIP)数据

智能制造：成型CNC技术/韩中著. —北京：清华大学出版社，2021.10
ISBN 978-7-302-58756-9

Ⅰ.①智… Ⅱ.①韩… Ⅲ.①数控机床加工中心 Ⅳ.①TG659

中国版本图书馆CIP数据核字(2021)第144059号

责任编辑：郭 赛
封面设计：杨玉兰
责任校对：焦丽丽
责任印制：朱雨萌

出版发行：清华大学出版社
网　　址：http://www.tup.com.cn，http://www.wqbook.com
地　　址：北京清华大学学研大厦A座　　**邮　　编**：100084
社 总 机：010-62770175　　**邮　　购**：010-83470235
投稿与读者服务：010-62776969，c-service@tup.tsinghua.edu.cn
质量反馈：010-62772015，zhiliang@tup.tsinghua.edu.cn
课件下载：http://www.tup.com.cn，010-83470236
印 装 者：三河市天利华印刷装订有限公司
经　　销：全国新华书店
开　　本：185mm×230mm　　**印　　张**：14.25　　**字　　数**：289千字
版　　次：2021年12月第1版　　**印　　次**：2021年12月第1次印刷
定　　价：59.00元

产品编号：091146-01

FOREWORD

前言

目前，人类的生产发展已步入智能制造时代，其中，制造装备的智能化是一个重要的发展方向。交流伺服塔式平板成型加工中心（成型CNC，简称FCNC）作为数控制造的主流制造装备集成了机械、电子、材料、信息等多个领域的知识，是众多技术的综合体，具有制造功能强大、使用性能优越、应用范围广泛的特点。本书将以FCNC为例，基于智能制造的智能方法、控制原理以及智能应用等针对模型辨识、加工的智能设计、智能运动控制、智能编程方法、智能维修维护以及智能物料（流）等内容进行介绍。

本书内容主要如下。

一种自动辨识建模方法。模型是解决系统工程问题的基础工具，本书介绍了一种自动辨识建模方法，旨在解决系统模型化问题，保证系统与模型的一致性和完整性，为智能制造奠定基础。此方法通过对系统组成单元及其单元关系进行辨识，提炼模型的结构性数据，自动形成系统模型。模型采用图论作为系统（工业系统、装备系统等）的表达形式。研究还对模型单元进行规则性编码，并根据系统特性定义模型辨识函数。

一种智能制造设计方法。它是一种基于哈密尔顿图的制造过程优化方法，其实质是确定产品加工方案。由于产品批量连续加工的复杂性以及制造过程的多因素，方案仅依靠人工制定几乎不可能完成，因此，保障装备正常高效生产的方法就显得尤为重要。研究发现，多工序的连续加工能形成指数级个数的加工方案，非常类似于一个哈密尔顿图，因此，本书将介绍一种基于哈密尔顿图的制造过程优化方法，以寻找最佳加工方案，此方案能够满足智能制造过程的高效和低耗损要求。

智能控制与仿真技术。本书将在传统加工中心伺服运动精度的PID控制的基础上结合仿真技术进行研究，研究参数整定校正方法，如试凑法和Ziegler-Nichols法等，找出参数调整与误差的作用关系。通过对PID控制参数的研究实现加工过程的智能误差补偿，提高加工精度。真实的物理实验非常费时和费料，本书使用MATLAB工具进行智能仿真，实现智能方法下加工精度的提升。

智能编程方法。通过智能感知与辨识实现FCNC加工的自动编程方法，以CNC加工的 CAD/CAM 图形为基础进行制造的机加编程，减轻传统的人工编制图形代码的编码强度和难度。通过人机交互提供最小制造信息集给 FCNC，FCNC 利用自动编程算法以及前面的智能制造方案设计方法自动编制程序，并自行组织加工生产的过程。另外，本书提供 CAD/CAM 的数据导入并生成 CNC 机加代码的功能，通过这种简单的“单击选择”操作实现 NC 的自动编程，实现装备制造过程的智能化。

智能维护维修技术。它是基于大数据的制造系统维修维护方法。现代大型机电系统的组成结构越来越复杂，智能化程度越来越高，制造能力越来越强，但系统的维修维护工作却越来越困难。为此，本书介绍了大数据结构化与数据驱动的复杂系统维修决策方法，通过有效利用信息技术获取的各类大数据，基于 AHP 的思想进一步进行大数据结构化，并依次建立系统维修的各个层级模型，提取支持系统维修的数据变量，提炼各层级变量的表达函数。为了实现数据驱动的维护决策技术，在模型和函数上定义数据状态块矩阵以及基于矩阵的运算方法，实现维修决策的数据驱动，最后通过一个具体的例子说明提出方法的可用性以及满足设备维修决策的建设目标，即维修方法的经济性、高效性与实用性。

智能制造的可靠性。目前，机电系统变得越来越复杂，其关重部件的质量对整个系统的可靠性起着至关重要的作用。结合经济性方面的考虑，冗余配置成为机电系统的一种重要的可靠性保障方法，然而冗余配置对系统可靠性的提升却没有一个较好的度量方法，造成了许多过度设计或配置不足的情况。为此，本书提出机电系统关重部件可靠性冗余配置方法的研究，为冗余系统的可靠性设计提供理论依据。本书定义了可靠熵的概念，通过对可靠熵的分析找出可靠性冗余配置最优值；研究和建立冗余系统的可靠性求解函数，对求解函数进行推导解析，找到可靠性函数的变化规律，并在此基础上进行可靠性冗余优化；研究可靠熵的仿真计算，验证提出方法的有效性，结果数据表明，提出的方法能够达到冗余系统可靠性指标的要求。

智能制造物流技术。现代企业生产是一个复杂的系统工程，涉及物料的供应、人员的组织、设备的准备、技术的支持等多方面的工作，这些工作及其内部彼此关联、相互制约、协同配合，任何一项工作或工作中的某个环节出现问题都会影响企业的正常生产，给企业带来不同程度的损失。那么，在上述诸多复杂因素相互影响的情况下，如何有效地组织资源、实现精益化生产、提高企业的核心竞争力是摆放在企业面前的一个难题。解决这些难题不仅需要科学的方法，同时也需要借助一定的技术手段。为此，本书介绍了基于 BOM (Bill of Manufacturing)的 MES(Manufacturing Execution System)智能制造物料(流)技术，这里的 BOM 代表使用的科学方法，MES 代表研究项目所借助的技术手段，即通过信息化、智能化的方法保证和实现企业生产的有序与高效。本书的研究与开发旨在有效地组织生产，提高加工效率，并在保证生产质量的前提下满足企业的经济效益，最终成果将工程化为一套融合多种技术于一体的信息化软件系统，此系统可应用于实际生产并指导生产，满足经济快捷的物流目标要求。另外，基于 BOM 的 MES 研究与开发也是规模企业生产中的共性问题，此项研究与开发能够广泛应用于不同的生产制造行业，具有重要的现实意义。

本书的撰写和出版受到了多方的支持和资助，包括国家自然科学基金青年基金项目（项目编号：51807107），题为《大规模电池储能系统机理分析及其可靠性优化研究》；海南省自然科学基金重点项目（项目编号：60MS060），题为《复杂网络理论持比及其优化应用研究》；教育部“新工科”研究与实践项目（项目编号：E-JSJRJ20201333）。

由于作者水平有限，本书难免存在不妥之处，敬请广大读者批评指正。

作　者

2021 年 10 月

CONTENTS 目录

第1章 绪论

1.1 背景意义

目前，象征着人类文明的智能制造技术经历了石器时代、陶器时代、蒸汽时代、电气时代和信息时代等标志性的发展阶段，随着电子计算机技术、信息化技术、机械电子技术的发展，制造工业将迎来迈向智能时代的重大发展变革。制造工业的基础就是制造装备的先进性，它反映了一个时代中人类的制造能力。因此，人们常常把装备制造能力作为衡量一个国家、一个民族的科技发展水平和文明进步程度的标志。近些年，在电子信息技术、先进制造技术的带动下，我国高端装备的制造水平也得到了大幅提升，以传感器技术、智能控制系统、工业机器人为主要组成部分的自动化生产加工中心高端装备制造体系基本形成，很多自主创新的知识产权装备制造已实现重大突破。在国计民生方面，我国一直把装备制造作为重点发展产业[1]，有数据表明，我国 2018 年 1 至 8 月机械工业实现主营业务收入为 14.54 万亿元。另外，世界强国大多把制造工业作为国家的发展重点，如西方发达国家美国发起了第三次工业革命，德国提出了工业 4.0 概念，我国在工业制造方面也制定了相关政策。

美国的第三次工业革命和德国的工业 4.0 制造目标在全球产生了重大影响，标志着全球进入以智能制造为核心的经济时代。第三次工业革命和工业 4.0 等都以信息技术革命为基础，反映了工业经济数字化、信息化、智能化、网络化的发展趋势。

智能制造装备的发展无疑成为世界各国竞争的焦点。世界上国力较强的国家都扶植了一大批制造水平较强的企业，具有代表性的制造商有美国的 GE，日本的 AMADA（伺服成型设备如图 1-1 所示）、Murate、FAUNC，德国的 Trumpf，比利时的 LVD，芬兰的 Finn-power 等。为此，从“十三五”期间开始，我国就把装备制造作为国民经济的一个重点发展产业和战略性扶植产业，进行转型升级、培育壮大，并提供巨大的市场空间。在未来的几十年内，我国的装备制造产业发展将迎来一个重要的战略机遇期。

我国在装备制造技术方面进行了全产业链方面的总体布局，加快突破一批关键核心技术，开发一批标志性、带动性强的重点产品和重大装备，从大到小分别解决大型飞机、汽

图 1-1 伺服成型设备

车船舶、计算机、手机、芯片制造等领域的发展中国家重大制造工程问题。这类产品制造都有一个共同点，就是产品组成结构烦琐，制造过程相当复杂，产品的零部件数以万计，加工方法多种多样，加工过程成千上万，另外还有繁杂的人机交互活动等。然而，在装备制造过程中却遇到了智能化程度不高的难题，智能人机交互、智能控制系统、智能制造方法等方面的智能水平很难提升，对应的知识产权相对较少。能够看出，众多的繁杂种类加工都是通过加工运动控制完成的，研究控制加工运动是解决制造智能的基础。任何一个产品大多需要几十种甚至上百种种类加工，为提升产品的加工质量和加工效率，目前加工设备的设计趋势大多采用具有多种加工能力的集成式设备，常用的设备就是数控机床(CNC)，其中，成型 CNC 的通用性相对较好。

根据上述对制造技术的情况介绍，本书将围绕成型装备(Forming Computer Numerical Control，FCNC)运动控制技术展开介绍[2]，同时将以 FCNC 作为数控制造装备的一种具体形式，并在此基础上说明 FCNC 运动的控制技术[3][4]。本书介绍的 FCNC 是基于传统的冲压成型机发展而来的，经过功能升级和改造而成，传统成型机的液压集成冲压头如图 1-2 所示。

图 1-2 液压集成冲压头

FCNC 采用了模块化、集成化的设计理念，将交流伺服电动机作为动力源，交流伺服电动机驱动装置[5] 如图 1-3 所示。

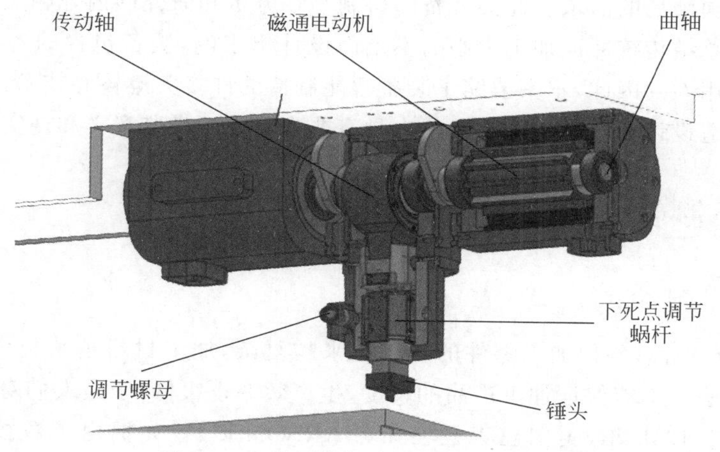

图 1-3 交流伺服电动机主视图(剖视)

冲压成型系统中的另一个重要组成部分，即动力执行机构被设计为一个转塔[6]，如图 1-4 所示，它能够承载 40 个刀具的自动转换。研究在上述全新的硬件结构基础上实施新的高效高精数控技术，具体包括系统自动建模方法、制造过程优化技术、NC 自动编程技术以及运动精度控制技术等方面，全面提升成型装备的加工效率和精度；这种全新的 FCNC 也称为交流伺服砖塔式板材冲压加工中心，此 FCNC 较传统设备相比还能大幅节省加工能源。

图 1-4 高度集成的刀具库

此 FCNC 能够广泛应用于机械、电子、通信、家电、家居等行业的制造生产，目前，国内此类装备主要依靠进口，国外的成型设备起步较早，但价格昂贵，部分技术封锁，产品不能完全满足中国市场的需求。此类装备的研制是在分析和研究国内外相关技术水平发展现状的基础上总结传统冲压加工中心的不足而设计出来的，装备包含的各项功能具有较强的共性和通用性。因此，本书浓缩了装备智能制造的许多关键核心技术，对于指导和提升我国装备制造设计和生产的核心竞争力具有非常重要的借鉴意义和现实意义。

1.2 智能制造的发展与研究现状

1.2.1 智能制造的产生

20 世纪 40 年代，各种加工零件的形状越来越复杂，加工材料越来越广泛，使用传统机床和工艺方法已不能保证加工产品的精度，生产效率也很低，于是人们对加工方法提出了更高的要求。1948 年，美国巴森兹公司(PARSONSC)首先提出了数控机床的设想。1952 年，美国麻省理工学院(MIT)成功研制出了世界上第一台三坐标数控机床，数控装置全部采用电子管元件。后来，数字电子计算机的发明和发展使数字控制机床的设计成为现实。20 世纪 50 年代末，由于价格和技术的原因，数控机床仅局限于在航空工业或军事工业中应用。到了 20 世纪 70 年代中期，由于半导体技术的进一步发展，微型计算机出现，数控机床也得到了迅速发展，其应用范围从航空、军事部门迅速扩大到汽车、建筑、机床、造船等机械制造业。此时，欧洲、日本、美国的一些机床厂的数控化率已达到 20%～60%。这期间，数控制造技术主要伴随着电子技术的发展而发展，并经历了分立式晶体管式、小规模集成电路式、大规模集成电路式、小型计算机式、超大规模集成电路、微机式的数控系统的发展阶段。到了 20 世纪 80 年代，数控技术由 NC 转向 CNC 方向发展，广泛采用具有 32 位计算能力的 CPU 作为微处理器系统，数控系统的集成度大大提高。采用模块化结构以缩小体积，采用功能定制、扩展和升级的技术方式满足不同类型数控机床的需要。驱动装置从直流转向交流，控制方式也转向数字化，CNC 装置朝着智能化的方向发展，并采用新型的自动编程方法，引入多功能通信接口和互联互通功能，注重系统可靠性的提升。这个阶段，数控机床技术得到了不断的完善和发展，功能越来越强大，使用越来越方便，可靠性越来越高，性能价格比也越来越高。

20 世纪 90 年代，数控系统技术采用了开放式体系结构。全世界的数控系统都得到了突飞猛进的发展，数控生产厂家年产数量达到 13 万台。计算机技术的快速发展推动了数控机床技术的更新换代，许多数控系统生产厂家利用 PC 所具有的丰富的软硬件资源开发出了开放式体系结构的新一代数控系统。开放式体系结构使数控系统具有较好的通用性、柔性、适应性、扩展性，并向着网络化、智能化的方向发展。近些年，世界上许多国家纷纷研制出了这种系统，如美国科学制造中心(NCMS)与空军共同研制的“下一代工作站/机床控制器体系结构”NGC，欧共体的“自动化系统中开放式体系结构”OSACA，日本的 OSEC 计划等。部分研发成果在现实中得到应用，如 Cincinnati-Milacron 公司的开放式体系结构 A2100 系统从 1995 年就开始在其生产的加工中心、数控铣床、数控车床等产品中应用。开放式体系结构系统大量采用通用计算机的先进技术，能够支持多媒体技术、声控技术、图形编程技术等。数控系统的硬件系统坚持高集成化原则，在系统的每类芯片中尽可能地采用最新的高集成技术，以集成更多的晶体管，使系统模型化、小型化、微型化。注重系统可靠性指标的提升，利用计算机技术、通信技术以及传感器技术实现故障自我检测和自动排除。

开放式体系结构的数控系统，其硬件、软件和接口总线规范都被设计为开放方式，用户可以根据不同的需求对其软硬件等资源进行定制设计，满足了不同用途的系统集成，同时极大地方便了用户的二次开发，为不同档次、不同品种的数控系统提供了更为广泛的应用空间，既可以通过扩展或压缩构成多种档次的数控系统，又可以通过定制构成不同类型数控机床的数控系统，使开发生产周期大大缩短。这种数控系统可以随 CPU 的升级而升级，硬件结构只做不同种类的集成。

人工智能技术的快速发展使得许多方法都渗透到了数控系统领域，自适应控制、模糊系统和神经网络的控制机理在数控系统中得到了广泛应用，使数控系统具备了反馈控制、模糊控制、机器学习、自适应控制、运动补偿、运动参数动态补偿等功能。不仅如此，故障诊断专家系统、自愈功能、远程设备健康监控功能也日趋完善。伺服系统智能化的交流驱动和智能化运动伺服装置能自行识别负载并自动优化调整参数。

我国于 1958 年成功研制出了三坐标数控铣床。20 世纪 70 年代，随着微机的出现，我国的机床数控技术迅速发展起来，并在 20 世纪 80 年代进入了一个新的阶段，机床厂里的数控化率已占 1.4%。我国分别从日本、美国、德国引进数控系统、直流宽调速伺服装置及电机制造技术，通过消化吸收实现了国产化。此后，我国对于引进系统进行了功能扩充，以适应柔性制造系统的需要。经过 30 多年的积累，我国已经开发出多种中高档的数控系统。目前，我国机床行业主要向经济型数控机床的方向发展，已有 20 多家开发厂家并向用户提供了数十种经济型数控品种。我国的经济数控机床已出口泰国、加拿大、德国、新加坡等国家。

1.2.2　智能制造的现状

世界各发达国家均十分重视装备制造业的发展，当今的美国、德国、日本、西欧等国家或地区的装备制造技术一直处于国际领先地位，代表着当前世界装备制造技术的最高水平。而高速化、高精化、柔性化、网络化、节能化、智能化则是当前高端装备制造技术的主要发展方向和目标。

1. 数控机床的高速化发展方向

制造加工的高速化可充分发挥现代刀具材料的性能，可以大幅提高加工效率，可以大幅降低加工成本，而且还可以提高产品表面的加工质量和精度。超高速加工技术是实现企业生产高效、优质、低成本的有效手段。现代数控机床（含加工中心）只有通过制造过程的高速化才可能大幅缩短加工时间以提高生产率。自20世纪90年代以来，欧、美、日等国相继开发了高速数控机床，主轴转速高达15 000～100 000r/min，机加进给运动部件的移动速度可达60～120m/min，切削进给速度高达60m/min。随着人们对超高速切削机理的掌握，大功率高速电主轴、直线电动机驱动进给部件以及高性能控制系统和防护装置等一系列关键技术得以解决，高速数控机床成为一种标配。伴随着高效率、大批量的产品生产，电子驱动技术的飞速发展以及高速电机的推广应用，下一步将着力开发高速、高效、高响应的数控机床以满足汽车制造、电子产品的生产需求。

2. 高精化成为数控系统的发展方向

现在的产品加工精度从微米级、亚微米级到了纳米级（＜10nm），高精化加工的应用范围已非常广泛。超精密加工包括一般的机加方面的超精密加工，如切削（车、钳、刨、铣、锻、焊、磨），还包括超精密的特种加工，如微细电火花加工、微细电解加工、激光烧结加工等。随着现代科学技术的发展，人们对超精密加工技术不断提出了新的要求。现代数控加工的材料不仅仅是一般的金属材料，还包括很多非金属材料。

3. 数控系统的可靠性是机电系统非常重要的一项指标

只有高可靠的设备才能生产出高品质的产品。另外，高质量的设备也能降低产品的生产成本。一般说来，产品的可靠性是越高越好，但它会受到产品性能和价格的约束。对于一台设备而言，衡量其可靠性通常使用可靠度、平均无故障时间（MTBF）等指标。当前数控装置的MTBF值已达6000h以上，驱动装置的MTBF值达30 000h以上。

柔性化制造技术（FMS）是为适应市场产品需求的快速变化而对加工方法做出快速调整的一种方法，是全球制造业加工能力发展的主要方向，是先进制造领域的一项基础技术。FMS追求系统可靠性的提升[7]、系统的实用化，以系统联网能力和易于集成为目标，注重加强单元技术的扩展与完善[8]，CNC以高精度、高速度和高柔性为发展方向，数控机床的柔性制造系统能和CAD、CAM、CAPP、MTS进行有效的对接，向着系统更加易于集成、信息网络更加开放[9]和智能化[10]的方向发展。

4. 网络化数控装备的设计

数控装备将通过网络化满足生产线、制造系统、制造企业对信息集成的需求，实现新的制造模式，如敏捷制造，成为虚拟企业、全球制造基础单元的技术保证。日本大隈机床公司的nplaza(信息技术广场，简称IT广场)，德国西门子(Siemens)公司的Open Manufacturing Environment(开放制造环境，简称OME)等都反映了装备制造的信息化、网络化的发展方向。

5. 数控装备的节能化

节能化要求是制造业发展的一个重要课题，通过新型能源设备满足市场的需求是保证行业快速发展的一个重要竞争点。自动化程度更高、运行费用更低、维护更为简单、能耗更低也和现在世界各国提出的绿色制造的时代发展主题相一致。因此，对于促进整个装备制造行业的健康发展，节能化起着至关重要的作用，所以越来越多的企业开始着手新型节能环保设备的研发制造。例如，电力回收节能装置可将制动能量收回储存，并在冲裁加工时再次释放。

6. 数控机床的可靠性设计

产品的竞争力取决于产品使用过程中的质量品质，产品品质也就是产品的可靠性。目前出现了很多关于产品可靠性方面的研究，可靠性设计与性能试验技术、可靠性评价方法和评价指标以及可靠性增长等方面的研究和考核指标都是产品可靠性研究的热点。目前，数控机床已表现出非常高的可靠性指标。相关机床的可靠性技术贯穿于数控装备的整个生命周期，包括可靠性设计、制造、运行、维护等阶段。

7. 数控装备设计的CAD化

计算机辅助设计(Computer Aided Design，CAD)技术不仅可以替代人工完成复杂的绘图工作，更重要的是它可以进行设计方案的筛选和大件整机的静动态特性分析、计算、预测和优化设计，还可以对大型整机各工作部件进行动态模拟仿真。基于模块化的基础，设计阶段就可以看到产品的三维几何模型的真实色彩。采用CAD进行CNC设计还可以大幅提高工作效率，提高设计的一次成功率，从而缩短试制周期，降低成本，增加产品的市场竞争力。

8. 数控装备功能的多样化设计

(1) 用户界面图形的使用。图形用户界面极大地方便了非专业用户的使用，人们可以通过窗口和菜单进行操作，便于图形编程和快速编程、三维彩色立体动态图形显示、图形模拟、图形动态跟踪和运动仿真、观察不同方向的视图以及实现局部显示比例缩放功能。

(2) 科学计算可视化方法。科学计算可视化可用于高效处理数据和解释数据，使信息交流不再局限于通过文字和语言表达，而是可以直接使用图形、图像、动画等可视化手段把信息展示出来，例如自动编程设计、参数自动设定、刀具补偿和刀具管理数据的动态处理和显示，以及加工过程的可视化仿真演示等。

(3) 数控技术的应用[11]。配备高性能 PLC 控制模块可直接使用梯形图或高级语言编程，具有直观的在线调试和在线帮助功能。编程工具中包含用于车床、冲床的标准 PLC 用户程序实例，用户可在标准 PLC 用户程序的基础上进行编辑和修改，从而更方便地建立需要的应用程序。

9. 集成化、模块化的设计技术

很多具有共性的设备都采用集成化和标准化的装置设计，如上浮式毛刷物料平台、冲切废料吸出装置、局部真空排屑装置、大口径磨具提升装置、油污喷气装置、板材翘曲感应装置等。例如工作台面钢球和毛刷混装，钢球可以有效支撑较厚的板材，毛刷则保证了板材移动的平稳，扩大了加工范围；Z 型转塔，即上下直径不同且轴线不同的转塔大幅减少了模具的更换时间，可以有效提高成型数控机床的利用率。上述模块化装置如图 1-5 所示。

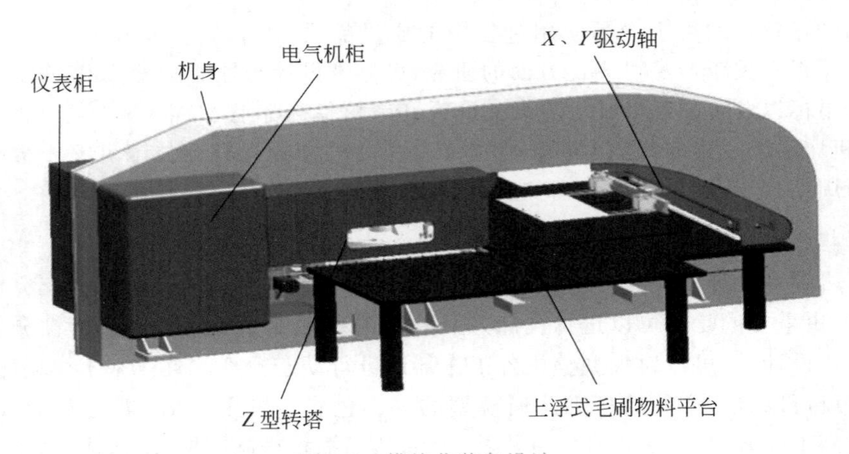

图 1-5 模块化装备设计

10. 结构设计模块化

任何一类机床都是由若干基础件、标准件和功能部件组成的，尽管在同一类机床中有规模大小和立式、卧式之分，但功能部件大体上都是相似的。为便于发展同系列和跨系列的品种，满足用户和市场的需求，许多机床生产厂家都采用了产品的模块化结构设计。

11. 装备的高度自动化

高端装备都配备了加工工艺自动编程等技术；在加工过程中进行故障监测；数控驱动轴也由最初的 3 轴（工件定位 X，Y，选模 P）联动发展到现在的 5 轴联动（增加凸模深度

T,位 R)[14];采用新的动力驱动技术,从液压伺服驱动到全交流伺服电机驱动。装备运动控制更加柔性,装备能耗更省(节电 30%～40%)。

21 世纪的数控装备都将是具有一定智能的系统,它贯穿于整个制造过程之中,其内容包括:以加工效率和加工质量为目标的智能化,如加工过程的自适应控制、工艺参数自动提取;为提高制造性能及自动辨识方面的智能化,如前馈控制、电动机参数的自适应运算、自动识别负载自动选定模型,自整定[3]等;简化编程、减少操作方面的智能化,如智能化的自动编程、智能化的人机界面等;还有智能诊断、智能监控方面的智能化和系统自诊断及自维修方面的智能化。

1.2.3 智能制造存在的问题

从上述关于智能制造的发展状况能够看出,智能制造不仅涉及多个领域,如物理、化学、电子信息科学等,还融合了多种技术,如信息技术、电子技术、材料技术、制造技术等,这些都使得 CNC 的制造能力大幅提升。尽管如此,智能制造还是有很多技术问题需要突破、发展和完善。本书将对智能制造涉及的主要关键性技术问题进行介绍和说明。

1. 制造复杂性的问题

智能制造涉及多专业、多学科,加工单元众多,加工种类复杂,单元耦合关系多变,此外,制造涉及多种工序,连续性强。针对这些特征,应如何有效地描述制造过程,解决系统工程中出现的问题呢？通常采用系统建模的方法,通过建模提高工作效率,保证系统与模型的一致性和完整性。

2. 制造方法的确定问题

大批量连续的产品加工需要确定加工工序,因为加工过程中的节点(工序)较多,人工方式难以列举出所有加工方案,因此必须研究一种方法,其能够在复杂的网络环境下寻找最佳加工方案,使整个加工路线效率最高、损耗最少、性能最优。

3. 加工运动的智能控制问题

在数控冲床的加工过程中,伺服系统的往复运动占据了整个加工过程的大部分时间,但这种往复运动很容易产生运动误差,使加工位置发生偏移,因此需要研究出一种能够有效控制这种误差并提高加工精度的方法。由于实验的局限性,本书研究使用 MATLAB 工具实现运动精度的仿真,提供一种新的认知手段。

4. 制造编程问题

NC 编程非常耗时,而且对操作人员的编程水平要求较高;以往的 CAD/CAM 图形编程方式只是向绘图方式的一种转变,并不能减轻操作人员的工作强度和难度,因此需要研究一种切实可行的方法以简化编程,提高设备的易操作性。

5. 制造的维护维修问题

现代大型机电系统的组成结构越来越复杂，智能化程度越来越高，系统维修工作越来越困难；另外，信息技术的快速发展使得系统内部的各种流数据得到了有效保存，但是却缺乏对这类大数据的有效利用，难以实现复杂系统的维修控制与决策。本书研究的成型 CNC 就属于这类复杂机电系统。为此，本书提出了大数据结构化与数据驱动的复杂系统维修决策方法，目的是研究数控设备制造过程的建模方法以及基于数据驱动技术的系统维修决策方法。

6. 智能系统的可靠性问题

目前，由于数控装备的设计变得越来越复杂，因此其重要部件的质量对整个系统的可靠性起着至关重要的作用和影响。考虑到经济性方面的限制，数控系统的可靠性保障问题十分突出，冗余配置方法的使用非常普遍；然而，冗余配置方法在成型数控的可靠性提升方面却研究得较少，造成了许多过度设计或配置不足的情况。为了解决这类问题，本书将介绍机电系统关重部件的可靠性冗余配置方法。

7. 制造物流问题

制造系统的生产是一项复杂的工程，涉及物料的供应、人员的组织、设备的准备、技术的支持等多方面的工作，这些工作及其内部之间彼此关联、相互制约、协同配合，任何一项工作或其中的某个环节出现问题都会影响企业的正常生产，给企业带来不同程度的损失。那么，在上述诸多复杂因素相互影响的情况下，如何有效地组织资源、实现精益化生产、提高企业核心竞争力是摆在企业面前的一个巨大的难题。解决这些难题不仅需要科学的方法，也需要借助一定的科技手段。为此，本书将介绍基于物流清单(Bill of Manufacturing，BOM)的物流技术，为智能制造系统的实现提供支撑。BOM 物流代表一种科学的制造材料管理方法，即通过信息化、智能化的方法保证和实现企业生产的有序和高效。

1.3 研究的主要工作

本书在现有研究的基础上，针对成型系统目前存在的一些关键问题提出了一些新的观点和方法，主要概括为以下几个方面。

1. 智能建模技术

系统模型是对现实系统的一种抽象或一种本质的描述，是通过某种形式进行表达的方法。系统建模是人们为了研究和分析大型复杂系统而常用的一种有效手段，它根据现实系统内在的某些特征和要素找出系统之间的联系，以及联系内部的某些变化规律，通常使用图、表、数学公式、仿真模型等手段对系统进行表达。模型的表达方式和表达精度非常重要，它对系统的问题分析、系统特征量的相关计算都起着至关重要的作用。系统建模方法和表达手段有很多，在实际应用中要选用适合的、能够反映系统内部运行规律的建模方法和表达手段。本书在介绍建模的基础概念的同时，将重点介绍系统辨识自动建模的方法。系统模型的成熟度是通过对客观系统的反复认识和分析，进行多次相似整合而得到的结果。

2. 智能优化技术

智能优化技术是一种基于哈密顿图的制造过程优化方法，其实质是确定产品的加工方案。由于产品批量连续加工的复杂性以及制造过程的不确定性，方案依靠人工制定几乎是不可能完成的。因此，保障装备正常高效生产的方法就显得尤为重要。研究发现，多工序的连续加工能形成指数级个数的加工方案，它非常类似于一个哈密顿图，因此，本书将介绍一种基于哈密顿图的制造过程优化方法，以寻找最佳的加工方案，此方法能够满足智能制造过程的高效、低耗损要求。

3. 智能仿真技术

在传统加工中心伺服运动精度的PID控制的基础上结合仿真技术进行研究。在传统的PID控制运动参数调整的基础上研究参数整定校正方法，如试凑法和Ziegler-Nichols法等，找出参数调整与误差的作用关系。通过对PID控制参数的研究实现了加工过程的智能误差补偿，提高了加工精度。真实的物理实验非常费时和费料，研究使用了MATLAB工具进行智能仿真，实现智能方法下的加工精度的提升。

4. 智能编程技术

通过智能感知与辨识实现FCNC加工的自动编程方法。以CNC加工的CAD/CAM图形为基础进行制造的机加编程，减轻传统的人工编制图形代码的编码强度和难度。通过人机交互提供最小制造信息集给FCNC，FCNC利用自动编程算法以及前面的智能制造方案设计方法自动编制程序，并自行组织加工生产的过程。另外，方法也提供CAD/CAM的数据导入生成CNC机加代码的功能。通过这种简单的点击和选择操作实现NC的自动编程过程，实现装备制造过程的智能化。

5. 智能维护技术

智能维护技术是基于大数据的制造系统维修维护方法。现代大型机电系统的组成结构越来越复杂，智能化程度越来越高，制造能力越来越强。然而，系统的维修维护工作却越来越困难。为此，本书将介绍大数据结构化与数据驱动的复杂系统维修决策方法，通过有效利用信息技术获取的各类大数据，基于AHP的思想进一步进行大数据结构化，并依次建立系统维修的各个层级模型，提取支持系统维修的数据变量，提炼各层级变量的表达函数。为了实现数据驱动的维护决策技术，在模型和函数之上定义了数据状态块矩阵以及基于矩阵的运算方法，从而实现维修决策的数据驱动，最后使用一个具体的例子说明提出方法的可用性以及满足设备维修决策的建设目标，即维修方法的经济性、高效性与实用性。

6. 智能制造的可靠性

机电系统变得越来越复杂，其关重部件质量对整个系统的可靠性起着至关重要的作用。结合经济性方面的考虑，冗余配置成为机电系统的一种重要的可靠性保障方法，然而冗余配置对系统可靠性的提升却没有一个好的度量方法，造成了许多过度设计或配置不足的情况。为此本书提出机电系统关重件可靠性冗余配置方法，为冗余系统的可靠性设计提供理论依据。本书定义了可靠熵的概念，通过对可靠熵的分析找出可靠性冗余配置的最优值；建立冗余系统的可靠性求解函数，对求解函数进行推导解析，找到可靠性函数的变化规律，并在此基础上进行可靠性冗余优化；研究可靠熵的仿真计算，验证提出方法的有效性；结果数据表明，提出的方法能够达到冗余系统可靠性指标的要求。

7. 智能物流技术

本书旨在有效地组织生产，提高加工效率，并在保证生产质量的前提下满足企业的经济效益。最终成果将是一套融合了多种技术的信息化软件系统，此系统能够应用于实际生产，并能够满足上述目标要求。另外，基于BOM的MES研究与开发也是规模企业生产中的一个共性问题，此项研究与开发能够广泛应用于不同的生产制造行业，具有重要的现实意义。

本书的总体思路如图1-6所示。

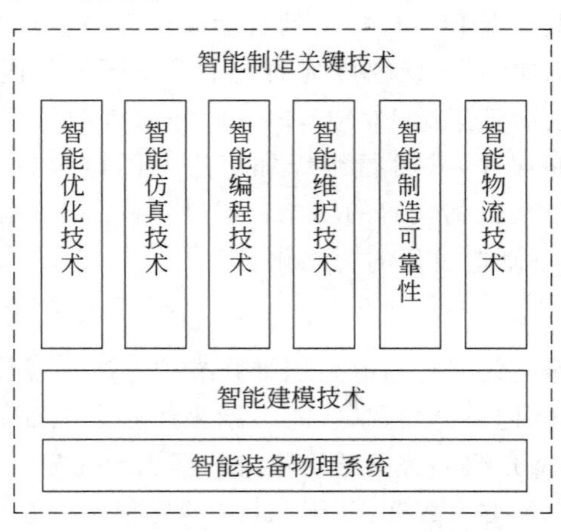

图1-6 本书的总体思路

研究内容的总体思路以 FCNC 系统的软硬件设备为研究对象，最终建立系统的基础性模型。模型是认识和分析装备运动控制性能的依据，后续的所有工作都是为此为中心的进一步实施与展开。那么，数控成型设备运动控制系统有效性保障的最根本方法就是制造过程的自动优化技术，本书分别使用基于哈密顿图的方法对装备的自动加工方案功能进行研究。装备运动控制系统的另一个关键技术是 NC 自动编程问题，本书给出其方法实现的详细描述。在上述自动化设备的基础上，设备往复循环运动的精度控制问题也相对重要，本书使用 PID 的控制方法，方法的核心是参数整定，本书提出两种参数整定方法，并对方法进行分析与模拟仿真。上述所有的工作将完成相应的应用开发，该应用平台已在企业完成生产初试。

第2章 智能制造的概念及其关键技术

智能制造涉及制造使用的物理设备以及逻辑的制造方法，本章将从总体角度对智能制造进行介绍，让读者了解智能制造的总体概念，把握智能制造的基本情况。本章内容包括：制造装备的情况介绍，制造设备的系统设计，智能制造的关键技术等。本章前两节为智能制造的基础知识，为后续智能制造关键技术的提供奠定基础。

2.1 制造装备的情况介绍

2.1.1 制造装备的发展现状

智能制造是依靠制造装备的物理实体实现的，制造装备经过了多年的发展，其结构变得构越来越复杂，功能也越来越强大，整个系统涉及多个领域、多个行业、多种学科的专业知识。

现代智能制造装备的代表就是数控机床，它是在市场需求的推动下发展而成的。人们在使用产品时不断提出新的质量和功能要求，这些要求驱使着装备制造商对装备进行升级和改造。大致而言，装备发展经历了机械制造、电气制造，到现在的数控制造等不同的时代。现代制造技术的发展与电子信息技术、材料技术的高速发展密不可分，传统的装备控制只是简单的机械控制和电装控制，现代数控装备都采用了交流伺服的驱动方式进行控制，控制器大多采用 PLC、DSP、ARM 等先进的电子产品作为核心处理单元，内嵌嵌入式系统，其信号处理能力和实时响应能力相当快速。信息技术的引入也使现代伺服运动控制能够实现连续加工以及对运动精度进行补偿。

目前，数控成型装备广泛应用于国家大力发展扶持的电子通信、能源电力、航空交通、汽车、仪器仪表等行业。这些行业对设备的需求量越来越大，同时对设备的性能指标也提出了更高的要求。

2.1.2 数控装备的目标需求

高端数控装备的目标需求如下。

(1) 提升高端装备的智能制造水平。本书将许多研究成果直接转化为实际产品并应用于实际企业的数控装备制造中,实现传统制造装备的升级换代,生产新一代的制造装备。

(2) 改善目前数控机床的加工性能,提高加工效率。如通过压力机运动系统的研发提升装备的加工频次,液压机的频率达到 600 次/分钟左右,而全电压力机的频率可达到 1200 次/分钟左右,效率较传统的压力设备可提高 4～8 倍。

(3) 节约能源、节省材料。压力机装备配置全新设计和技术以后能够节省耗能 40%以上;减少了中间连接单元部件约 10%;制品材料利用率提高约 15%,设备投资减少约 50%。

(4) 提高装备的可靠性、安全性。设备实现一次装料,多道工序连续加工的自动化生产,集成的转塔可自动快速换模,操作非常便捷,减少甚至没有人工的参与,因此设备更可靠、更安全。

(5) 项目的开发也能够培养出一批专业技术人员,为社会提供大量人才。

2.2 制造设备的系统设计

数控装备系统的组成一般可分为两大部分:一是物理结构部分;二是软件系统部分。

2.2.1 CNC 的物理结构

数控成型装备运动控制系统的物理系统是装备运动的承载部分,通常由机电类设备组成,包括主机箱体、能量转换设备、运动传递设备、动力执行设备等。运动执行机构主要是向加工材料做功的装置,通过做功释放能量,形成需要的各种加工,如切、削、压、印等金属形变。电子电气部分承载软件系统部分的功能。

控制系统采用交流伺服电机直驱的曲柄滑块和回转头经典机构,如图 1-3 所示,主轴的固定偏心为 17mm,可以通过下死点位置的调节实现不同工作方式之间的变换。主轴由两个盘式同步伺服电动机从两端进行驱动。开关磁通电机具有低速扭矩大、调速范围广等特点;方案所用的开关磁通电机为自行设计的电动机,单个功率为 24kW,额定转速为 400r/min,额定扭矩为 600N·m,瞬时超载能力可达 3 倍,调速可达 1500r/min。压力冲头设计了高度可变的调节方式,其下死点调节装置位于滑块中,采用螺杆螺母式的调节装置。调节时,螺杆不动,螺母旋转,进而带动与螺母下表面接触的冲头上下移动,实现下死点的高度调节。螺母旋转带动滑块导向机构中的蜗轮蜗杆移动,螺母外表面为方形,与蜗轮配合,蜗轮再由电动机直接驱动的蜗杆带动下旋转,进而使螺母旋转。滑块导向通过螺纹连接在主机箱上,主机箱和电动机通过螺纹连接在机架的同一块钢板上。

主机箱体主要用来支撑整个系统机构，所有设备都集成在此机体上，其最大的作用是承载加工运动的应力。主机箱体如图 2-1 所示。

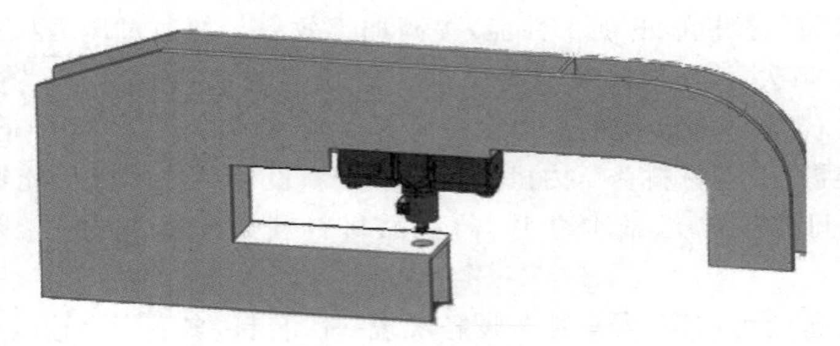

图 2-1 主机箱体

偏心轴的结构形状如图 2-2 所示，主轴的偏心部分位于轴的中部，此处与连杆通过滑动轴承连接。偏心部分的两侧为支撑用滚子轴承，滚子轴承分别布置于主机箱和电动机机箱中。动平衡块布置于主机箱和电动机之间的空隙处，用于平衡水平惯性力，动平衡块与主轴之间使用键连接。主轴两侧与开关磁通电动机的转子通过铝制花键套相连，采用铝制套有利于内部磁场的分布，也利于减小转动惯量。

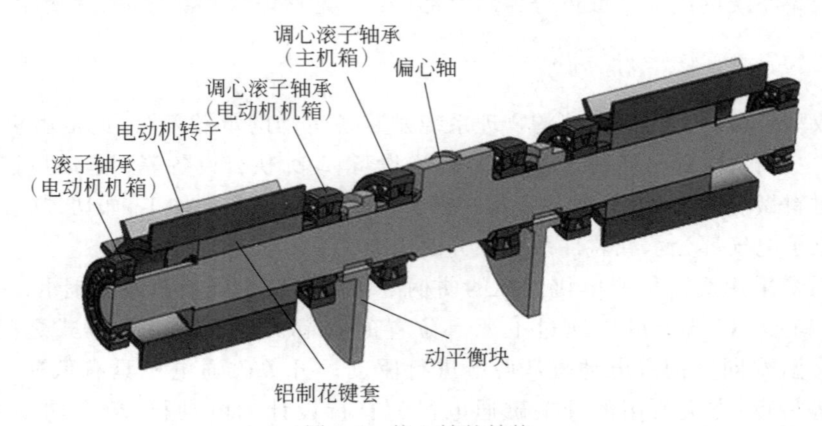

图 2-2 偏心轴的结构

系统的能量转换设备设计为交流伺服电机，它可以把电能转化为机械能，其外观结构如图 2-3 所示。交流伺服电机能通过能量的转换和传递实现机械运动，机械运动可以对材料做功，形成需要的金属形变，达到加工的目的。常用的能量转换设备有液压机、伺服电动机等，它们主要实现不同能源向机械能的转化；动力传递设备常用的齿轮、连杆等部件起到动力传递和放大的作用。

图 2-3　交流伺服电动机的外观结构

本书的交流伺服电机采用开关磁通电机，它是成型 CNC 的核心部件，其结构如图 2-4 所示。电动机为开关磁通同步电动机，单个电动机功率为 24kW，转速为 400r/min 时扭矩为 600N·m，开关磁通电机为水冷式电动机，定子的材料为 10 号钢。电机通过顶部螺栓连接在机架上，承受从主轴上传来的部分竖直径向力，这时电动机与主箱体之间的相对位置要求较高。实际安装时，应从远离主机箱的一侧进行电动机转子和外侧轴承的拆卸和安装。

图 2-4　开关磁通电动机的结构

偏心轮的受力情况如图 2-5 所示。

在公称压力作用的理想状态下，当 $\alpha=38.3°$时，曲轴上的公称压力为理想扭矩。

由于 $\sin\alpha+\frac{\lambda}{2}\sin2\alpha$ 在区间[0,38.3]内为递增函数，故求得的理想力矩 M_1 亦为曲轴

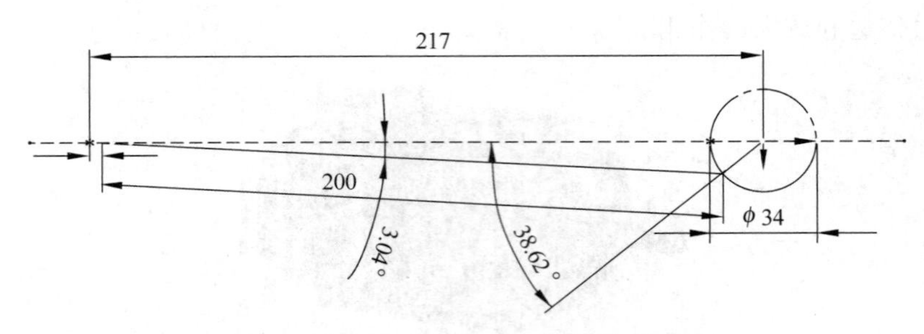

图 2-5　偏心轮的受力情况

转动时所承受的最大理想力矩。

对于高速自动压力机，偏心轴一般使用调心滚子轴承，取 $\mu_1=0.003$，连杆柱销则采用滑动轴承 $\mu_2=0.04$。可得由摩擦产生的额外力矩为

$$M_\mu=\frac{1}{2}P_g\{\mu_1[(1+\lambda)d_A+d_0]+\mu_2\lambda d_B\}$$

主轴及电机转子绕轴心的等效转动惯量为

$$J_1=\sum J=J_{C1}+m_1d_1^2=0.368+98.1\times0.00427^2=3.7(\mathrm{N}\cdot\mathrm{m}^2)$$

主轴偏心部分中心线的转速为 $v_{1x}=\omega R\sin\alpha$，$v_{1y}=\omega R\cos\alpha$。

连杆质量为 $m^2=24.2\mathrm{kg}$，质心位置与上下铰接处的距离分别为 $l_1=31.1\mathrm{mm}$，$l_2=168.9\mathrm{mm}$。位于距上端绕质心的转动惯量为 $J_{C2}=0.121\mathrm{kg}\cdot\mathrm{m}^2$，绕主轴摆动的转动惯量为

$$J_2=\sum J=J_{C2}+m_2d_2^2=0.121+24.2\times0.031^2=1.44(\mathrm{kg}\cdot\mathrm{m}^2)$$

滑块质量为 $m_3=22.3\mathrm{kg}$，滑块位移与曲柄转角(以下规定死点位置为 $\alpha=0°$，逆时针旋转为正方向)关系为

$$s=R\left[(1+\cos\alpha)+\frac{\lambda}{4}(1-\cos2\alpha)\right]=0.017[1.021-\cos\alpha+0.021\cos2\alpha]$$

滑块速度与曲柄的角速度为

$$v_3=\omega R\left(\sin\alpha+\frac{\lambda}{2}\sin2\alpha\right)=0.017\omega(\sin\alpha+0.0425\sin2\alpha)$$

由插值法可知，连杆质心的速度为

$$v_{2x}=\frac{l_2}{l}v_{1x}=0.844\omega R\sin\alpha$$

$$v_{2y}=\frac{l_2}{l}v_{1y}+\frac{l_1}{l}v_3=0.844\omega R\cos\alpha+0.156\omega R\left(\sin\alpha+\frac{\lambda}{2}\sin2\alpha\right)$$

由转角位移关系 $\beta=\arcsin(\lambda\sin\alpha)=\arcsin(0.085\sin\omega t)$，可得连杆绕质心的转速为

$$\omega_2=\frac{\omega\lambda\cos\omega t}{\sqrt{1-\lambda^2\sin^2\omega t}}$$

由于 $\lambda^2=0.085^2=0.007225$ 可忽略，故

$$\omega_2=\omega\lambda\cos\omega t=0.085\omega\cos\alpha$$

由等效转动惯量的计算公式

$$\frac{1}{2}J\omega^2=\frac{1}{2}J_1\omega^2+\left(\frac{1}{2}J_2\omega_2^2+\frac{1}{2}m_2v_{2x}^2+\frac{1}{2}m_2v_{2y}^2\right)+\frac{1}{2}m_3v_3^2$$

得等效转动惯量

$$J=J_1+J_{C2}(0.085\cos\alpha)^2+m_2R^2\left[(0.844)^2+0.844\times0.156\cos\alpha\left(\sin\alpha+\frac{\lambda}{2}\sin2\alpha\right)+0.156^2\left(\sin\alpha+\frac{\lambda}{2}\sin2\alpha\right)^2\right]+m_3R^2\left(\sin\alpha+\frac{\lambda}{2}\sin2\alpha\right)^2$$

舍弃含 $\frac{\lambda}{2}$ 的较小项有

$$J=J_1+0.0072J_{C2}\cos^2\alpha+m^2R^2(0.712+0.066\sin2\alpha+0.0056\cos\alpha\sin2\alpha+0.024\sin^2\alpha)+m_3R^2\sin^2\alpha$$

采用偏安全的设计，令上式第二项 $\cos^2\alpha=1$，第三项 $\sin^2\alpha=1$，将 $0.0056\cos\alpha\sin2\alpha$ 舍弃，则有

$$J=J_1+0.0072J_{C2}+(0.736+0.066\sin2\alpha)m_2R^2+m_3R^2\sin^2\alpha$$

$$J=0.370+0.0072\times0.121+0.007\times0.736+0.0005\sin2\alpha+0.0064\sin^2\alpha$$

可见，连杆和滑块等效转动惯量对整体的影响很小，最终得

$$J=0.376+0.0005\sin2\alpha+0.0064\sin^2\alpha$$

考虑到磁阻抗、滚动摩擦、滑动摩擦带来的额外的等效转动惯量，可以取偏安全的

$$J=0.4$$

2.2.2　软件系统

软件系统装备运动的控制部分，通过运动控制使能量按照需要有规则的释放，包括系统信息处理中心、伺服运动控制、信息采集传输三部分。信息处理中心包含信息的结构组织、信息的处理、信息的发布，伺服运动控制接收系统信息处理中心发布的运动指令信息，并按照要求运动，其中包括大功率电子器件；信息采集部分主要是通过传感器采集运动单元的状态信息，如位置、速度、温度、力度等，并把这些信息实时传递给系统信息中心。软件部分的硬件实体包括 PCU、书本形驱动器等，如图 2-6 所示。

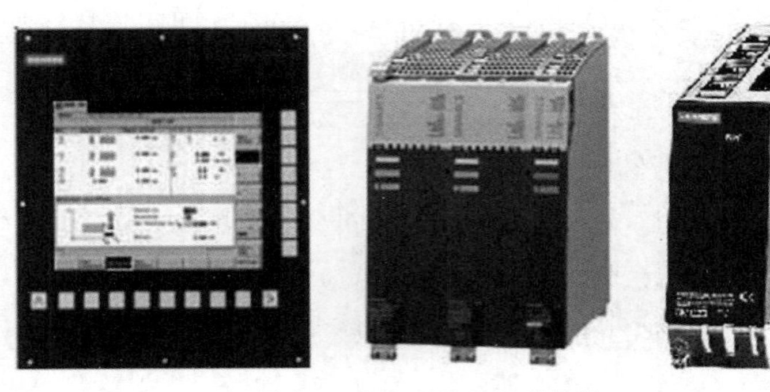

图 2-6 信息系统的组成单元

根据运动控制的目标要求，运动控制系统硬件设计的关键是动力转换设备、动力传递方式以及机械机构集成的设计。研究的动力转换设备采用了模块化、集成化的设计方法，按照需求层次的不同，既可以使用普通的液压机驱动方式，也可以采用最新的具有大功率、高频响的开关式磁通电机，此电机是交流伺服同步电机中的一种，内部集成测量和传感检测装置具有较好的非线性和高频响特性，能够较好地满足系统的目标要求。在动力传递方式上可以将动力设备直接作用在机械加工的刀具上，形成直驱式加工，减少动力传递的中间环节，也可以采用动力转动装置完成。为实现多工序加工的目的，设计了一个集成式转塔，把多工序需要的刀具集成在一起，并利用一个普通伺服电机进行换模，从而满足多工序连续加工的要求。

软件系统部分是在物理结构基础上提出的相应方法。装备强大的制造能力需要系统软件算法的有效保障。对于系统任一任务下的工作，系统各运动单元必须协同、有序地进行才能完成，这些工作的核心是由系统软件控制的。对于复杂的加工任务，系统配备了很多自动化运算和控制算法，以 CAD 或 CAM 的方式集成在数控装备系统中，能够根据需求自动建模、产生加工方案、完成 NC 编码等加工任务。软件系统保证了装备的正常、有序工作。

2.2.3 运动特征参数与性能测试方法

1. 动平衡力的平衡和动平衡块的设计

动平衡力的平衡采用等效连杆滑块法：①将主轴偏心部分、连杆和滑块分别等效为质量集中的杆、块；②利用 MATLAB 进行求解，得到实际位移、速度和加速度曲线；③根据这些曲线算出不同时刻的不平衡力，作出力的曲线；④添加偏心质量，并不断修改偏心质量数值和质心位置到结果最优为止。

部分模拟过程如图 2-7 所示。

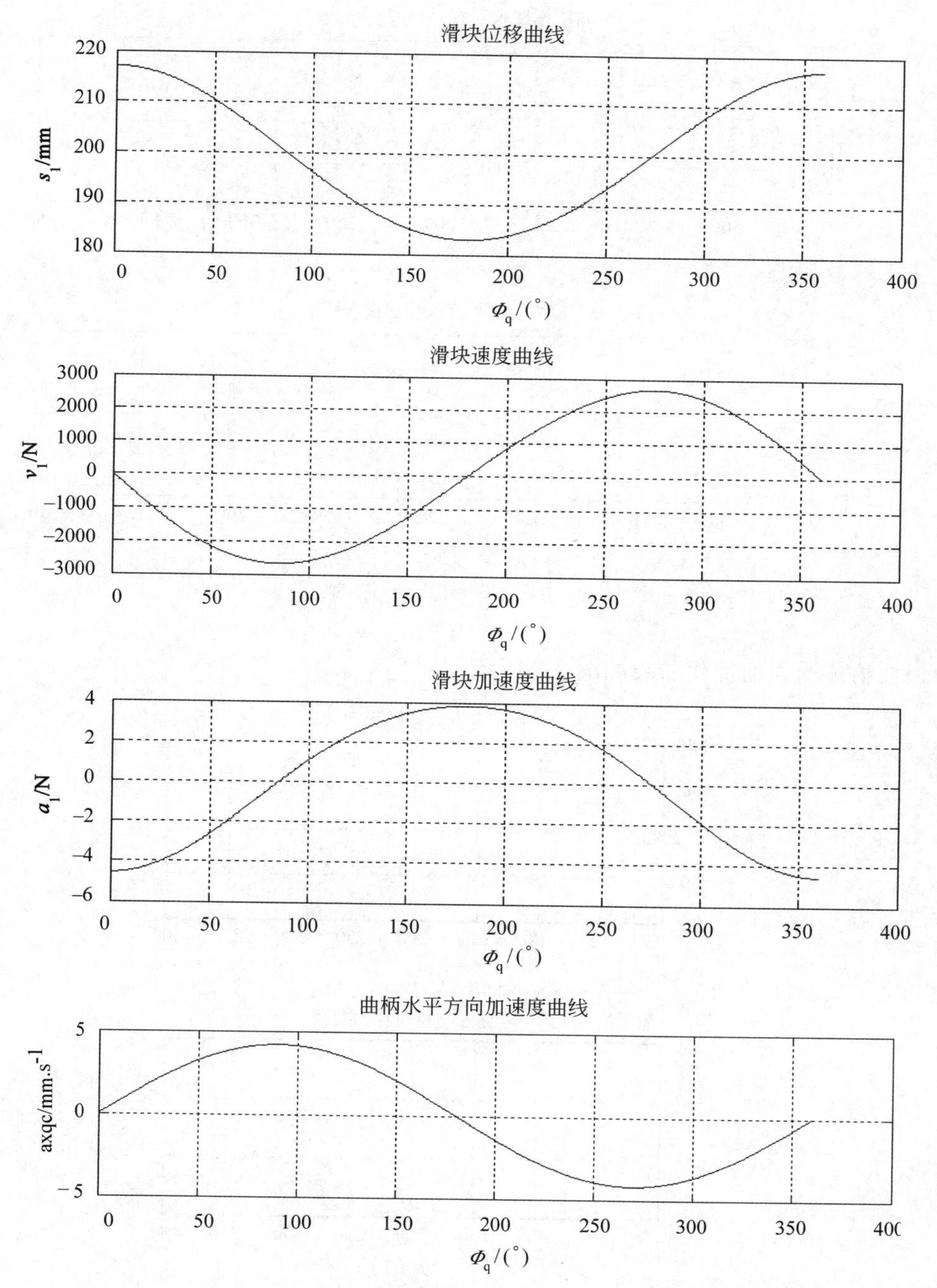

图 2-7　滑块位移、速度、加速度和曲柄水平位移、速度、加速度的模拟图

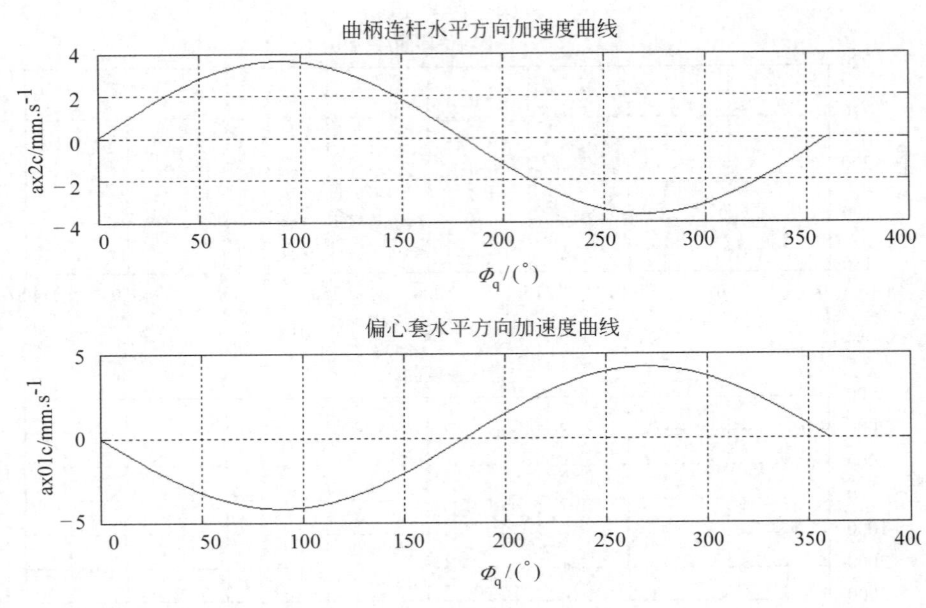

图 2-7 （续）

惯性物体受力的优化曲线如图 2-8 所示。

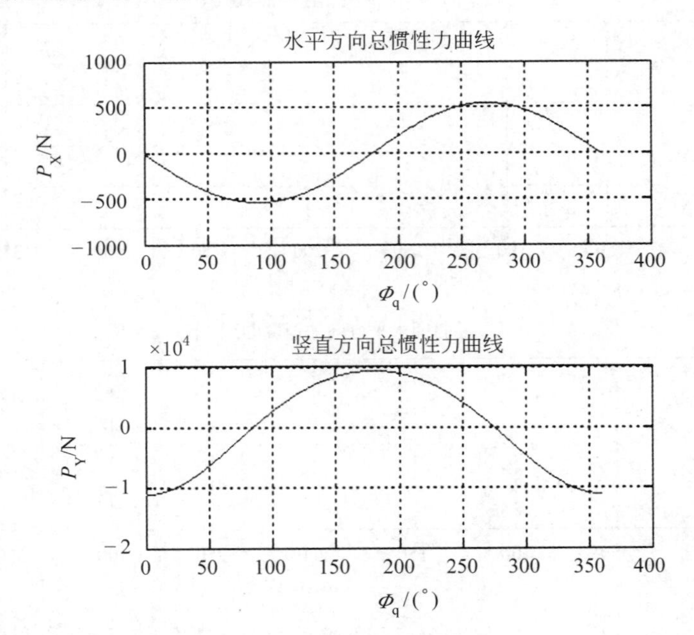

图 2-8 最优结果寻求过程

曲柄和滑块的运动曲线如图 2-9 所示。

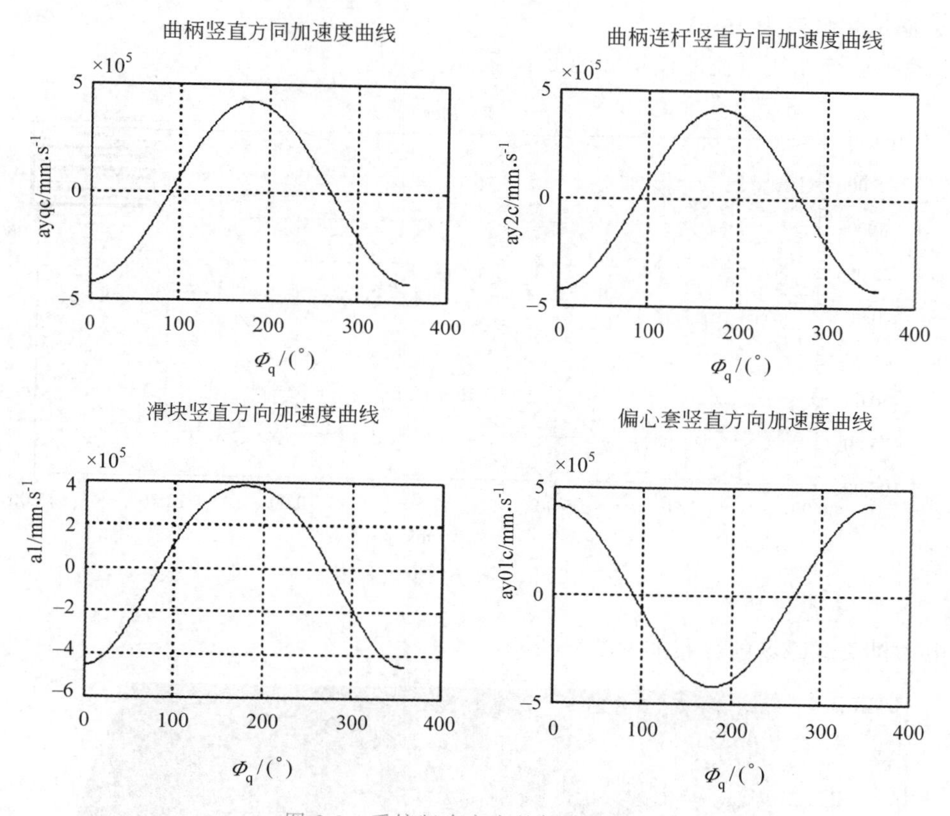

图 2-9　系统竖直方向的加速度曲线

优化结果：偏心套质量为 4.23kg，质心半径为 68mm。

水平方向惯性力：平衡前 1.2t，平衡后 0.22t，减小 81.6%。

竖直方向惯性力：平衡前 2.3t，平衡后 0.90t，减小 60.9%。

仍可以继续优化。

2. 电动机模拟结果

电动机设计要求：输出转矩为 600N · m，转速为 400r/min。

电动机初步设计参数如下：

- 开关磁通永磁同步电动机；
- 采用 12/10 极（定子为 12 极，转子为 10 极）结构；
- 每匝线圈为 30；

- 电机轴向厚度为 240mm，定子外径为 280mm，转子内径为 120mm；
- 额定相电流为 100A。

电动机运行相线电流的模拟如图 2-10 所示。

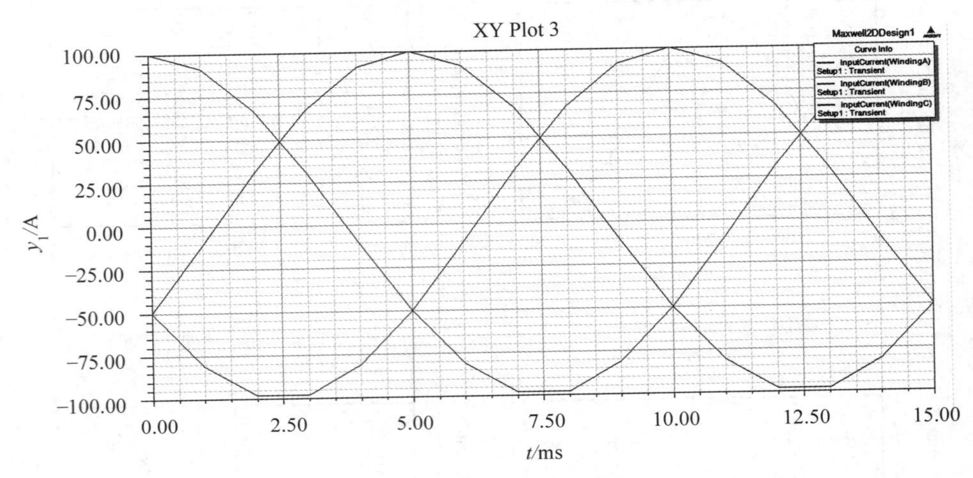

图 2-10 三相输入电流模拟

电动机负载磁场的分布如图 2-11 所示。

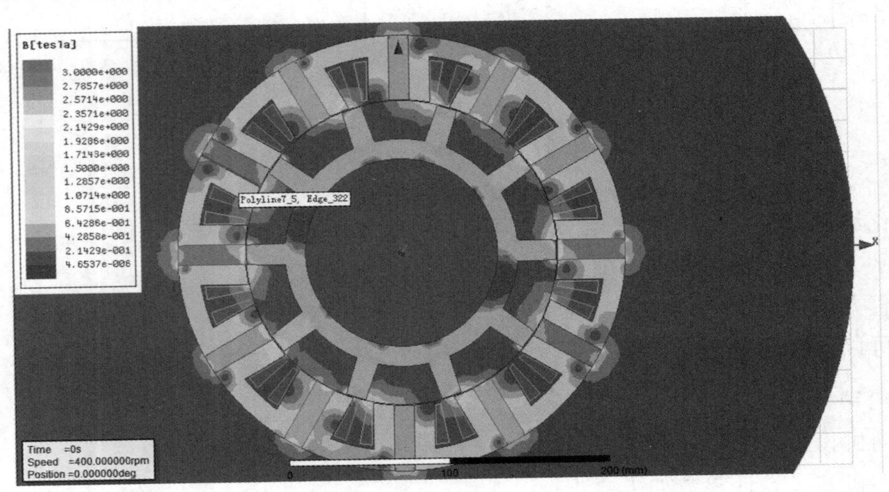

图 2-11 负载磁场分布

电动机周期输出的扭矩情况如图 2-11 所示。

本书将介绍和建立一套直流伺服电动机直驱式回转头冲压加工中心。此加工中心集

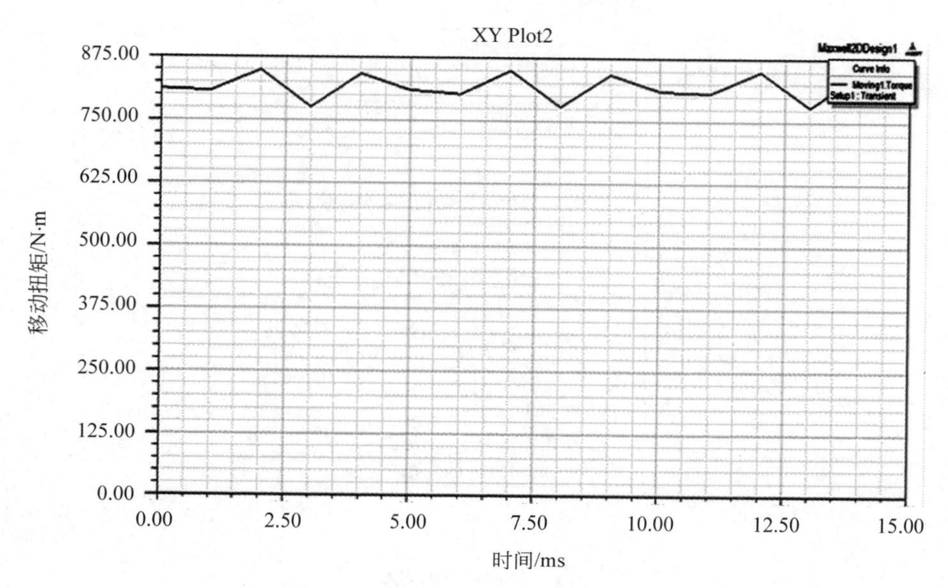

图 2-12　电动机周期输出的扭矩情况

成了多个加工设备的功能，能够一次完成 32 个以上的工序过程；通过实验测试证实研究设计的系统是有效的、可行的，并能达到提出的目标要求。

加工中心的加工设备和被加工材料之间不仅要协同运动，整个加工过程的运动还必须是优化的，这样才能满足提出的高效紧密数控的要求。加工单元的加工路径规划对于提高批量加工单元的加工效率和质量是最为有效的方式。本书建立了两个加工单元加工路径规划问题的数学模型，使求解目标变成单目标和多目标组合优化问题。一次装夹，板材上的加工位可能达到上千个，它们可以使用不同的加工顺序，这就形成了排列问题；再加上几十种刀具可供选择，刀具又可以形成一个全排列；加工位和刀具选择之间属于乘积关系。这些因素构成了系统的很多解，但其中有最优的方案，求解最优方案就是最优问题。优化方法如图 2-13 所示。

求解最优解时，要考虑以下问题：在采用加工中心进行单元加工时，既要保证刀具行进路径最短，又要保证设备的空间变向次数最少，从而最大限度地减少刀具的运动时间、加工时间、变向时间以及变向带来的加工误差和机械设备损耗等。

假设每个位置有 L 个独立的坐标，则每个加工位置可以用一个向量 $Z=(z_1,z_2,\cdots,z_n)$表示。设需要加工的单元有 n 个，则这 n 个被加工位置用 n 个向量表示为 $Z_i=(z_1^i,z_2^i,\cdots,z_n^i)$，$i=1,2,\cdots$。问题为求这 n 个点的某种排列 $Z_{i1},Z_{i2},\cdots,Z_{in}$，使各个点坐标形成距离最短的目标函数 f。其中，Z_{in} 表示被加工单元 Z_i 处于排列的第 n 个位置。

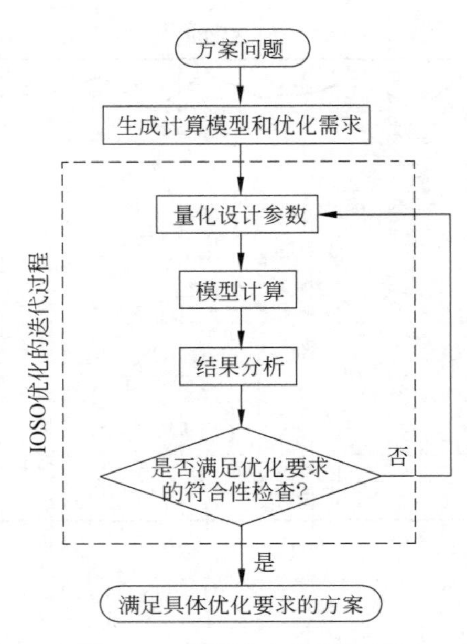

图 2-13　伺服运动的优化过程

$$f = \min \sum_{i=1}^{n-1} (z_i - z_{i-1})$$

根据此算法思想实现伺服运动的优化过程。

系统实验方案是把上述核心的优化算法集成到系统中，用户只须对优化中需要进行人工确定的参数通过计算机的人机界面进行选择即可。

系统采用分布式控制技术和主从式控制方式。主机采用普通微机，可配备打印机、绘图仪和扫描仪等辅助设备。从机采用西门子的 802Dsl 控制系统直接控制冲压设备。一台主机通过工业以太网 RJ-45 总线控制多台从机，可充分利用微机的强大功能进行图形输入、数控加工代码的输出以及建立切割工艺参数数据库等工作。主机完成图形处理并自动编程后会将加工指令传递给从机，从机依次执行，完成加工过程。同时，从机根据主机的要求反馈为实时控制、自动跟踪及工艺参数数据库的建立提供依据，便于主机进行实时跟踪及显示相应的加工信息。

2.2.4　CNC 系统结构

本书将从硬件的物理结构设计和软件的运动控制算法两个方面展开介绍。硬件的物理结构将采用现有成熟的动力驱动装置、运动伺服单元设计、集成化转塔设计、动力传动机构设计；软件的运动控制算法将进行运动系统建模研究、基于哈密顿图的运动优化研究、运动精度补偿与仿真研究以及 NC 自动编程研究等。

硬件是软件的作用基础，软件通用硬件而发挥作用，两者相互依赖。装备系统的硬件部分选用现有成熟的集成设备，特殊设备如转塔由自己设计加工而成，各部分之间严密配合，形成总体，能够实现要求条件下的运动功能。研究重点放在软件方法的实现上，上述几种算法是装备正常使用和升级所必需的，它们之间以建模为基础，为其他部分提供支持，几个部分互为补充和提高。硬件连接总图如图 2-14 所示。

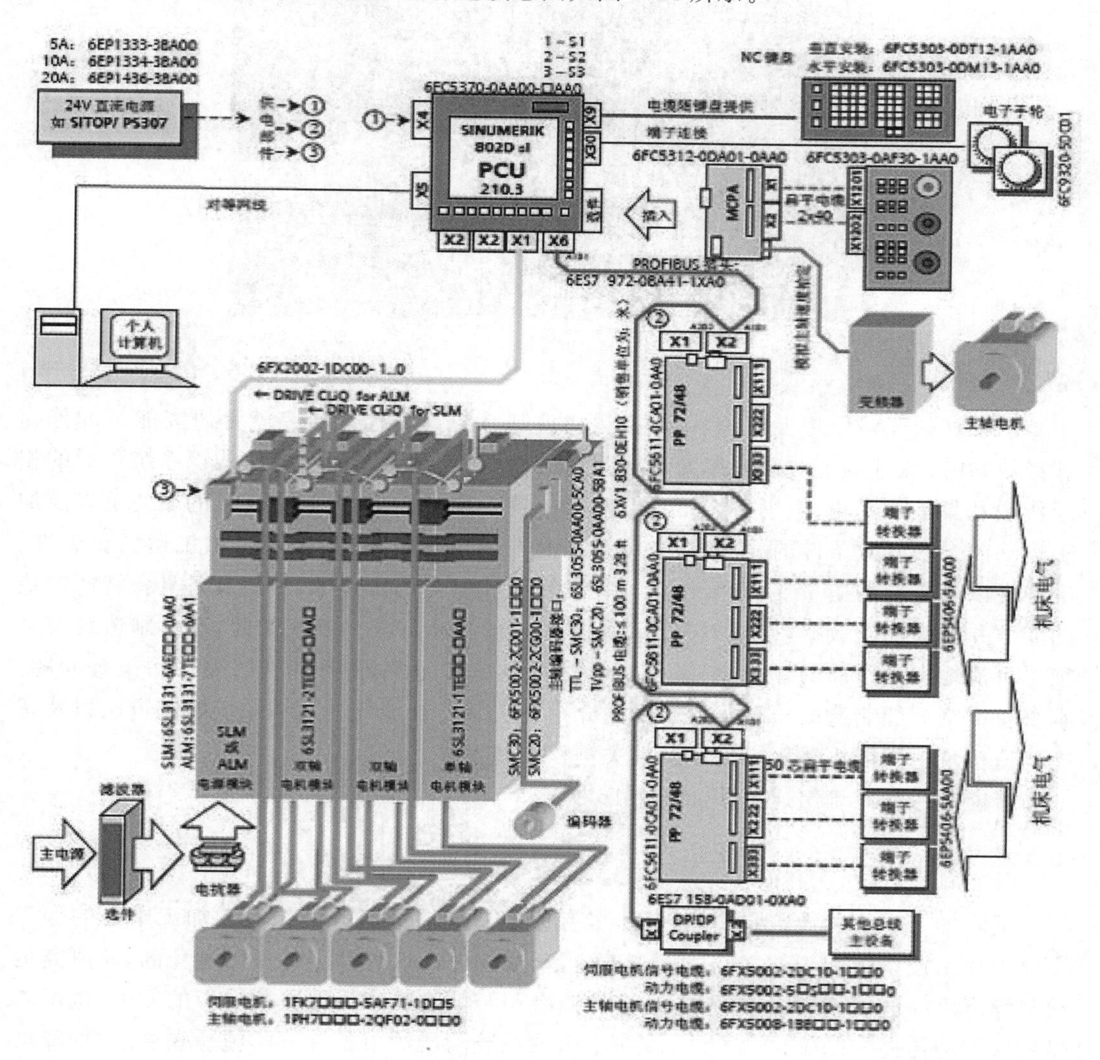

图 2-14　运动系统硬件连接关系总图

分布式控制系统的设备连接如图 2-15 所示。

图 2-15 分布式控制系统的设备连接

从设计的逻辑思想上考虑，以装备运动控制系统为目标的研究就是研究能量的传递和释放，并在此基础上对系统单元进行建模、优化和控制。为了清楚地认识系统单元的相互作用及其运动变化，本书将介绍系统辨识的自动建模方法；在制造任务的驱使下以及加工运动的合理有效条件的要求下，介绍智能制造的优化技术；为了满足加工运动正确性、准确性以及精度的质量要求，介绍运动精度智能控制与仿真技术；为使装备具备智能制造的能力并提高加工效率，安排 NC 自动智能编程的技术方法。不仅如此，现代制造装备必须尽可能地满足目前的智能化、绿色制造的社会要求，消除装备带来的噪声污染等问题。本书将围绕智能制造的实现等核心问题介绍制造装备智能化的运动系统控制方法以及智能制造实现的智能算法等方面涉及的关键核心技术。

智能制造的系统组成关系如图 2-16 所示。

2.2.5 CNC 的消噪技术

消除加工中心的噪声有技术因素，也有成本、条件、环境等的约束。加工中心的噪声主要由加工设备与加工件之间的撞击产生，动静物体的这种冲击是不可避免的，应研究运动与噪声之间的关系，并通过控制运动抑制噪声。消除噪声可以减少噪声的发生，也可以阻止噪声的传播。基于这些方法，应在不影响系统功能约束条件下实施静噪要求，如降噪结构、成本费用、是否抗震等。

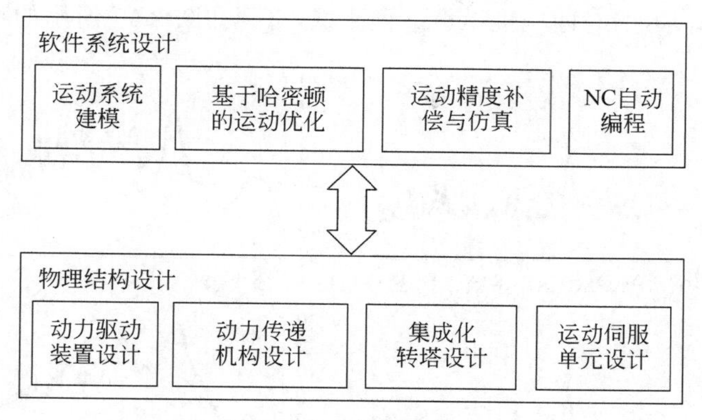

图 2-16　系统组成关系

目前，影响人类健康、严重污染环境的十大工业噪声源之一就是冲床噪声。冲床噪声影响面大，但目前国内只有少数地方开展了降噪工作，许多实际问题尚待解决。

冲床是工业生产中常见的机械设备，加工方式为借助于冲头的动能冲裁零件，负荷运转噪声多在 90dBA 以上。我国冲床车间噪声一般高达 90～110dBA，给设备操作者和车间中的其他人员的身体健康造成了极大的危害，对环境亦有影响。

在机械设备中，冲床噪声很突出。工业发达国家对冲床噪声的研究、治理和控制开展得较早，我国对此项工作的开展是在 20 世纪 70 年代末期。降低冲床噪声时，要考虑加工质量、生产率、操作便捷性和降噪费用等诸多因素。可以说，冲床噪声控制显得既迫切而又艰巨。

冲床主要产生振动噪声。振动噪声控制主要从振动源与噪声源控制、振动传播与噪声源传播以及接受物控制三个方面进行，其中，从振动源和噪声源进行控制是根本途径。对于研究系统来说主要表现为减振降噪。减振降噪应从结构设计和无源控制方面着手，从规划和结构设计着手是一种比较主动的方式，而从无源控制方面上着手则是一种被动的方式。无源控制技术是一种传统的减振降噪控制技术，包括吸声、隔声、消声、隔振和阻尼减振。这方面的技术国内外发展得都比较成熟，已成为目前解决振动噪声控制问题的重要手段，而相应的控制产品（如消声器、隔声罩、隔振器、阻尼材料）的生产是振动和噪声控制产业的主要组成部分。振动噪声控制产品的性能会随着环境因素（如频率、温度等）的变化而变化。

1. 冲床噪声分析

1）噪声特性分析

为了了解冲压中心的噪声特性，掌握主要噪声源的频率等特征参数，为降噪技术的研究和应用提供依据，本书对冲压机噪声进行测试，得到如图 2-17 所示的噪声频谱特性。

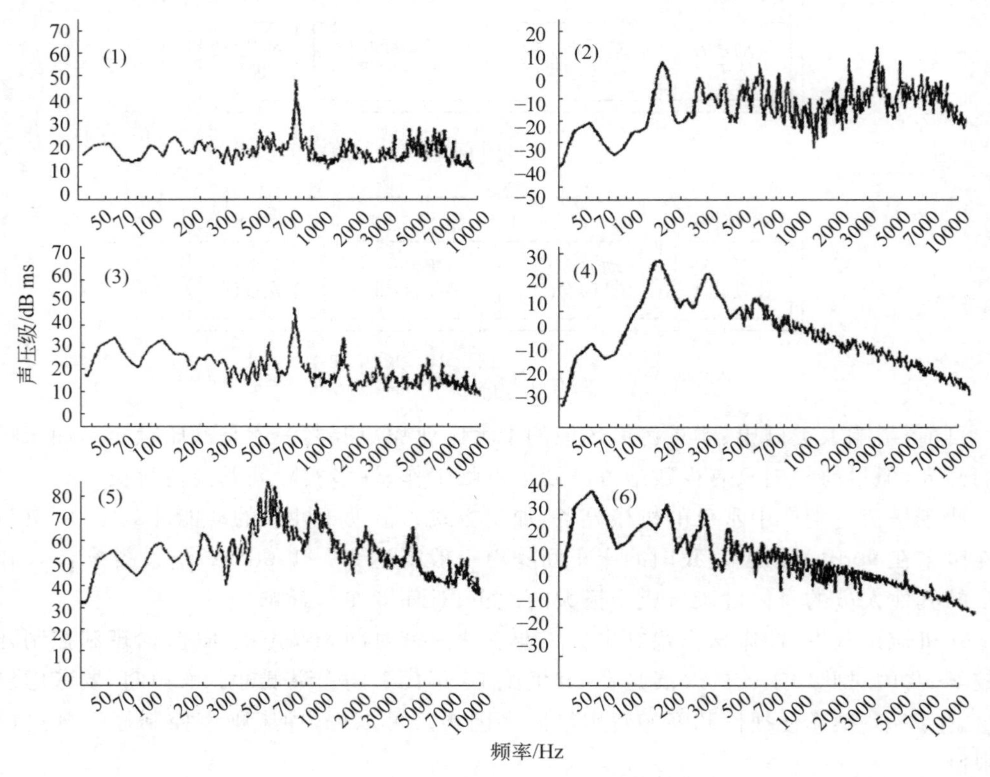

图 2-17 噪声频谱图

2）噪声源分析

冲床噪声源主要是冲床负荷运转时产生的强烈噪声。冲头与工件、打料杆与工件、卸料板与板料之间的撞击，以及在冲裁和剪切过程中形成的冲剪噪声等都是冲床噪声的主要来源。

（1）撞击噪声

撞击噪声是冲床噪声的主要组成部分。当冲头冲裁板料时，冲头会与板料发生撞击，从而产生撞击噪声。撞击噪声可分为加速度噪声和自鸣噪声。冲头冲击坯料时，受到阻力而突然停止所产生的噪声称为加速度噪声。被冲击的坯料由于受击而发生振动，这一振动发出的声音称为自鸣噪声。

（2）冲剪噪声

冲剪过程中，材料因剪切而断裂，由此导致冲头突然卸荷而形成的声音称为冲剪噪声。冲床被激励而产生振动，并引起机身的声辐射和地面振动。

（3）传动件间隙引起的噪声

冲床各连接件之间存在配合间隙，在冲击力的作用下会引起轴系的反冲而使零件受激励振动，引起声辐射而形成噪声。

2. 降噪原理

冲击声源的辐射噪声可分为两部分：加速度噪声和自鸣噪声。

加速度噪声压级估算为

$$L_{pacc}=20\lg V_0+6.67\lg V-20\lg r-10\lg[ct_0/V^{1/3}]^4+149$$

式中，V_0 为物体冲击时的运动初速度；V 为冲击物体在速度由 V_0 变为零的过程中穿过空气的体积；r 为测量点与被测物体的距离；t_0 为冲击作用时间；c 为空气中的声速。

降低加速度噪声的方法有：减少冲击力；延长冲击作用时间；减小冲击物体的体积。增加相互作用的物体的阻尼往往不能减小加速度噪声。

自鸣噪声的计算如下。

$$\text{Leq}=10\lg|F'(f)|^2+10\lg R_e[H_0(f)/\text{j}]+10\lg[A\sigma_{rad}/f]-10\lg\eta-10\lg d+C'$$

式中，$F'(f)$为激励力对时间的微分；$H_0(f)$为系统结构响应函数；η 为结构的阻尼损耗因子；d 为结构的平均厚度；j 为虚数单位；R_e 为取实部；σ_{rad}为结构声辐射系数；f 为分析中心频率；C′为常数；A 为计权系数。

降低自鸣噪声的方法有：减少冲击力；改变结构响应；延长冲击作用时间（在结构低频响应较低时）；增加结构阻尼；降低结构的声辐射效率或提高结构的临界频率；增加结构的平均厚度。阻尼处理示意如图 2-18 所示。

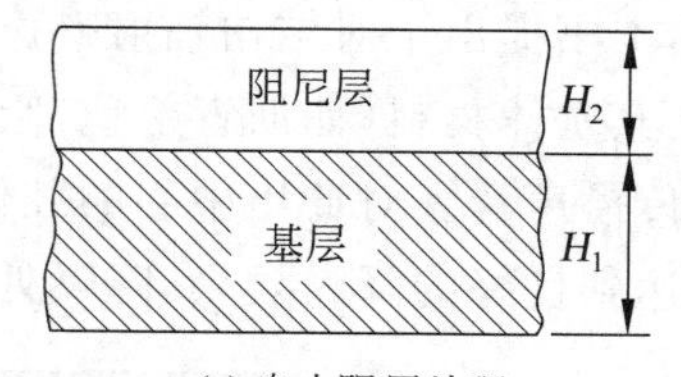

(a) 自由阻尼处理

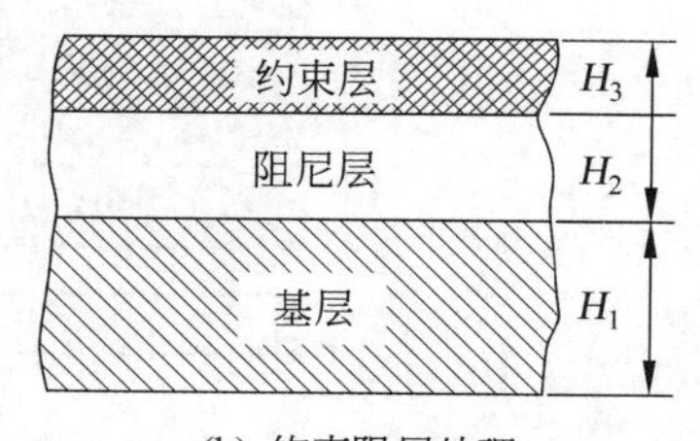

(b) 约束阻尼处理

图 2-18　阻尼处理图

3. 冲压中心的噪声控制措施

1）声源降噪

（1）冲床本身降噪

冲床降噪的根本措施在于声源控制。英国的理查兹（Richards）把撞击噪声方面的理论研究应用到了冲床上，可使噪声下降 30dBA，其基本理论是：加速度噪声等于锤子运动时所带动的等体积的空气所具有的动能的一半。ct_o/v_o从 1 增加到 10，噪声级可降低约 30dBA，c 是声速，t_0 是锤子运动停止的时间，v_o是锤子冲击坯料时的运动速度。

冲床各传动件之间存在必不可少的配合间隙，可以减少间隙和采用防止轴系反冲的结构形式，如曲轴连杆减缓反冲装置等。

(2) 降低模具噪声

冲模设计者往往忽略对噪声的考虑。合理地选择凹凸模的配合间隙能实现降噪 5dBA，改变凸的几何形状，用阶梯模、斜刃模代替平口模，也能降噪 5～10dBA。但由于工件的几何开头有时很复杂，因此会给模具加工带来一定的困难。此外还可以在模具中增加缓冲器并降低卸件噪声等。

2) 传播途径噪声控制

(1) 吸声降噪

吸声的目的是减弱车间内的反射噪声，一般可降噪 6dBA。噪声吸收分为空气传播噪声吸收和结构辐射噪声吸收。空气传播噪声吸收是通过使空气传播噪声透过纤维或泡沫材料时将声能转化成热能实现的。使用的纤维材料或泡沫材料越厚越密，空气传播噪声的吸收效果就越好。结构辐射噪声吸收是通过使噪声透过黏附于结构上的阻尼材料的均匀层后使声能部分转化成热能实现的。在这种情况下，结构辐射噪声在成为空气传播噪声之前已被吸收。阻尼材料吸收性能和损耗性能越好，则结构辐射噪声吸收性能就越好。在实践中，纯空气传播噪声的现象很少，通常它都是与结构辐射噪声同时存在的，这部分结构辐射噪声在基体材料上传播，将同时被吸声材料吸收而达到最佳降噪效果。为此，本书提出了对结构辐射噪声和空气传播噪声都能吸收的材料复合结构，如图 2-19 所示，其基体材料(如沥青毛毡)吸收和隔离结构辐射噪声，吸声材料(如聚氨酯泡沫)吸收空气传播声音。对冲压中心的腔体、外侧等体内外表面装贴具有这种复合结构的声学材料能达到良好的降噪效果，降噪处理如图 2-19 所示。

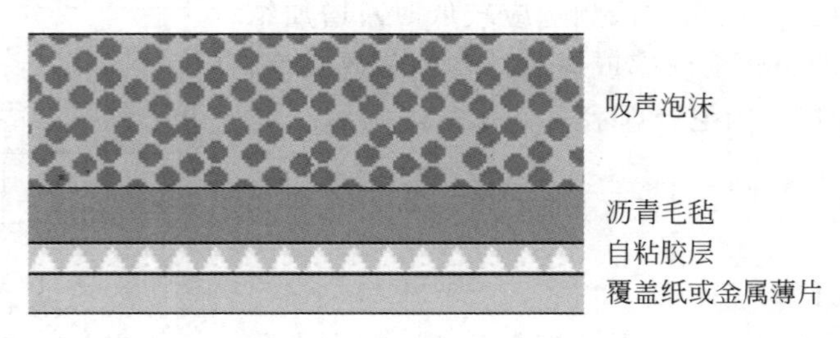

图 2-19 降噪处理

(2) 局部隔声

采用添加吸声的隔声屏、模具区域隔声罩，能产生 8dBA 左右的降噪效果。

(3) 全封闭隔声罩

全封闭隔声罩能有 20dBA 左右的降噪效果。罩体可制作成拼装式，但占地面积较大。噪声隔离分为空气传播噪声隔离和结构辐射噪声隔离。空气传播噪声隔离是通过隔离和吸收从隔离物上反射的噪声能量实现的，剩余的噪声能量辐射到另一侧后再通过空气进行传播。隔离物表面越重越柔软，空气传播噪声隔离的效果就越好。结构辐射噪声隔离是通过使噪声在声学材料上发生反射而使噪声传播衰减实现的。声学材料层越柔软体积越大，结构辐射声声隔离的效果就越好。

用于冲压设备的隔声材料可制作成覆盖于地板结构上的垫子，如沥青毛毡垫、柔软的沥青金属泊、高阻尼橡胶垫等产品；也可制作成喷涂或刮涂于车体表面的糊状产品，如合成树脂涂料、沥青-橡胶混合涂料等产品。这类材料的隔声效果取决于使用环境的温度和噪声的频率。

传播途径中控制冲床噪声虽是消极的治理方法，但由于简便易行，并能收到较好的降噪效果，因此较多地被采用。应用时应注意操作、维修等问题。

噪声传播控制又称无源噪声控制，它通过特殊的材料及其结构设计使机床体内部的噪声在入射到机床体表面时被转化成以下部分：一部分被反射；一部分在经过机床体时被转化成其他形式的能量或波形而被吸收。例如：其中一部分被贴附于机床体上的高阻尼材料转化成热能而被损耗了，另一部分转换为结构辐射噪声或其他形式的波形；最后剩下的一部分透过机床体辐射到机床外部。根据能量守恒定律，设入射声能为 E，反射声能为 E_1，损耗声能为 E_2，波形转化能量为 E_3，透过声能为 E_4，则有

$$E = E_1 + E_2 + E_3 + E_4$$

反射声能与入射声能之比越大，材料的隔声性能越好；透过声能与入射声能之比越小，材料的吸声性能越好，处理示意如图 2-20 所示。

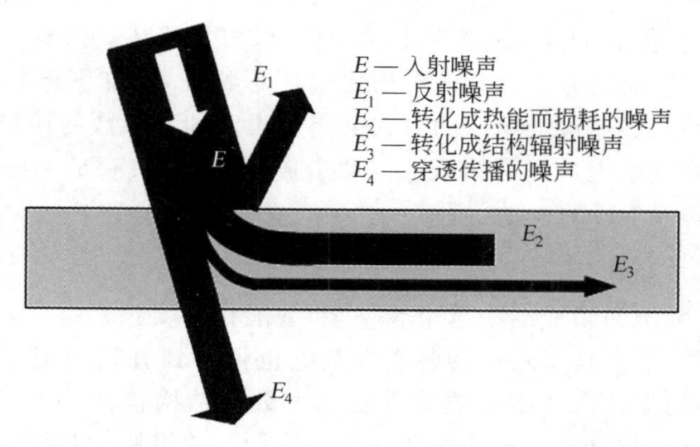

图 2-20 噪声传播控制的原理示意图

2.3 智能制造的关键技术

1. 系统辨识的自动建模技术

本书辨识运动控制结构及其组成关系，并建立结构性数据模型；研究运动模型的图论表达方式及其形式化表示；研究系统运动单元规则性编码，并根据其结构性模型建立其相互的映射关系。在上述基础上按照顺序和单元关系自动建立任务加工方案。整个过程通过计算机自动完成，无须人工参与，能够实现建模的高效性、准确性以及模型与系统的完整性和一致性等。

2. 智能制造的优化技术

本书使用自动建模方法产生系统的制造过程模型；建立求解两个节点之间距离最短的迭代函数；使用一种有效的求解算法使求解过程能够工程化；避免解空间的“组合爆炸”问题，使求解过程用时最短；保证整个加工过程中刀具的运动时间，使物料运动最少。满足这些要求的算法是可行的，得到的优化结果应该是最优的，并且能够达到批量加工所需的效率和质量要求。

3. 运动的智能控制与仿真

本书分析 PID 控制方法在数控装备中的使用，以及 PID 参数对系统运动的影响；分析控制参数对误差的调整和作用原理，并通过整定校正的方法（如试凑法和 Ziegler-Nichols 法）实现数控冲床传输过程中的误差补偿，提高传送精度；由于实验的局限性，研究使用了 MATLAB 实现控制系统的运动仿真，并对系统进行稳态和动态性能指标分析。

4. 智能制造编程技术

本书研究数控装备加工单元的图形特征，建立特征图形库，并对每个图形单元进行规则性编码；研究加工单元的分布及其分布形成的图形特征，添加图形特征包；研究系统的人机交互界面，提供能够通过最简洁的方式采集和设定加工参数的接口方法；研究自动加工方案生成算法，能根据用户提供的信息自动生成加工方案；满足一些约束规定，保证结果的最优化，最终实现 NC 的自动编程。

5. 智能维修维护技术

现代大型机电系统的组成结构越来越复杂，智能化程度越来越高，然而系统维修工作却越来越困难；另外，信息技术获取的各类大数据也得不到有效利用，为此提出了大数据结构化与数据驱动的复杂系统维修决策方法。大数据结构化使用了 AHP 的思想，依次建立系统维修的各个层级模型；基于模型抽象出支持系统维修的数据变量，提炼出各层级变量的表达函数；本书进一步实现了维护决策的数据驱动技术，在模型和函数之上定义了数据状态块矩阵，通过设计矩阵的特殊运算算法实现维修决策的数据驱动，最后使用一个具体的例子说明提出方法的可用性，结果证明提出的方法是可行的，符合设备维修决策建设目标，即维修方法经济、高效与实用。

6. 智能制造可靠性技术

目前，机电系统变得越来越复杂，其关重件质量对整个系统的可靠性起着至关重要的作用。结合经济性方面的考虑，冗余配置成为机电系统的一种重要的可靠性保障方法，然而冗余配置对系统可靠性的提升却没有较好的、确定的度量方法，造成了许多过度设计或配置不足的情况，因此本书提出机电系统关重件可靠性冗余配置方法研究，为冗余系统的可靠性设计提供理论依据。本书进行了以下几方面的研究：研究定义了可靠熵的概念，通过对可靠熵的分析找出可靠性冗余配置最优值；研究建立冗余系统的可靠性求解函数，对求解函数进行推导解析，找到可靠性函数的变化规律，并在此基础上进行可靠性冗余优化；研究可靠熵的仿真计算，验证提出方法的有效性，结果数据表明提出的方法能够达到冗余系统可靠性指标的要求。

7. 智能制造物流技术

现代企业生产是一个复杂的系统工程，它涉及物料的供应、人员的组织、设备的准备、技术的支持等多方面的工作，这些工作及其内部之间，彼此关联、相互制约、协同配合，任何一项工作或工作中的某个环节出现问题都会影响到企业的正常生产，给企业带来不同程度的损失。那么，在上述诸多复杂因素相互影响的情况下，如何有效地组织资源、实现精益化生产，提高企业核心竞争力，是摆放在企业管理面前的一个巨大的难题。解决这些难题不仅需要科学的方法，同时，也需要借助一定的科技手段才能保证生产的正常进行。为此，本项目提出了基于 BOM(Bill of Manufacturing)的物流技术解决智能制造的物质供输问题，即通过信息化、智能化的方法保证和实现企业生产的有序、高效。书中介绍的智能物流技术能有效地组织生产、提高加工效率，并在保证生产质量的前提下满足企业的经济效益。智能物流技术能够形成融合多种技术于一体的信息化软件系统，此系统在满足上述的目标要求的同时能够应用于实际生产，指导生产。另外，基于 BOM 的智能物流技术是规模企业生产中的一个共性问题，此项技术能够广泛应用于不同的生产制造行业当中，并具有重要的现实意义。

2.4　本章小结

本章对 FCNC 装备智能制造进行了总体介绍，重点从系统体系结构的角度介绍了 CNC 系统的软硬件组成，并对组成单元进行了详细介绍，单元组成是为其功能提供支撑的，由此引出运动系统智能控制的关键技术，包含以下的几个方面：系统辨识的自动化建模、智能制造的优化、加工运动的智能控制与仿真、智能自动编程、系统智能维护维修、智能制造的可靠性、智能物流等技术，并对这几个部分进行了详细阐述。

第3章 智能建模技术

系统模型是研究和掌握系统及其运动规律的有效工具，它是认识、分析、设计、预测、控制实际系统的基础，也是解决系统工程问题不可缺少的技术手段。系统建模是研究者研究和掌握系统运动规律的首要任务。本章首先介绍系统建模概述，帮助读者初步认识和了解系统、模型、建模等概念；其次介绍系统模型的表达，详细说明常见的几种模型的表达方式；再其次介绍系统辨识的建模方法，为实现系统辨识提供基础；接着叙述系统自动建模的过程，展示模型自动形成过程；最后使用具体的例子说明系统辨识自动建模的方法。

3.1 系统建模概述

3.1.1 相关概念

1. 系统

系统是指按照某种规则结合起来的、能够相互作用并相互依存的多个实体单元组成的具有某些特定功能的总体。系统的实体是具有独立功能的物体单元，它们相互作用、相互依存，以实现系统特定的功能。系统的多个实体可以相同，也可以不同。现实系统可以是有形实体，也可以是无形的体系结构、组织架构等形态。

一个系统一般包括3个要素：实体、属性和活动。

系统研究要划分系统边界，主要取决于系统研究的目的。按照规模分类，系统可以分为简单系统和复杂系统；按照行业分类，系统可以分为电力系统、交通系统、网络系统等；按照组织架构分类，系统可以分为教育系统、医疗系统、政府系统等。

2. 模型

模型是使用某种形式对现实系统的特征要素、相关信息和变化规律的表达和抽象。系统模型的表达形式通常是使用图形、数学公式、图、表、仿真系统等表示的一组数据或指令。那么，系统模型是对实际系统的抽象，是对系统本质的描述，它是通过对客观世界的反复认识和分析，经过多次相似整合过程所得到的结果。系统模型可能是自然的或人工的、现存的或未来所计划的。

因此，系统模型常作为一种工具解决现实系统中的一些问题。系统模型有其必要性，很多问题的解决都离不开模型，它直接影响到某个问题的能否解决。模型精度也很重要，模型不是真实的系统，建模过程中可能会损失某些信息，利用缺失信息的模型解决问题将会导致错误的结果。模型表达有其广泛性，像建筑图纸、物体受力函数、清明上河图甚至一篇乐谱都可以被认为是模型。

系统模型是现实系统的描述、模仿或抽象，用来简单地描述现实系统的本质属性。模型只用于反映实体的主要本质，而不是全部。通过对模型的研究可以方便地掌握实体本质。同一个系统根据不同的研究目的可以建立不同的系统模型。

模型的特征：①模型是实际系统的合理抽象和有效模仿；②由反映系统本质的主要因素构成；③表明有关因素之间的逻辑关系或定量关系。

系统模型反映实际，又高于实际，在建模时要兼顾现实性和易处理性。

系统模型的分类。按照不同的表达方式，模型可以分为以下几种形式：图模型（二维、三维）、数学模型、仿真模型（沙盘模型、原理机构）、性质模型。

图模型定义为使用各种线条、形体、颜色、图案以及字符数字等表达和描述实际系统结构以及系统内部机理的方法。

图模型的表达方式是系统模型最常用的形式，日常生活中的图形、图画、图纸以及地图等都可以被认为是图模型。图模型按照其展示方法又分为二维模型图、三维模型图；按照表达事务的关系分为层状图、树状图和网状图等。

数学模型是指用字母、数字和各种数学符号描述系统的模型，该模型能够表达系统与外部之间的关系，系统内部的相互影响以及内在的运动规律，并将此抽象过程通过数学的方式表示出来，数学表达方式是系统模型最主要的表示方式。

系统数学模型的建立需要按照系统论对输入、输出状态变量及其目的函数关系进行抽象。抽象中必须考虑现实系统与建模的目标，先提出一个详细描述系统的复杂抽象模型，并以此为基础不断完善原来的抽象模型，使抽象不断具体化、精细化；最后使用数学语言定性和定量地描述系统的内在联系和变化规律，实现现实系统和数学模型之间的等效关系。

仿真模型使用物理属性描述系统，目的是用一个容易实现控制或求解的系统替代或近似描述一个不容易实现控制或求解的系统，它可能是一个实物模型，即原系统的放大、缩小或简化，又分为实体模型和比例模型；也可能是一个抽象模型，即用数字、字符或运算符号等非物质形态描述系统的模型，没有具体的物理结构。

性质模型可理解为只是在本质上与系统相似，但从模型上看不出系统原型的形象。

3. 建模

建模是指利用抽象、分解、合成、综合、逻辑等思想或者表述、求解、解释、检验等手段把实际系统转化为一种形式表达的过程。简单理解即建模是将实际系统转化为模型的过程,建模主要研究实际系统与模型之间的转化方法或规则。

单个实体一般不需要建模,由多个实体组成的系统才需要建模。系统建模必须能够表达各组成部分之间的关系和系统运行机理等重要内容,建模主要的内容就是形与数的结合和统一。

建立模型是系统分析的一个重要环节,一个合适的系统模型不仅是对系统认识的进一步深化,而且也是实现系统优化的重要途径。

建模的目的是更好地认知实际系统,描述系统的主要组成单元,分析各个组成单元之间的联系,研究单元之间的相互作用机理、系统内部的流的传递以及明确实现系统目标的约束条件等。

人们进行系统模型主要基于以下几个方面的考虑。

① 系统开发建设的需要。

② 经济性的考虑。

③ 安全性、稳定性上的考虑。

④ 时间序列的考虑。

⑤ 基于模型的简便操作,易于分析结果,易于理解。

3.1.2 建模内容

1. 建模需求

明确建模目标。系统建模首先要求了解所研究对象的实际背景,明确预期要达到的目标,根据研究对象的特点刻画该对象系统的状态、特征和变化规律的若干基本变量。获取这些因素或变量的方法通常是查阅大量的资料,对相关行业进行调研,咨询相关领域的专家学者等,力求掌握研究对象的各种信息,弄清实际对象的特征。

找出建模因素。影响一个系统的因素比较多,如果想把全部影响因素都反映到模型中,这样的系统模型就很难甚至不可能建立。因此,系统模型应该既能反映实际系统的表征和内在特性,又不至于太复杂。系统建模过程的关键一步是模型简化,它可以为复杂系统准备一个在计算机和分析上都比实际情况更容易处理,而且又能提供关于原来系统足够多的信息,从而使得出的模型最大可能地近似等效于原型。

建立仿真模型。为了实现研究系统的目的,还需要借助于仿真技术进行研究,并建立仿真模型。仿真模型指针对不同形式的系统模型研究其求解算法,使其在计算机上得到实现。本章主要讨论的是系统模型及其建立方法,仿真模型将融入对应的章节中进行详细讨论。

2. 建立模型的原则

(1) 模型要具有代表性,要能反映实际系统的本质特征。

(2) 模型要符合实际系统的运行规律。

(3) 模型的规模、难度要适当。

(4) 模型要保证足够的精度,具有指导意义。

(5) 尽量采用标准化的表达和使用已有成功经验的模型。

3. 建立模型的步骤

(1) 明确建立模型的目的,即"为什么要建模"。

(2) 列出要解决的具体问题,即"解决哪些问题"。

(3) 设计所要建立的模型,即"建立一些什么样的模型"。

(4) 查找有关资料,即"模型需要哪些资料"。

(5) 定义变量和参数,即"有哪些变量和参数"。

(6) 选择模型的表达类型,即"模型的形式是什么"。

(7) 验证模型的可信性,即"模型正确吗"。

(8) 模型的标准化,即"通用性如何"。

(9) 编制计算机程序,即运行模型。

4. 常用的建模思想

(1) 抽象。揭示事物的共性和联系的规律,忽略每个具体事物的特殊性,着眼于整体和一般规律。

(2) 归纳。从特殊的、具体的认识推进到一般的、抽象的认识的一种思维方式。立足于观察、经验或实验的基础上;依据若干已知的、不完全的现象推断尚属未知的现象。

(3) 演绎。由一般性的命题推出特殊命题的推理方法,其作用在于把特殊情况明晰化,把蕴涵的性质揭露出来,有助于科学的理论化和体系化。

(4) 类比。在两类不同的事物之间进行对比,找出若干相同点或相似点之后,推测在其他方面是否可能存在相同或相似之处的一种思维方式。

(5) 移植。将一个或几个学科领域中的理论和行之有效的研究方法、研究手段移用到其他领域当中,为解决其他学科领域中存在的疑难问题提供启发和帮助。

3.2 系统建模方法

3.2.1 系统建模现状

系统模型常作为一种有效的工具对系统中存在的问题进行分析,用来提高系统的可靠性[15]与安全性[16][17]。人们致力于这方面的工作并产生了大量的成果,例如:模型能够帮助人们进行复杂系统内部的物质流的运动变化情况[18]、能量运动情况[19]、数据流的流动情况[20]、系统单元的相互作用机理[21]、系统维护中故障的传播路径等的分析与仿真[22],以及系统单元组成关系自动建模的研究[23][24]。因此,系统模型被广泛应用在机械电子[24]、能源化工[25]等诸多行业,并发挥着重要的支撑作用。

目前,关于系统建模的研究成果很多,大多侧重于建模方法的研究,像人工智能方法在建模方面的应用[26][27];也有在模型表达方面的研究[28];还有在模型应用能力方面的研究[29][30]。然而,在工业系统自动建模方面的研究却相对很少见。因此,本书提出了系统辨识的自动建模方法。

研究制造系统的建模就是研究制造装备运动单元的形成轨迹,然后分析这种轨迹满足何种特性,并根据其特性对其进行控制,最终达到需求的目标。研究的运动轨迹从时序上看是由多个点和多条线段连接成的一条长直线;通过分析可知这些点是固定的,而线是可变的,那么,由这些线和固定的点形成的就是一个网络;因此,装备运动轨迹具有网络特性,而不是树形特性,也不是星形特性。于是,解决具有网络特性的问题就是用网络方面的知识,否则问题就会得不到解决或是得到一个错误的结果,这也是建模的意义所在。

3.2.2 系统结构建模

1. 结构模型概念

结构模型可以描述系统各实体之间的关系,以表示一个实体集合的系统模型。结构模型就是应用有向连接图描述系统各要素之间的关系,以表示一个作为要素集合体的系统模型。

用 $S=\{S_1,S_2,\cdots,S_n\}$ 表示实体集合,S_i 表示实体集合中的元素(实体),$R=\{(x,y)|W(x,y)\}$ 表示在某种关系下实体之间的关系值的集合,那么集合 S 和定义在 S 上的元素关系集合 R 就表示系统在关系 W 下的结构模型,记为 $\{S,R\}$。结构模型可以用有向连接图和矩阵描述。

结构模型的特性如下:

(1) 结构模型是一种图形模型(几何模型),用有向连接图表示;

(2) 结构模型是一种定性为主的模型;

(3) 结构模型可以用矩阵形式描述,从而使得定量与定性相结合;

(4) 结构模型比较适于描述以社会科学为对象的系统结构的描述。

2. 邻接矩阵及其特性

邻接矩阵(Adjacency Matrix)是表示顶点之间相邻关系的矩阵。图的基本矩阵表示描述图中各节点两两之间的关系。

邻接矩阵的特性如下。

(1) 汇点：矩阵 $\boldsymbol{A}$ 中元素全为 0 的行所对应的节点。

(2) 源点：矩阵 $\boldsymbol{A}$ 中元素全为 0 的列所对应的节点。

(3) 对应每个节点的行中元素值为 1 的数量，即离开该节点的有向边数；列中“1”的数量就是进入该节点的有向边数。

(4) 有向图 D 和邻接矩阵 $\boldsymbol{A}$ 一一对应。邻接矩阵和有向图是同一系统结构的两种不同表达形式。邻接矩阵与有向图一一对应，有向图确定，邻接矩阵也就唯一确定。反之，邻接矩阵确定，有向图也就唯一确定。

(5) 邻接矩阵的矩阵元素只能是 1 和 0，属于布尔矩阵。布尔矩阵的运算主要有逻辑和运算及逻辑乘运算，即：

$$0+0=0 \qquad 0+1=1 \qquad 1+1=1$$
$$1\times0=0 \qquad 0\times1=0 \qquad 1\times1=1$$

(6) 计算 $\boldsymbol{A}_k$，如果 $\boldsymbol{A}_k$ 矩阵元素中出现 $a_{ij}=1$，则表明从系统要素 S_i 出发，经过 k 条边可达到系统要素 S_j。这时我们说系统要素 S_i 与 S_j 之间存在长度为 k 的通道。

3. 可达矩阵及其计算

有向图 D 中，如果从 S_i 到 S_j 有任何一条通路存在，则称 S_i 可达 S_j。用矩阵描述有向连接图各节点之间经过一定长度的通路后可以到达的程度。

可达矩阵 $\boldsymbol{M}$ 的定义：设系统实体集合为 $S=\{S_1,S_2,\cdots,S_n\}$，则 $n\times n$ 矩阵 $\boldsymbol{M}$ 的元素 m_{ij} 为

$$m_{ij}=\begin{cases}1, & S_i \text{ 可达 } S_j\\ 0, & S_i \text{ 不可达 } S_j\end{cases}$$

$$(\boldsymbol{A}+1)^{k-1}\neq(\boldsymbol{A}+1)^{k}=(\boldsymbol{A}+1)^{k+1}=\boldsymbol{M}$$

4. 结构建模

结构建模的基本步骤如下：

(1) 选择构成系统的要素(实体)；

(2) 建立邻接矩阵和可达矩阵；

(3) 划分层次级别；

(4) 建立系统的结构模型；

(5) 根据结构模型建立解释结构模型。

5. 实体 S_i 与 S_j 之间的关系

实体 S_i 与 S_j 之间主要存在以下关系：

(1) $S_i \times S_j$，即 S_i 与 S_j 互有关系；

(2) $S_i \bigcirc S_j$，即 S_i 与 S_j 和 S_i 均无关系；

(3) $S_i \wedge S_j$，即 S_i 与 S_j 有关，S_j 与 S_i 无关；

(4) $S_i \vee S_j$，即 S_i 与 S_j 无关，S_j 与 S_i 有关。

$$\boldsymbol{A}=\begin{matrix}S_1\\S_2\\S_3\\S_4\\S_5\\S_6\\S_7\end{matrix}\begin{bmatrix}0&0&1&1&1&0&0\\0&0&0&0&0&1&1\\0&1&0&0&0&0&0\\0&1&0&0&0&0&0\\0&0&0&0&0&1&0\\0&0&0&0&0&0&1\\0&0&0&0&0&0&0\end{bmatrix}\quad \boldsymbol{A}+\boldsymbol{I}=\begin{bmatrix}1&0&1&1&1&0&0\\0&1&0&0&0&1&1\\0&1&1&0&0&0&0\\0&1&0&1&0&0&0\\0&0&0&0&1&1&0\\0&0&0&0&0&1&1\\0&0&0&0&0&0&1\end{bmatrix}$$

$$(\boldsymbol{A}+\boldsymbol{I})^3=\begin{bmatrix}1&1&1&1&1&1&1\\0&1&0&0&0&1&1\\0&1&1&0&0&1&1\\0&1&0&1&0&1&1\\0&0&0&0&1&1&1\\0&0&0&0&0&1&1\\0&0&0&0&0&0&1\end{bmatrix}\quad (\boldsymbol{A}+\boldsymbol{I})^2=\begin{bmatrix}1&1&1&1&1&1&0\\0&1&0&0&0&1&1\\0&1&1&0&0&1&1\\0&1&0&1&0&1&1\\0&0&0&0&1&1&1\\0&0&0&0&0&1&1\\0&0&0&0&0&0&1\end{bmatrix}$$

$$(\boldsymbol{A}+\boldsymbol{I})^4=\begin{bmatrix}1&1&1&1&1&1&1\\0&1&0&0&0&1&1\\0&1&1&0&0&1&1\\0&1&0&1&0&1&1\\0&0&0&0&1&1&1\\0&0&0&0&0&1&1\\0&0&0&0&0&0&1\end{bmatrix}=(\boldsymbol{A}+\boldsymbol{I})^3=\boldsymbol{M}$$

6. 层次级别的划分——对可达矩阵进行分解

可达集：要素 S_i 可以到达的要素集合定义为要素 S_i 的可达集，用 $R(S_i)$ 表示，由可达矩阵中第 S_i 行中所有矩阵元素为1的列所对应的要素组成。

前因集：将到达要素 S_i 的要素集合定义为要素 S_i 的前因集，用 $A(S_i)$ 表示，由可达矩阵中第 S_i 列中的所有矩阵元素为1的行所对应的要素组成。

最高级要素集：一个多级递阶结构的最高级要素集是指没有比它再高级别的要素可以到达，其可达集 $R(S_i)$ 中只包含它本身的要素集，而前因集中，除包含要素 S_i 本身外，还包含可以到达其下一级的要素。

若 $R(S_i)=R(S_i)\cap A(S_i)$，则 S_i 为最高级要素集。

如上例中，根据可达矩阵，我们可以把可达集与先行集及其交集列在表上，见表 3-1。

表 3-1　可达矩阵描述表

i	$R(S_i)$	$A(S_i)$	$R(S_i)\cap A(S_i)$
1	1,2,3,4,5,6,7	1	1
2	2,6,7	1,2,3,4	2
3	2,3,6,7	1,3	3
4	2,4,6,7	1,4	4
5	5,6,7	1,5	5
6	6,7	1,2,3,4,5,6	6
7	7	1,2,3,4,5,6,7	7

层级分解的目的是更清晰地了解系统中各要素之间的层级关系，最顶层表示系统的最终目标，往下各层分别表示上一层的原因。

层级分解的方法是：根据 $R(S_i)\cap A(S_i)=R(S_i)$ 进行层级的抽取。如表 3-1 中对于 $i=7$ 满足条件，表示 S_7 为该系统的最顶层，也就是系统的最终目标，然后把表 3-1 中有关 7 的要素都抽出，得到表 3-2。

表 3-2　分解的可达矩阵

i	$R(S_i)$	$A(S_i)$	$R(S_i)\cap A(S_i)$
1	1,2,3,4,5,6	1	1
2	2,6	1,2,3,4	2
3	2,3,6	1,3	3
4	2,4,6	1,4	4
5	5,6	1,5	5
6	6	1,2,3,4,5,6	6

从表 3-2 中又可以发现 $i=6$ 满足条件，即可以抽出 6，表示 S_6 为第 2 层。抽出 6 的结果如表 3-3 所示。

表 3-3 第 2 层分解可达矩阵

i	$R(S_i)$	$A(S_i)$	$R(S_i)\cap A(S_i)$
1	1,2,3,4,5	1	1
2	2	1,2,3,4	2
3	2,3	1,3	3
4	2,4	1,4	4
5	5	1,5	5

从表 3-3 中发现 $i=5$ 和 $i=2$ 都满足条件，S_2、S_5 为第 3 层，并是 S_6 的原因。抽出 2、5 后的结果见表 3-4。

表 3-4 第 3 层分解可达矩阵

i	$R(S_i)$	$A(S_i)$	$R(S_i)\cap A(S_i)$
1	1,3,4	1	1
3	3	1,3	3
4	4	1,4	4

从表 3-4 中发现 $i=3$ 和 $i=4$ 都满足条件，S_3、S_4 为第 4 层且是 S_2、S_5 的原因。抽出 3、4 后的结果见表 3-5。

表 3-5 第 4 层分解可达矩阵

i	$R(S_i)$	$A(S_i)$	$R(S_i)\cap A(S_i)$
1	1	1	1

结果表明，要素 S_1 为系统的最下层，是引起系统运动的根本原因。

3.2.3 系统图模型

图模型建模法是一种采用点和线组成的、描述系统的图形的建模方法，可用于描述自然界和人类社会中大量的事物和事物之间的关系。

1. 著名的七桥问题

18 世纪初，普鲁士的哥尼斯堡被一条河穿过，河上有两个小岛，有七座桥把两个岛与河岸连接起来(如图 3-1 所示)。有个人提出了一个问题：一个步行者怎样才能不重复、不遗漏地一次走完七座桥，最后回到出发点。后来，大数学家欧拉把它转化成一个几何问题——一笔画问题。欧拉不仅解决了此问题，且给出了连通图可以一笔画完的充要条件是：奇点的数目是 0 或 2 个。连到一点的线的数目若是奇数条，就称为奇点，若是偶数条，就称为偶点，要想一笔画完，必须令中间点均是偶点，也就是有来路必有另一条去路，奇点只能在两端，因此任何图能一笔画完，奇点要么没有，要么在两端。

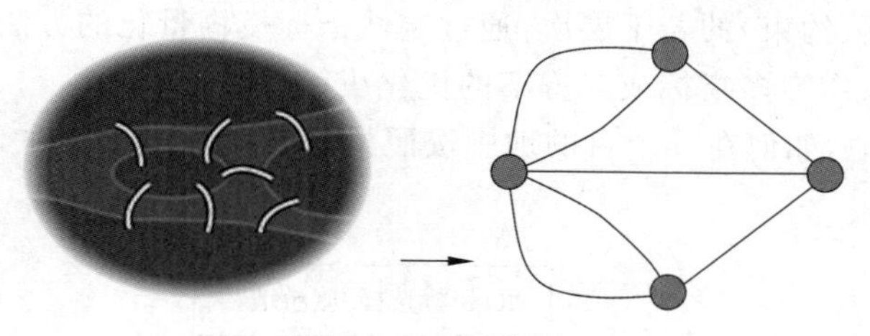

图 3-1 七桥模型

按照图模型的表达方式，使用 G 表示图，V 表示节点，E 表示边，所以一个图可以记为

$$G=(V,E)$$

节点记为

$$V=\{a,b,c,\cdots\}$$

边记为

$$E=\{e_1,e_2,e_3,\cdots\}$$

这就形成了集合的数学形式，也就是把所有的顶点和边都分别装到 V 和 E 的两个集合变量中。

2. Fleury（佛罗莱）算法

如果 G 为一无向欧拉图，则求 G 中一条欧拉回路的算法为

(1) 任取 G 中一顶点 v_0，令 $P_0=v_0$。

(2) 假设沿 $P_i=v_0e_1v_1e_2v_2\cdots e_iv_i$ 走到顶点 v_i，按下面的方法从 $E(G)-\{e_1,e_2,\cdots,e_i\}$ 中选择 e_{i+1}：

① e_{i+1} 与 v_i 相关联；

② 除非没有边可供选择，否则 e_{i+1} 不应是 $G_i=G-\{e_1,e_2,\cdots,e_i\}$ 中的边。

(3) 当(2)不能再进行时算法停止。

可以证明，当算法停止时，得到的简单回路 $P_m=v_0e_1v_1e_2v_2\cdots e_mv_m$，$(v_m=v_0)$ 为 G 中的一条欧拉回路。

3.2.4 层次分析模型

美国运筹学家、匹茨堡大学教授萨蒂（T.L.Saaty）于 1970 年为美国国防部研究“根据

各个工业部门对国家福利的贡献大小而进行电力分配"课题时提出了层次分析法(Analytic Hierarchy Process,AHP)。AHP 是一种定性与定量相结合、系统化、层次化的分析方法。

将一个复杂的多目标决策问题作为一个系统,将目标分解为多个目标或准则,进而分解为多指标(或准则、约束)的若干层次,通过定性指标模糊量化的方法计算出层次单排序(权数)和总排序,以作为多指标或多方案的优化决策。

例:选择旅游地,如何在 3 个目的地中按照景色、费用、居住条件等因素进行选择,模型如图 3-2 所示。

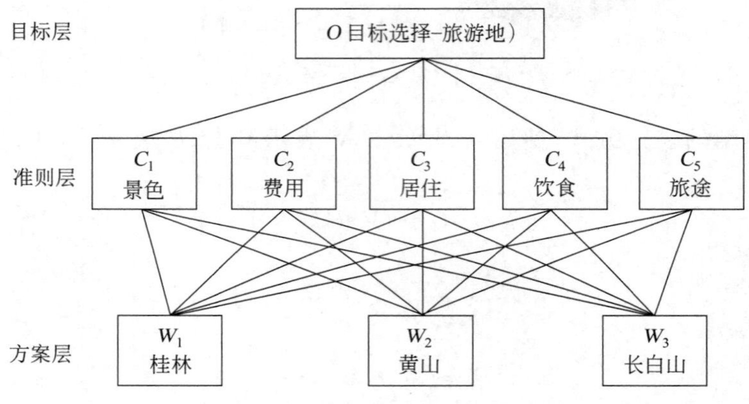

图 3-2 选取旅游地模型

假设要比较各准则 $C_1, C_2, \cdots, C_n$ 对目标 O 的重要性。

$$C_i : C_j \Rightarrow a_{ij}$$

$$\mathbf{A} = (a_{ij})_{n\times n}, a_{ij} > 0, a_{ji} = \frac{1}{a_{ij}}$$

$$\begin{array}{c} \\ C_1 \\ C_2 \\ C_3 \\ C_4 \\ C_5 \end{array} \quad \mathbf{A} = \begin{array}{c} \begin{array}{ccccc} C_1 & C_2 & C_3 & C_4 & C_5 \end{array} \\ \begin{bmatrix} 1 & 1/2 & 4 & 3 & 3 \\ 2 & 1 & 7 & 5 & 5 \\ 1/4 & 1/7 & 1 & 1/2 & 1/3 \\ 1/3 & 1/5 & 2 & 1 & 1 \\ 1/3 & 1/5 & 3 & 1 & 1 \end{bmatrix} \end{array}$$

考察完全一致的情况。

$$W(=1) \Rightarrow w_1, w_2, \cdots, w_n$$

$$
\mathbf{A}=\begin{bmatrix}
\frac{w_1}{w_1} & \frac{w_1}{w_2} & \cdots & \frac{w_1}{w_n} \\
\frac{w_2}{w_1} & \frac{w_2}{w_2} & \cdots & \frac{w_2}{w_n} \\
\cdots & & & \\
\frac{w_n}{w_1} & \frac{w_n}{w_2} & \cdots & \frac{w_n}{w_n}
\end{bmatrix}
$$

令

$$a_{ij}=w_i/w_j$$

一致性检验：对 $\mathbf{A}$ 确定不一致的允许范围。

因此，定义一致性指标 CI 为

$$CI=\frac{\lambda-n}{n-1}$$

CI 越大，不一致越严重。

计算平均值 RI 为

$$RI=\frac{CI_1+CI_2+\cdots CI_{500}}{500}=\frac{\frac{\lambda_1+\lambda_2+\cdots+\lambda_{500}}{500}-n}{n-1}$$

定义一致性比率 $CR=CI/RI$。

当 $CR<0.1$ 时，通过一致性检验得

最大特征根 $\lambda=5.073$

权向量(特征向量)$w=(0.263,0.475,0.055,0.090,0.110)^{\mathrm{T}}$

一致性指标为

$$CI=\frac{5.073-5}{5-1}=0.018$$

随机一致性指标 $RI=1.12$（查表可知）。

一致性比率 $CR=0.018/1.12=0.016<0.1$。

通过一致性检验，结果如表 3-6 所示。

表 3-6 一致性指标值

$W^{(2)}$	0.263	0.475	0.055	0.090	0.110
$w_k^{(3)}$	**0.595** **0.277** **0.129**	**0.082** **0.236** **0.682**	**0.429** **0.429** **0.142**	**0.633** **0.193** **0.175**	**0.166** **0.166** **0.668**
λ_k	**3.005**	**3.002**	**3**	**3.009**	**3**
CI_k	**0.003**	**0.001**	**0**	**0.005**	**0**

$RI=0.58(n=3)$，CI_k 均可通过一致性检验。

方案 P_1 对目标的组合权重为 $0.595\times0.263+\cdots=0.300$。

整个方案层对目标的组合权向量为 $(0.300,0.246,0.456)^T$。

通过比较可知，应该首选方案 P_3。

3.2.5 聚类分析模型

聚类分析(cluster analysis)是研究“物以类聚”的一种方法，其在不同的学科领域得到了广泛研究，如图 3-3 所示。

在统计学领域，聚类分析与回归分析和判别分析并称为多元分析的三大方法。在机器学习和数据挖掘领域，聚类分析被叫作无监督学习(Unsupervised Learning)，另一大类叫作有监督学习(Supervised Learning)。

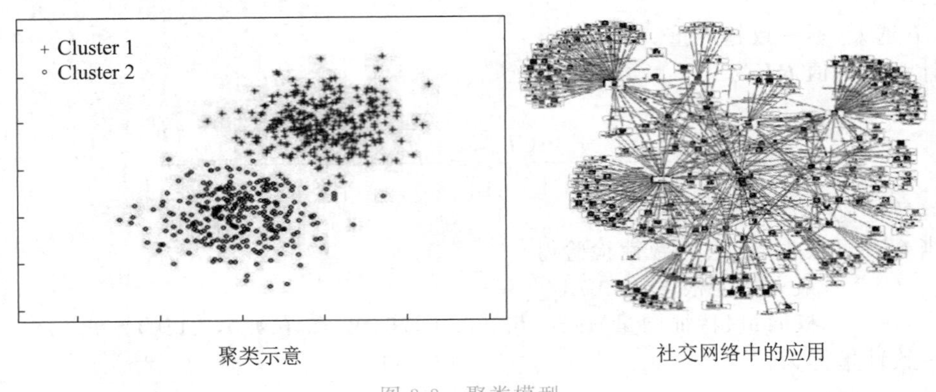

图 3-3 聚类模型

1. 基本思想

通过某种方式衡量数据对象之间的相似度，在此基础上将数据对象分组，使得同一组的对象之间是相似的(越相似越好)，不同组中的对象之间是不相似的(差别越大越好)。

2. 两种常用的方法

聚类的两种常用方法为迭代的动态聚类方法和非迭代的层次聚类方法。

3. 迭代的动态聚类方法

1) 迭代步骤

(1) 选定某种距离度量作为样本之间的相似性度量。

(2) 确定合理的样本初始分类，包括代表点的选择、初始分类的方法选择等。

(3) 确定某种评价聚类结果的准则函数，以调整初始分类直到达到该准则函数的极值。

2）常用算法

常用的经典算法为 k-means 算法。

3）数学模型

对样本集 $C=\{X_i \mid i=1,2,..,N\}$ 尚不知每个样本的类别，但可以假设所有样本可划分为 k 类 $C_1,\cdots,C_k$，各类样本在特征空间依类聚集，且近似球形分布。

目标是通过最小化如下的误差平方和 J 而找到每一类 C_i 的代表点 m_i，并且实现样本的划分（按距离最小），即

$$J=\sum_{i=1}^{k}\sum_{X\in C_i}\delta(X,m_i)=\sum_{i=1}^{k}\sum_{X\in C_i}(X-m_i)^{\mathrm{T}}(X-m_i)$$

4）算法描述

（1）初始化：选择 k 个代表点（中心）$p_1,p_2,\cdots,p_k$。

（2）建立 k 个空聚类列表：$C_1,C_2,\cdots,C_k$。

（3）按照最小距离法则逐个对样本 x 进行分类：

$$j=\arg\min_{i}\delta(X,P_i)$$

（4）将 X 加到 C_j，计算 J 及用各聚类列表计算聚类均值，并作为各聚类新的代表点（更新代表点），若 J 不变或代表点未发生变化则停止，否则转到算法的第②步。

$$J=\sum_{i=1}^{k}\sum_{X\in C_i}\delta(X,P_i)$$

4. 层次聚类方法

1）基本思想

由下往上逐层聚类，每一层根据类之间的相似/相邻性进行聚合，最下层把每个样本作为一类。

2）样本点之间的相似/相邻的度量

假设有两个样本 $X_i=(X_{i1},X_{i2},\cdots,X_{in})$ 和 $X_j=(X_{j1},X_{j2},\cdots,X_{jn})$。

（1）绝对值距离

$$d_{ij}(1)=\sum_{k=1}^{n}\mid X_{ik}-X_{jk}\mid$$

（2）欧几里得距离

$$d_{ij}(2)=\left[\sum_{k=1}^{n}(X_{ik}-X_{jk})^2\right]^{\frac{1}{2}}$$

（3）明考斯基距离

$$d_{ij}(q)=\left[\sum_{k=1}^{n}\mid X_{ik}-X_{jk}\mid^{q}\right]^{\frac{1}{q}}$$

5. 相似系数的计算

1) 夹角余弦

假设 $C_{ij}(1)$为$(x_{1i},x_{2i}\cdots x_{ni})$和$(x_{1j},x_{2j}\cdots x_{nj})$之间的夹角余弦,则

$$C_{ij}(1)=\frac{\sum_{k=1}^{n}x_{ki}x_{kj}}{\left[\left(\sum_{k=1}^{n}x_{ki}^{2}\right)\left(\sum_{k=1}^{n}x_{kj}^{2}\right)\right]^{\frac{1}{2}}}$$

2) 相关系数

相关系数定义为

$$C_{ij}(2)=\frac{\sum_{k=1}^{n}(x_{ki}\overline{x}_{i})(x_{kj}-\overline{x}_{j})}{\left[\sum_{k=1}^{n}(x_{ki}-\overline{x}_{i})^{2}\sum_{k=1}^{n}(x_{kj}-\overline{x}_{j})^{2}\right]^{\frac{1}{2}}}$$
$$=r_{ij}$$

6. 类间相似/相邻性的度量

(1) 最短距离:两类中相距最近的两个样品之间的距离。

$$D_{pq}=\min_{\substack{x_i\in\omega_p\\x_j\in\omega_q}}d_{ij}$$

(2) 最长距离:两类中相距最远的两个样本之间的距离。

$$D_{pq}=\max_{\substack{x_i\in\omega_p\\x_j\in\omega_q}}d_{ij}$$

(3) 中间距离:最短距离和最长距离都有片面性,因此有时使用中间距离。设 ω_1 类和 ω_{23}类之间的最短距离为 d_{12},最长距离为 d_{13},ω_{23}类的长度为 d_{23},则中间距离的计算如下,如图 3-4 所示。

$$d_0^2=\frac{1}{2}d_{12}^2+\frac{1}{2}d_{13}^2-\frac{1}{4}d_{23}^2$$

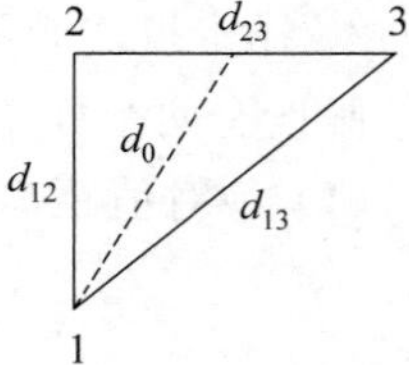

图 3-4 中间距离图示

7. 均值距离

均值距离定义为

$$D_{pq}=\delta(m_p,m_q)$$

3.2.6 系统模拟模型

1. 模拟的发展过程

模拟的发展过程分为以下 3 个阶段:

（1）直观模仿阶段；

（2）模拟实验阶段；

（3）功能模拟阶段。

2. 模拟模型的含义及特点

模拟：利用一组可控制的条件代替实体或原型，通过模仿性实验了解实际系统的本质及其变化规律。

模拟模型：对一个实际系统的结构和行为进行动态模仿，并从中取得所需的信息。

计算机模拟模型：利用计算机可以高速处理大量信息的能力，在计算机内设置一定的环境，通过程序实现客观系统中的某些规律或规则并高速运行，以便观察与预测客观系统状况的一种强有力的概念模式。

系统模拟：根据系统分析的目的，在分析系统各要素性质及其相互关系的基础上建立能够描述系统结构或行为过程且具有一定逻辑关系或数量关系的模拟模型，据此进行试验或定量分析，以获得正确决策所需的各种信息。

3. 系统模拟的特点

（1）系统模拟是一种实验手段。

（2）系统模拟是一种计算机上的软件实验，需要较好的模拟软件支持系统的建模仿真过程。

（3）系统模拟的输出结果由软件自动给出。

（4）系统模拟要进行多次试验的统计推断。

（5）系统模拟是一种对系统问题求数值解的计算技术。

3.3　辨识模型描述

3.3.1　辨识模型

工业系统是由众多单元按照一定的要求组合而成的一个整体[31]，因此使用图论的图 G 表达工业系统是非常合适的[32][33]。

工业系统模型的图论数学形式表达如式(3-1)所示。

$$G=(V,E,P \mid v_i \ni V, e_j \ni E \ p_k \ni P, i=1,2,\cdots,n, j=1,2,\cdots,m, k=1,2,\cdots,t) \tag{3-1}$$

式中，V——模型节点的集合；

E——模型联系(边)的集合；

P——模型参数的集合；

v_i——模型的第 i 个节点；

e_j——模型的第 j 条边；

p_k——模型的第 k 个参数。

对于具有 N 个节点的工业系统 G，其节点关联关系可以用邻接矩阵表示，即一个 $R(r_{ij})_{N\times N}$ 的 N 行 N 列矩阵，若节点 v_i 到 v_j 之间存在连接，则 $r_{ij}=r_{ji}=1$，否则 $r_{ij}=r_{ji}=0$；另外，$r_{ii}=0$。

使用 $R(r_{ij})_{N\times N}$ 的元素 r_{ij} 表示节点 v_i 到 v_j 长度为1的连通数量；使用 $R^k=(r_{ij})_{N\times N}$ 的元素 $r_{ij}^{(k)}$ 表示节点 v_i 到 v_j 长度为 k 的连通数量。

3.3.2 模型编码

首先，节点的编码序号 $X(x_1,x_2,\cdots,x_n)$ 必须遵循系统节点之间介质耦合的顺序要求，保持与系统相一致[34]。这种顺序可以是物质流的流动顺序、电流的流动方向、系统故障的传播路径、系统信号的时序发生序列等[35]。其形式化规则如式(3-2)或式(3-3)所示。

$$\text{规则：}\quad x_1 > x_2 > \cdots > x_n \tag{3-2}$$

$$\text{或规则：}x_1 < x_2 < \cdots < x_n \tag{3-3}$$

当产品加工满足某种工序流程时，按照式(3-2)和式(3-3)节点编码，如图3-5所示。

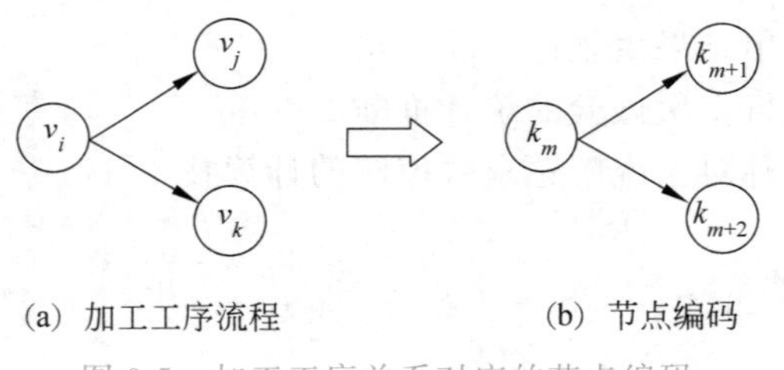

图3-5 加工工序关系对应的节点编码

其次，处在“团”X_i 内的节点编码必须相邻[34]。系统建模时，由于异常现象的不同，对系统的分割程度也不同，有的模型节点的粒度相对较大，有的模型节点的粒度相对较小[25]，为此，模型编码必须体现节点这种类似于“团”的关系，处在一个团内的节点编码必须是相邻的。

如果“团”节点的个数为 t($t\in N$ 自然数)，则“团”节点编码序列为 $x_{m+1}>x_{m+2}>\cdots>x_{m+n}$。

那么，编码满足的关系规则如式(3-4)所示。

$$\text{规则：}\quad [(m+n)-(m+1)-1]=t \tag{3-4}$$

满足式(3-4)的图示关系如图 3-6 所示。

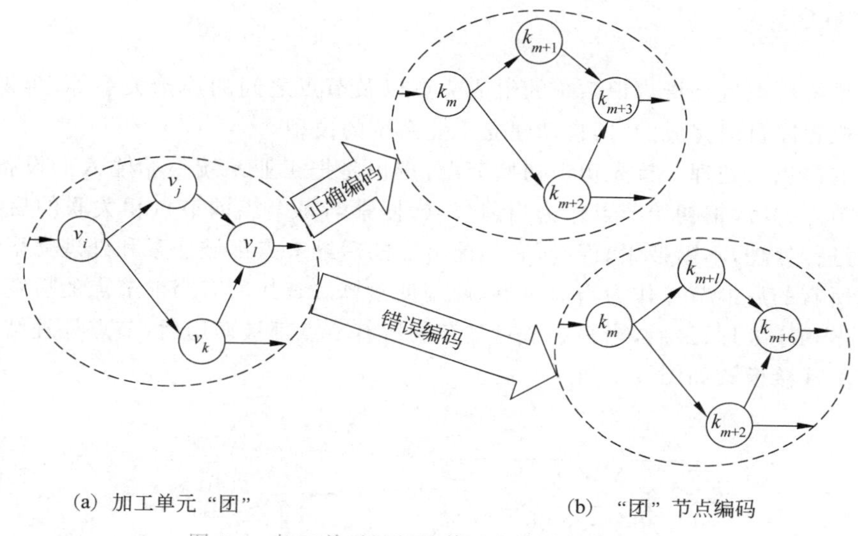

(a) 加工单元“团”　　(b) “团”节点编码

图 3-6　加工单元“团”及其对应的“团”节点编码

另外,模型的任意两个节点之间的关系 $r_i(a, b)$ 在数据库中只能保存一条记录。如果存在冗余,则在进行系统模型自动辨识的过程中会出现错误。如果 r_j 和 r_k 为模型的任意两个关系,则系统中的关系必须满足式(3-5)。

规则：
$$r_j \neq r_k \tag{3-5}$$

此外,系统模型 G 的节点数据 X 必须具备完整性,不能遗漏任何节点。因此,建成后的整个系统模型网络必是连通或弱连通的,即不能同时形成多个网络[36]。

如果系统定义节点的数量为 M,模型 G 的节点数 $X_G = |V_G\{v_i, i=1,\cdots, x\}|$,那么节点的数量 M 与模型节点数 X_G 必然存在如下规则。

规则：
$$M = X_G \tag{3-6}$$

3.4　系统辨识建模

在系统建模过程中,节点粒度大小的选择非常重要[18]。一般来说,节点粒度较大会产生较少的节点对象,模型较能体现系统的结构关系,利用模型进行问题处理也不会太过复杂,处理速度较快,占用的资源少,但生成的模型比较抽象,会忽略很多问题的内部细节;节点粒度较小则会产生较多的节点对象,模型更能体现系统设计的细节,方便系统的维护、再设计和改造,但模型不是很直观,问题求解的计算时间较长,同时会耗费大量的系统资源。选择模型节点时应根据具体问题的需要确定。

3.4.1 系统辨识分析

工业系统辨识就是指辨识系统的组成节点以及节点之间的连接关系等,辨识过程是通过计算机程序自动完成的,即自动建立工业系统的模型[37]。

节点的辨识与处理。首先辨识初始节点,辨识是把工业系统初始输入的设备作为模型的初始节点;其次把初始节点作为当前节点,搜索与每个当前节点相关联的后继节点,并对它们进行处理,不断搜索直到所有当前节点的后继节点都被搜索和处理完毕为止;再次就是把所有的后继节点作为当前节点,使用搜索算法查找所有当前节点的后续节点,对后续节点做相应处理;最后,当整个节点集合的所有节点都被遍历后,节点处理结束,系统模型节点的连接模式如图 3-7 所示。

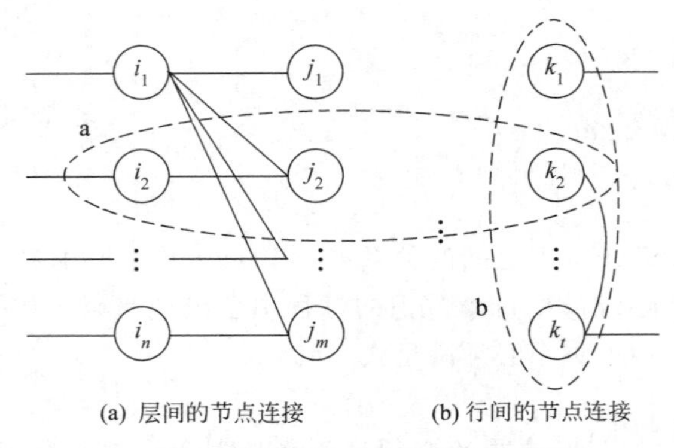

图 3-7 系统模型节点与连接的基本形式

关系的辨识与处理。通过对系统单元联系的结构分析得知,任意两个节点之间的连接都可以归结为两种基本连接形式:一是不同层次的节点连接,如图 3-7(a)所示,i,j,…,k 为不同的节点层;二是同一层次的节点连接,如图 3-7(b)所示,i_1,i_2…,i_n 或 j_1,j_2…,j_n 或 k_1,k_2…,k_n 为同一层次的节点连接。整个工业系统模型都是由这两种基本连接形式组合而成的,算法必须能够辨识这两种形式。

3.4.2 辨识建模实现

为实现工业系统建模的自动化,必须建立系统的辨识函数[38]。辨识工作由计算机自动完成,最终输出计算结果。为了建模,程序中定义了 A、B、C、D 这 4 个结构空间,它们分别用来保存或暂存辨识运算中的分类数据[39]。A 保存整个模型节点的数据信息,B 保存当前需要处理的所有节点的信息,C 保存当前所有节点的所有后继节点的信息,D 保存无重复的所有后继节点的信息。

辨识算法首先对集合 A 中的数据进行辨识分类运算和操作，辨识结果数据存放在集合 B 中；然后继续对集合 B 进行辨识分类，结果分别保存在定义的各个结构向量空间 C 和 D 中。

自动模型系统辨识方法是以任一节点为基点，按照距离该基点的长度实现模型的分层[40]。在工业系统中每一节点到基点的路径可能有许多条，辨识到基点最短距离为基准进行分层。为此，定义工业系统层列式结构的节点辨识矩阵 $\boldsymbol{M}_k=(\boldsymbol{m}_{ij}^{(k)})_{N\times N}$。矩阵单元 $\boldsymbol{m}_{ij}^{(k)}$ 的计算如式(3-7)所示。

$$\boldsymbol{m}_{ij}^{(k)}=\begin{cases}r_{ij}^{(k)}, & r_{ij}^{(k)}=k, i\neq j,\ k=1,\cdots N-1\\ 0, & i=j, k=1,\cdots N-1\end{cases} \tag{3-7}$$

定义基点矩阵 $\boldsymbol{B}_i=(b_{ij})_{1\times N}$。

由分层拓扑辨识矩阵即可求出基点矩阵对应的分层模型，分层表达如式(3-8)所示。

$$\begin{cases}\boldsymbol{L}_{i1}=\boldsymbol{B}_i=(b_{11}\ b_{12}\cdots b_{1N}) & \text{为第 1 层}\\ \boldsymbol{L}_{i2}=\boldsymbol{B}_i\cdot\boldsymbol{M}=(b_{21}\ b_{22}\cdots b_{2N}) & \text{为第 2 层}\\ \qquad\vdots & \\ \boldsymbol{L}_{iN}=\boldsymbol{B}_i\cdot\boldsymbol{M}_{N-1}=(b_{N1}\ b_{N2}\cdots b_{NN}) & \text{为第 } N \text{ 层}\end{cases} \tag{3-8}$$

模型中元素 $b_{ij}=1$ 表示第 i 层第 j 列的节点 v。

1. 特殊节点的辨识

首次进行层节点的辨识过程就是式(3-7)和式(3-8)初始化集合 B 的过程，即把集合 A 中首节点 v_i 的值赋给集合 B。如果模型只有一个首节点，那么 v_i 为模型编码最小的节点，即节点 v_0；单元辨识的大多数属于中间节点，这类节点下面将进行详细介绍；还有一类为末节点的辨识，末节点的特征是具有前向连接，无后续连接，辨识将利用这些特征找到并定位它们所在的层次。

2. 模型中间节点的辨识

如果模型节点既有入度，又有出度，则此类节点称为中间节点。在系统单元辨识时，单元节点具有的这些特征可以通过其邻接矩阵 $R_k=(r_{ij})_{N\times N}$ 判断出来。当节点 v_i 为多连接节点时，则有式(3-9)存在。

$$\left(\mathrm{ideg}\left(\sum_{j=1}^{N}r_{ij}\right)>0\right)\cdot\left(\mathrm{odeg}\left(\sum_{j=1}^{N}r_{ij}\right)>0\right) \tag{3-9}$$

定义中间节点矩阵为 $S=(s_i)_{1\times N}$，v_i 为多连接节点，如果其为中间连接节点，则 $s_i=1$，否则 $s_i=0$。

3. 节点分层辨识方法

节点连接有两种情况：层间连接和层内连接，据此对节点进行分层辨识。对于层间连接的节点，其必位于两个相邻层，两个相邻节点所在的层编码必不相同，节点所在的空间集合也就不同。对于层内连接的节点，辨识算法须搜索同一集合内编码大于本节点的节点，并判断其和本节点是否存在连接。这类节点有这样的连接特征：基点的连接矩阵 $s_i=1$，且后层节点矩阵状态为 0。

根据基点连接特性的定义，整个工业网络中不同节点连接的特征信息的状态是不同的。分层拓扑矩阵通过编码描述各节点的顺序趋势关系，邻接矩阵则表达了各节点的邻接关系，因此，采用逻辑运算计算相邻两层或与基点相邻的前后两层之间的节点对应的连接信息状态，即可确定该基点所在的层。

分层辨识能够根据已处理的模型节点的层次信息获取下次需要处理的节点的层次信息，定义已处理的节点矩阵为 $\boldsymbol{O}=[o_i]_{1\times N}$。

如果已处理矩阵中某节点为 v_i，并且存在后续连接，那么 $o_i=1$；如果节点 v_i 不存在后续连接，则 $o_i=0$。

通过不断对某节点的 o_i 进行辨识，就能够分离出当前节点的后继节点，并将所有后继节点形成的结果集合数据保存到集合 C。

在空间集合 C 中可能存在重复节点，因此定义 $du_m=1$ 对该节点进行标识，并删除该重复节点。另外，把重复节点的后继节点保存到集合 D。

在空间集合 D 中可能仍有一些节点存在于当前集合，因此定义 $op_m=1$ 标识这类节点，删除重复的节点，保持集合 D 中无重复。

当集合 B 中的节点处理完毕并被清空后，把集合 D 中的数据赋给集合 B。

经过上述分析和定义可知，当前系统模型节点的辨识矩阵可用一个总的计算公式表示为

$$
\begin{aligned}
\boldsymbol{A} = & \sum_{i=1}^{N}\sum_{j=1}^{N}\sum_{k=1}^{N} R_{jk}\cdot b_{ij}\cdot(1-o_{i-1})\cdot(1-s_j) \\
& + \sum_{i=1}^{N}\sum_{j=1}^{N}\sum_{k=1}^{N} R_{jk}\cdot b_{ij}\cdot o_{i-1}\cdot s_j \\
& + \sum_{i=1}^{N}\sum_{j=1}^{N}\sum_{k=1}^{N} R_{jk}\cdot b_{ij}\cdot o_{i-1}\cdot(1-s_j) \\
= & [A_i]_{1\times N}
\end{aligned}
\tag{3-10}
$$

当 $A=1$ 时，该节点有效。此公式利用了节点的所有属性信息，通过此公式即可确定该节点单元所在的层和列。

3.4.3 辨识建模算法

算法的最后一步为 JPEG 格式的编码与输出。本研究不仅实现了算法设计，还进行了算法的工程化。设计采用了通用浏览器的显示界面，代码使用 Java 语言编程。由于设

计保存的是结构化图形数据，且这些数据是动态变化的，因此为了能使用浏览器形式实现图形仿真显示，采用了数据流的方式进行图形的动态生成，浏览器支持的动态流数据显示的格式就是 JPEG 编码。

算法流程如图 3-8 所示。

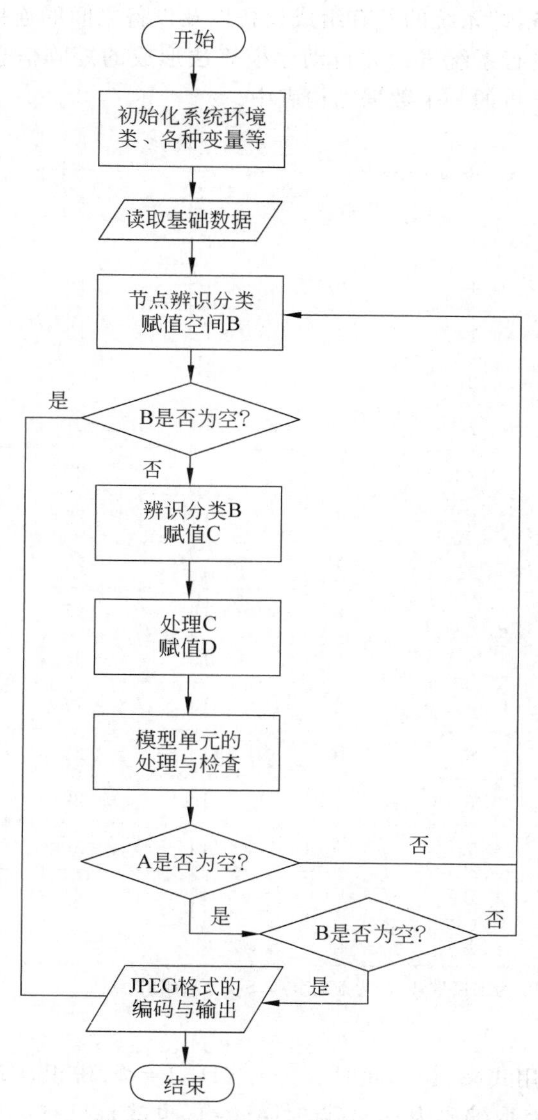

图 3-8　系统辨识的自动建模过程

3.5 应用例子

假设有一个制造系统，它由 18 台设备以及 31 组设备进行的连接所组成，记录了某工业系统的所有在役设备，即系统的所有组成设备以及设备之间的连接关系。

应用提出的方法进行系统辨识和自动建模算法形成的矩阵信息数据如表 3-7 所示，这些信息被保存在计算机的一个数据结构表中。

表 3-7 辨识数据结构表

M_ID	E_ID	F_N	S_N	M_ID	E_ID	F_N	S_N
1	1	1	2	1	17	10	11
1	2	1	3	1	18	10	12
1	3	1	4	1	19	10	13
1	4	2	3	1	20	11	14
1	5	2	5	1	21	11	15
1	6	2	6	1	22	12	15
1	7	3	7	1	23	13	15
1	8	4	7	1	24	13	16
1	9	4	8	1	25	13	17
1	10	5	9	1	26	14	18
1	11	6	9	1	27	14	15
1	12	6	10	1	28	15	18
1	13	6	8	1	29	16	18
1	14	7	9	1	30	16	17
1	15	8	10	1	31	17	18
1	16	9	11				

注：M_ID 为模型号；E_ID 为连接号；F_N 为前向节点；S_N 为后继节点。

辨识步骤如下。

首先，取 $i=1$，利用式(3-10)，此时 $o_{i-1}=0$ 且 $B=\boldsymbol{\Phi}$，辨识从首节点开始，即从编码最小的节点开始。只有取编码为 v_1 节点时 $A_1=1$，也就是只有 v_1 适合。所以辨识结果 $A_1=\{v_1\}$。计算该节点的仿真显示，结果如图 3-9 所示。同时，初始化集合 B、C、D 等。

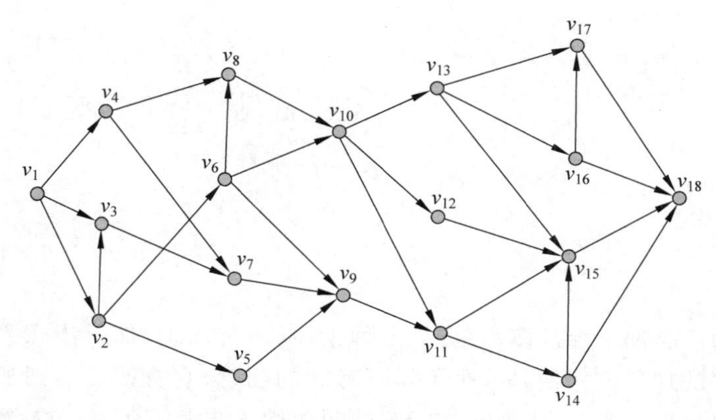

图 3-9 自动生成算法建立的网络模型

接着,取 $i=2$,按照式(3-10),o_{i-1}的节点为 v_1,其后继节点有$\{v_2,v_3,v_4\}$,即辨识的第 2 层 $A_2=\{v_2,v_3,v_4\}$。在进行节点处理时,发现 v_3、v_4 的后继节点相同,发生重复的节点为 v_7,删除重复的部分,并保存在集合 C 中;处理中还发现节点 v_2 的后继节点为 v_3,此节点已在当前处理的集合 B 中,此节点也应删除,删除后的后继节点集合保存在集合 D 中。

依次取 $i=3$,$i=4$,直到 $i=7$。

最后,当 $i=7$ 时,$s_i=0$ 且集合 $B=\boldsymbol{\Phi}$,从图 3-4 中能够判断,建模过程结束,整个模型生成完成。

模型工程化过程中,例子使用了 Java 语言作为模型实现的编程工具[41]以及 JPEG 的数据输出格式,最终自动产生的系统网络模型如图 3-5 所示。此模型包含 18 个节点、31 条边以及相应的参数和标识等元素。通过上述分析可知,此法能够反映工业系统的组成和各种相互关系。

3.6 本章小结

1. 概述系统建模,主要简述了系统建模的相关概念和建模涉及的主要内容等。

2. 讲述了系统建模方法,首先介绍了系统建模现状,然后介绍了常用的系统结构建模、系统图模型、层次分析模型、聚类分析模型、系统模拟模型等。

3. 重点阐述了辨识模型及其建模过程,从辨识模型展开描述,讲述了辨识模型的系统建模与模型表达,辨识模型的建模包括模型分析系统辨识建模以及模型算法等内容,最后通过一个应用实例对系统辨识建模方法进行了详细说明。

第4章 智能优化技术

批量连续的产品加工涉及多个单元、多种工序、多类加工，加工步骤繁多，那么，安排每一步加工顺序的加工方案便是一个不得不考虑的问题，它直接影响到加工能否实施和整个生产的加工效率。为此，本章将进行智能制造优化技术的介绍，包括智能制造优化的背景、制造过程的问题描述、制造过程的优化设计、应用说明等，并阐述制造过程的智能化技术。

4.1 智能制造的优化背景

FCNC(Forming Computerized Numerical Control，成型计算数控)属于智能制造装备的一种，常使用在大批量、多工序的连续加工中，加工具有高效、高精度等特[42]点。在利用这种高端装备进行加工时，加工方案的制定尤为重要[43][44]，它直接决定着制造装备的有效使用和性能能否得到充分发挥的问题。加工中心的制造过程主要涉及单元运动方式、机加工方法、换取模具、走刀路径等因素。实际制造加工之前这些因素必须确定，形成一个确定的加工方案，而这些因素的选取是有复杂性，可以形成组合爆炸，从而得知使用哪种方法是优化的，人工方法是不可能确定和实现的。为此，本章主要介绍基于哈密顿图(简称哈图)完全算法的智能制造过程优化方法，解决此类装备生产的智能制造过程优化问题。

关于 FCNC 制造智能化问题，曾经出现过大量的类似研究，其中人工智能方法在装备智能制造优化方面的应用比较广泛[45]，并大幅提升了装备的制造能力，如人工神经网络(Artificial Neural Network，ANN)、遗传算法(Genetic Algorithm，GA)、蚁群优化(Ant Colony Optimization，ACO)算法及人工免疫系统(Artificial Immune System，AIS)算法[46]等给这类问题的求解带来了新的希望。ACO 算法是根据生物蚁群觅食时最终都能找到从食物源到巢穴的最短路径的现象而开发出来的，已经广泛应用于求解旅行商、二次分配和网络路由等组合优化问题[47]；AIS 由受生物免疫系统启发而来的智能策略组成，在求解组合优化问题方面也体现出较好的性能；有文献以注塑模孔群加工为例，研究了影响孔群加工成本的多个因素，并用 Hopfield 算法对加工路径予以优化，减少了 47% 的加工成本[45]。上述提及的诸多方法中，对数控成型机床的复杂制造过程优化方面的研究还比较少见，完全适用于工业应用的制造过程方法尚未出现[48]。

本章将介绍哈图完全算法的制造过程。智能优化方法旨在解决 FCNC 制造方案问题，通过使用哈图完全算法对数控成型机床复杂制造过程进行分析和求解，最后得到一个比较优化的加工方案。方法应用首先要解决优化的目标变量问题，文章对 FCNC 制造过程进行了详细描述，归结出了影响制造的四个方面。在此基础上，本书进一步对制造单元四个方面的制造活动进行了分析，把制造单元运动属性通过定义函数的方式统一到制造效率上来，形成标准的运动效率函数，为哈图完全算法的实现提供可行优化变量。在哈图优化部分，对优化原来进行了介绍，并给出了优化函数，接下来通过求解哈图优化变量值的约数和罚数的方式，删除哈圈的边形成优化的哈图，最终得到基于哈圈的优化制造过程方案。

为此，本文在基于哈图的制造过程智能优化技术中，通过引入哈图的处理方法对加工过程进行分析和求解，最后得到一个较为优化的加工方案，并以此提升系统的制造能力。此方法作为一种独立的配置技术，为加工中心提供加工方案的制定，使用中用户通过人机交互仅提供加工任务需要一些的参数，就能自动地形成加工方案。和人工智能的生物进化优化方法相比，具有运算速度快、能够得到精确解、好的可行性和可操作性等优点。最后使用了一个数控加工 4 型 16 孔的例子对该方法进行了详细的说明。

4.2 智能制造过程描述

4.2.1 制造过程建模分析

在利用数控加工中心进行产品加工，一项非常重要的工作就是确定产品加工方案[49][50]。详细的产品加工方案就是对上述四个部分的内容进行确定的过程；同时，加工方案还必须满足产品品质和生产效率的目标。例如，在某一工件上加工出 6 个排列无序的圆孔、2×3 横竖排列 6 个六角星、3 个间隔相同竖排的鱼鳞孔、1 个方形孔等内容，其形状和加工尺寸如图 4-1 所示。原始的加工方法是使用不同的机床对工件进行加工，它需要多次装夹，加工效率和加工精度自然很低。那么，使用加工中心，在要求的质量条件下，高效地把工件加工成要求的产品，首要的工作就是加工方案设计。解决这类事情本质上属于离散制造的优化问题，按照“组合爆炸”的计算方法可以形成相当大数量级的解决方案个数。例子工件的加工需要 4 种模具，也就需要经过 4 次换模；16 次的冲压成型，即是加工次数为 16。圆孔和方孔属于冲孔的加工模式，鱼鳞孔和六角星形采用的是压印方法来完成。按照“组合爆炸”的加工方案，n 个工步，形成 $n!$ 种组合方案，即有 $(4+16)!$ 种加工方案。这么多种方案那种是可行的和优化的，传统的数学方法难以求解这类问题，人工智能方法也存在不足之处。根据提出本文提出的基于哈图的方法，必须对制造过程进行建模[51]，然后给出一个切实可行的加工方案[52]。

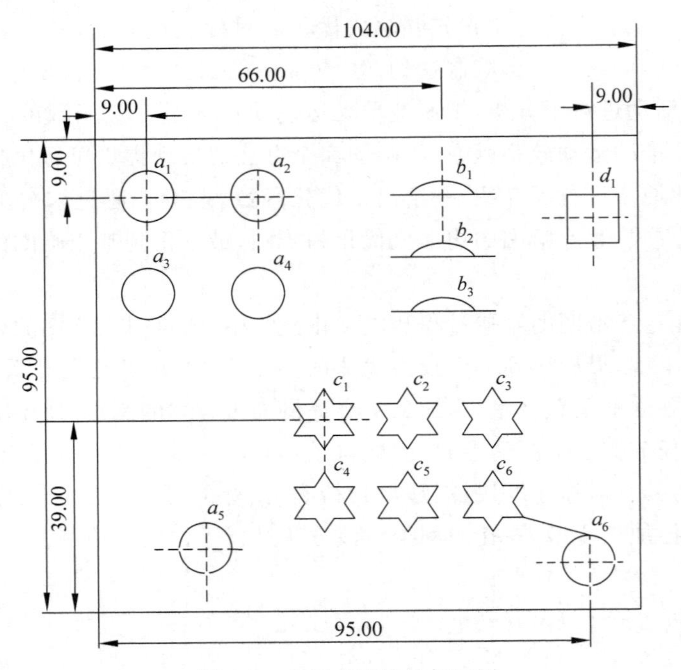

图 4-1 金属成型机的加工图

产品加工被归结为四个部分，对四个部分进行分析，可以把它们排列为如下工作顺序，即确定单元运动方式、确定机加工方法、确定换取模具、确定走刀路径。加工的每一工步都是这四部分内容顺序操作的过程，其示意图如图 4-2 所示。

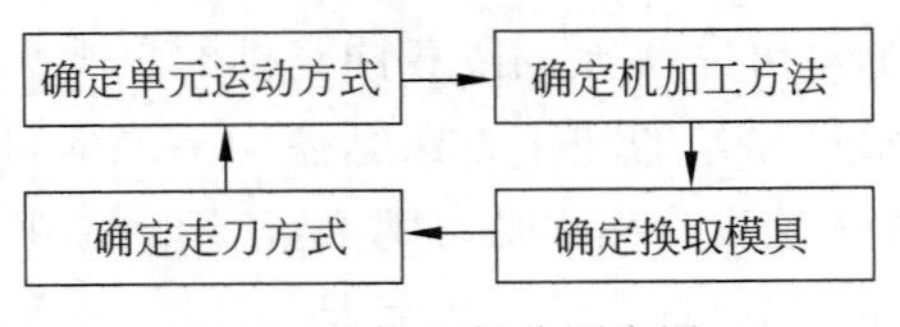

图 4-2 加工部分顺序图

4.2.2　运动参数与其效率的影响关系

单元运动方式需要根据运动单元自身的性能确定运动速度、切削冲压力度、加工材料硬度和塑性等指标；模具选择是指在更换模具时，根据被换刀具的距离、模具种类、安装方式等因素合理地选择下一工序所要使用的模具；走刀路径是指对刀具从当前位置到加工位置进行的有关移动方式、移动时间和移动距离等方面的设计。叙述中的三个方面不仅对装备的加工效率有很大的影响，同时对产品的质量也起着决定性的作用[53]。在单元运动方式方面，运动速度和运动形式（直线、曲线等）都直接影响着加工效率和加工精度，如果速度过快，则会因为材料的塑性造成加工时间过短，金属不能充分流动，使成品容易产生龟裂、钝角甚至破损等现象；速度过慢则效率低下。在刀具走动方面，如果速度过快，则会因为加工单元和加工材料的相对运动惯性和形变作用而产生加工位置偏移误差，降低加工精度；速度低则效率低。在走刀路径方面，短的路径加工效率高，但需要好的路径优化算法作为支持。因此，高端制造装备合理、优化的加工方案是非常有价值的。

下面使用代价对制造进行综合度量，按照上面的分析，任一工序都可以从四个方面进行计算。

(1) 单元运动方式的运动效率(η_1)计算。运动效率可以理解为单位时间内系统加工单元的运动快慢。这部分的运动是指刀具在没有进行机加工而又必须发生的重复性动作。当然，这部分效率越高，单位生产的效率会就越高，但会受到装备本身的运动性能和制造质量等因素限制。影响这部分的指标因素有上死点(h)、下死点(l)、运行速度(v/ω)等参数。这几个参数中，对于 h 和 l 相对比较固定，容易设置；而运行速度参数则是随时间而变化的。所以，运动效率的计算采用了一种融合的办法，计算方法为

$$\eta_1 = \sum_{k=1}^{N}\left(\int_0^{v_i} \frac{h_{ki}}{v_{ki}} + \int_0^{v_j} \frac{l_{kj}}{v_{kj}}\right)$$

或

$$\eta_1 = \sum_{k=1}^{N}\left(\int_0^{v_i} \frac{h_{ki}}{\omega_{ki}} + \int_0^{v_j} \frac{l_{kj}}{\omega_{kj}}\right) \tag{4-1}$$

(2) 加工方式的加工效率(η_2)度量方法。加工效率是指机加工单位时间内的加工数量。常见的加工方式有冲压、剪切、压印、成型等。这一类加工的使用时间在整个产品制造过程中相对较少，更多的是生产的材料准备、设备调试、机械的各种非加工运动等方面的时间消耗，但是加工方式却能对产品的制造精度和质量产生较大影响。因此，加工效率常常与加工材质的性质（软硬度、黏性等）、一次加工形成的形状尺寸大小、加工快慢带来的加工品质变化、加工材质的金属性能所需的保压时间等因素密切相关。针对这些影响因素，选择合适的加工定量指标并对其进行分析控制是提升加工效率的有效途径。

根据加工中的材料塑性δ、进给率f、成型/切削时间t_1、保压时间t_2等，其效率计算时间为

$$\eta_2 = \sum_{k=1}^{N}\left(\delta_k \cdot f_k + \frac{1}{t_{1k} + t_{2k}}\right) \tag{4-2}$$

(3) 在取换模方面使用换模效率(η_3)对其进行衡量。加工中心具有一个非常大的优势，就是可以通过一个转塔集成多种刀具，目前有集成数量高达70个模具以上的转塔。这种集成模具的方式把原来由多个机床才能够完成的加工任务集成到一部机器上，实现连续加工过程，即加工中心。转塔的换模有两种情况：一种是通过旋转把当前模具a换成另一模具b；另一种是转模，即模具本身不变，仅通过模具自身转动实现模具加工形状的角度变换。第一种情况的换模效率不仅与两个模具之间的距离有关，还与伺服电动机的运动快慢有关；第二种情况的换模效率仅受伺服电机运动快慢的影响。

假设模具的模数为M，换模速度为ω，那么换模效率的计算公式为

$$\eta_3 = \sum_{i=1}^{N}\left(\sum_{j=1,j\neq i}^{N}\frac{|b_{ki} - a_{ki}|}{M \cdot \omega_{ij}} + \sum_{i=1}^{N}\frac{\phi_{ki}}{\varphi_{ij}}\right) \tag{4-3}$$

(4) 走刀路径的效率评估使用走刀效率(η_4)表达。定义走刀效率为单位时间内刀具移动的快慢。众所周知，两点之间直线距离最短，所以设计中的数控系统都采用了多轴联动方式，其联动速度越快越好，但受到伺服电机的负荷和产品精度要求的限制，运动系统有其工况极限状态，这些都是基本设计必须考虑的因素，更为复杂的是产品生产设计以及多工位和多工序，任意两点之间能够找到其最佳效率，对于整个产品加工而言，其最佳效率是由加工遍历的所有线段之和决定的。任意两点都能形成连接，这样形成的加工模型就是一个网络图[54]，寻找网络图中的最短路径[55]则能获得最佳的走刀效率。

从先前位置移动到当前位置的效率。设两个位置之间的距离为d，刀具的行进速度为v，则完成N步加工的刀具运动效率可表示为

$$\eta_4 = \sum_{i=1}^{N}\left(\sum_{j=1,j\neq i}^{N}\frac{d_{ij} \cdot e_{ij}}{v_{ij}}\right) \tag{4-4}$$

其中，$e \in \{0,1\}$，e为l表示边(i,j)在得到的优化路径上。

由于上述4个部分的加工过程是串行的，不存在同时发生的可能[56][57]，因此加工过程的总效率可以写为

$$H = \max(\eta_1 + \eta_2 + \eta_3 + \eta_4) \tag{4-5}$$

在上述问题中，如果将对不同工步的加工操作看作是对不同加工工步的遍历过程，则原问题将转化为找到N个工步的某一种排列，使得$\theta(\eta_l + \eta_2 + \eta_3 + \eta_4)$的值最大，约束条件是某些工步的加工有先后次序，这是一个目标组合优化问题[58]。

4.3　制造过程优化设计

4.3.1　运动优化理论基础

解决复杂问题的优化方法可以分为两大类：一是人工智能的优化技术，使用较多的有遗传算法、蚁群算法等；二是数学的优化方法[59]，常见的有动态规划、运筹学等。

人工智能优化方法的代表是遗传算法(Genetic Algorithm，GA)，它是根据生物进化规律的随机化使复杂问题得到最优解决的方法。遗传算法直接对问题结构对象进行操作，不受求导和函数连续性的限制，并具有隐并行性和全局的寻优能力。遗传算法已被人们广泛应用于机器学习、信号处理、自适应控制和人工智能等领域。

最常见的数学的优化方法是动态规划(Dynamic Planning，DP)法，它是一种枚举搜索方法，适用于解决多阶段决策过程的最优化问题。动态规划法最早由美国数学家Richard Bellman 于 1951 年提出，其思想是把一个较为复杂的问题分解成几个同一类型的更易求解的子问题，然后从前到后顺序地求出整个问题的最优解。动态规划理论在多种行业以及现代控制工程等领域都有着广泛应用。

根据背景提及，本书采用动态规划法对制造过程的复杂加工方案进行优化。为此，方法把制造过程分成若干个阶段，每个阶段又有多种加工方式，方法把每种加工方式作为整个加工过程中的一个节点，那么，由于节点之间的可选择性，加工过程就形成了一个交织的网络，加工方案就是在这个复杂的网络上寻找最佳运行路径。

要想利用动态规划理论解决复杂制造过程的问题，并使加工方案最优，首先必须建立制造过程的复杂网络模型。因此，制造过程模型可以使用复杂网络 $G=(V, E)$表达，V 表示节点集，代表各个加工节点；E 表示边集，代表加工过程可以到达的路径。

图 4-1 所示的加工图的制造过程可能有 20!种方案，其制造过程形成的复杂网络模型 G 是一个全连接图，如图 4-3 所示。

现在对图 4-3 进行分析：该图是一个具有 20 个节点、20!条边的网络系统，其中，边的距离已知。现在，问题转化为求任意两节点 v_i、v_j 之间的最短距离。

分析看出，从节点 v_i 到节点 v_j 有多条路，问题是如何选择最短路径。按照 H 圈的形成原理，G 图的节点必须保持以下关系：

对所有的 i，j，$1<i+1<j<m$，若

$$w(v_i,v_j)+w(v_{i+1},v_{j+1})<w(v_i,v_{i+1})+w(v_j,v_{j+1}) \tag{4-6}$$

则在原有的圈 C_0 中删去边(v_i,v_{i+1})和(v_j,v_{j+1})，而选取边(v_i,v_j)和(v_{i+1},v_{j+1})，依此就能够逐步求出最优的 H 圈，即最优路径。

图 4-3 制造过程的网络模型

4.3.2 制造过程的优化方法

基于上述哈密尔顿圈的优化设计方法就是在诸多制造方案中找到一种切实可行的、最佳合理的制造方案，简单地说就是确定制造方案的过程。在加工节点数量较少的情况下，最优方案可以直接求得，在加工节点数量增加到一定数量时，加工方案数量将呈爆炸式的指数级数量增长，大幅增加了制造方案的求解难度，甚至可能使问题不可求解。因此，这里的算法基础对解决实际工程问题是非常重要的。

分析制造过程，如果加工过程有 n 个加工工位，则这 n 个加工工位建模后，就可以转化为哈密顿图的处理方式，并使用矩阵表示。

因此，若能在带权的 $n \times n$ 矩阵中找到 n 个不同行和不同列的元素，并使它们的和最小，那么当这 n 个元素构成一条哈米尔顿圈时，此圈便是最优 H 圈。

接下来是对模型矩阵进行处理，处理办法是对矩阵进行简化。一般情况是找出矩阵的约数和和罚数，让后用它们对矩阵实施简化。约数又分为行约数和列约数。将矩阵每行的各元素减去本行的最小数称为对行简化，从第 i 行减去的最小元素的数称为第 i 行的约数，并记为 $R(i)$；将矩阵每列的各数值减去本列的最小数称为对列简化，从第 j 列减去的最小数称为第 j 列的约数，记为 $R'(j)$。所有行和列的约数之和称为矩阵的约数，记为 R。矩阵经行简化和列简化之后得到的矩阵称为该矩阵的简化矩阵。

在原始哈图 G 的简化矩阵 D' 中，第 i 行的最小数与次小数之差称为第 i 行的罚数，

记为 $P(i)$;第 j 列的最小数与次小数之差称为第 j 列的罚数,记为 $P'(j)$。那么,某行或某列的罚数即是若 H 圈不选择该行或该列的最小数会使其权增加的最小值。

下面详细介绍该算法的步骤。

假设有图形距离矩阵 M,那么

① 求原始的距离矩阵 M 的简化矩阵 M',以及各行各列的约数 $R(i)$、$R'(j)$和罚数 $P(i)$、$P'(j)$等。

② 计算简化矩阵 M'中零元素所在行与列的罚数之和,即 $P(i,j)=P(i)+P'(j)$。将 $P(i,j)$值由大到小排列,然后顺序选取可作为可行部分路径的边(i, j)。这些边对应的零元素使用 0 * 进行标记。这些选择出来的边就构成了可行部分的路径。

③ 构造的新的距离矩阵称为重构距离矩阵。按上述可行部分路径的顶点顺序重新排列简化距离 M'的行,列也按照上述所有位于 0 * 对角线上的次序重新排列。

④ 产生 M 的子阵。如果重构矩阵对角线上的 m 个非零元素对应的边为(i_1, j_1),(i_2, j_2),…,(i_m, j_m),则从 M 中取出相应的 m 行、m 列构成一个新的 $m\times m$ 子阵 M_1。为避免选出的边与原来可行部分的路径无法形成子循环,将有 m 条边不能选择,并将这些边对应的元素设为∞。将列也做适当调整以使其对角线元素值为∞。

⑤ 对 M_1 重复上述①~④步,直到重构矩阵对角线上的元素值全为 0,这时得到的便是一个 H 圈。

4.3.3 编制智能优化程序

使用 MATLAB 软件编制智能优化处理程序。程序可以分为两大部分:一是智能控制程序;二是数据接口程序。

智能控制程序编制为 M 文件,其代码如下。

```
function [circle,long]=modifycircle(c1,L);
global a ; flag=1;
while flag>0
      flag=0;
   for m=1:L-3
      for n=m+2:L-1
        if a(c1(m),c1(n))+a(c1(m+1),c1(n+1))<...
           a(c1(m),c1(m+1))+a(c1(n),c1(n+1))
           flag=1;
           c1(m+1:n)=c1(n:-1:m+1); end end end end
        long=a(c1(1),c1(L));
```

```
for i=1:L-1
  long=long+a(c1(i),c1(i+1)); end
circle=c1;
```

数据接口程序的代码如下。

```
global a
L=size(a,1);
c1=[1 2:11 13:18 12];
[circle,long]=modifycircle(c1,L);
c2=[1 12 2:11 13:18];%改变初始圈,该算法的最后一个顶点不动
[circle2,long2]=modifycircle(c2,L);
if long2<long
long=long2;
circle=circle2; end
circle,long
```

4.4 应用说明

4.4.1 例子算法分析

在上例的数控加工过程中，加工使用了 4 种刀具，共有 16 个加工工序，所有的加工单元参数已知，要求设计一种合理可行的加工方案，以使整个制造过程可以高速连续的生产。加工情况如图 4-1 所示，重要数据已在图中全部标出。

在确定加工方案之前，首先要对首节点进行选取并确定首节点。对于成型数控机床，加工常常受到许多约束和规则的限制，很多节点不适合作为首节点，像加工板材一般由远离夹钳端开始；平模先加工、凸模后加工；小部件先加工、大部件后加工等。综合考虑各种因素，使设计能够工程化。

解决问题大致分为两步：一是确定制造过程模型以及相应的权重参数；二是对实施优化方案的求解，即求解最佳 H 圈。

按照上述式(4-1)至式(4-4)求解参数，最终得到的值在矩阵 $\boldsymbol{M}$ 中给出，形成的矩阵为一个 $\boldsymbol{K}_{16}$ 的矩阵。接下来利用对角线完全算法求解此 H 图-加权图 K_{16} 的 H 圈。本例是以 a_1 点作为首节点开始加工的。

$$
\boldsymbol{M}=\begin{array}{r|cccccccccccccccc|}
 & 1 & 2 & 3 & 4 & 5 & 6 & 7 & 8 & 9 & 10 & 11 & 12 & 13 & 14 & 15 & 16 \\
\hline
1 & \infty & 10 & 10 & 12 & 60 & 90 & 120 & 122 & 128 & 170 & 124 & 126 & 160 & 126 & 170 & 174 \\
2 & 10 & \infty & 12 & 10 & 60 & 78 & 110 & 112 & 118 & 162 & 121 & 124 & 154 & 156 & 156 & 160 \\
3 & 10 & 12 & \infty & 10 & 50 & 78 & 128 & 122 & 120 & 176 & 121 & 124 & 156 & 154 & 154 & 162 \\
4 & 12 & 10 & 10 & \infty & 50 & 66 & 118 & 112 & 110 & 168 & 112 & 120 & 122 & 121 & 120 & 124 \\
5 & 60 & 60 & 50 & 50 & \infty & 60 & 160 & 150 & 142 & 210 & 116 & 124 & 154 & 120 & 119 & 150 \\
6 & 90 & 78 & 78 & 66 & 60 & \infty & 150 & 142 & 138 & 170 & 138 & 124 & 120 & 126 & 118 & 120 \\
7 & 120 & 110 & 128 & 118 & 160 & 150 & \infty & 9 & 10 & 102 & 138 & 125 & 125 & 164 & 160 & 160 \\
8 & 122 & 112 & 122 & 112 & 150 & 142 & 9 & \infty & 9 & 100 & 135 & 120 & 120 & 156 & 152 & 152 \\
9 & 128 & 118 & 120 & 110 & 142 & 138 & 10 & 9 & \infty & 122 & 112 & 118 & 112 & 152 & 150 & 150 \\
10 & 170 & 162 & 176 & 168 & 210 & 170 & 102 & 100 & 122 & \infty & 142 & 126 & 120 & 172 & 148 & 142 \\
11 & 124 & 121 & 121 & 112 & 116 & 138 & 138 & 135 & 112 & 142 & \infty & 8 & 12 & 8 & 9 & 12 \\
12 & 126 & 124 & 124 & 120 & 124 & 124 & 125 & 120 & 118 & 126 & 8 & \infty & 8 & 9 & 8 & 9 \\
13 & 160 & 154 & 156 & 122 & 154 & 120 & 125 & 120 & 112 & 120 & 12 & 8 & \infty & 12 & 9 & 8 \\
14 & 126 & 156 & 154 & 121 & 120 & 126 & 164 & 156 & 152 & 172 & 8 & 9 & 12 & \infty & 8 & 11 \\
15 & 170 & 156 & 154 & 120 & 119 & 118 & 160 & 152 & 150 & 148 & 9 & 8 & 9 & 8 & \infty & 8 \\
16 & 174 & 160 & 162 & 124 & 150 & 120 & 160 & 124 & 152 & 150 & 142 & 12 & 9 & 11 & 8 & \infty
\end{array}
$$

逐步求解矩阵即可求得最优路径。

4.4.2 算法求解

1. 按照对角线完全算法求简化矩阵

	1	2	3	4	5	6	7	8	9	10	11	12	13	14	15	16	R_i	P_i
1	∞	0	0	2	7	12	12	13	14	15	16	17	16	17	18	14	13	0
2	0	∞	2	0	7	10	7	8	9	13	14	15	15	16	17	12	13	0
3	0	2	∞	0	3	10	14	13	12	12	13	14	13	14	15	14	13	0
4	2	0	0	∞	3	8	9	8	7	8	9	10	9	10	12	12	13	0
5	4	4	0	0	∞	0	12	10	8	2	3	4	1	2	3	7	20	0
6	9	7	7	5	0	∞	11	9	7	3	2	1	2	1	0	4	20	0
7	15	10	17	12	18	7	∞	0	4	17	16	16	18	17	17	7	10	4
8	16	11	16	11	16	15	0	∞	0	14	13	13	17	16	16	7	10	0

续表

	1	2	3	4	5	6	7	8	9	10	11	12	13	14	15	16	R_i	P_i
9	17	12	15	10	14	13	14	0	∞	13	12	12	14	13	13	8	10	8
10	18	16	15	11	8	9	17	14	13	∞	0	3	0	1	4	12	10	0
11	19	17	16	12	9	8	16	13	12	0	∞	0	1	0	1	11	10	0
12	20	18	17	13	10	7	16	13	12	3	0	∞	4	1	0	0	10	0
13	19	18	16	12	7	8	18	17	14	0	1	4	∞	0	3	3	10	0
14	20	19	17	13	8	7	17	16	1	0	1	0	3	∞	0	12	10	0
15	21	20	18	15	9	6	17	16	13	4	1	0	3	0	∞	11	10	0
16	10	8	10	8	6	3	0	0	1	5	4	3	6	5	4	∞	21	0
R'_j	0	0	0	0	4	4	0	0	0	0	0	0	0	0	0	4		
P'_j	0	0	0	0	3	3	0	0	1	0	0	0	1	0	0	0		

2. 求出以上第一级简化矩阵中零元素对应的罚数

$P(1,2)=P(1)+P'(2)=0+0=0$，$P(1,3)=0$，$P(2,1)=0$，$P(2,4)=0$，$P(3,1)=0$，$P(3,4)=0$，$P(4,2)=0$，$P(4,3)=0$，$P(5,3)=0$，$P(5,4)=0$，$P(5,6)=3$，$P(6,5)=3$，$P(6,15)=0$，$P(7,8)=4$，$P(8,7)=0$，$P(8,9)=1$，$P(9,8)=8$，$P(10,11)=0$，$P(10,13)=1$，$P(11,10)=0$，$P(11,12)=0$，$P(11,14)=0$，$P(12,11)=0$，$P(12,15)=0$，$P(12,16)=0$，$P(13,10)=0$，$P(13,14)=0$，$P(14,10)=0$，$P(14,12)=0$，$P(14,15)=0$，$P(15,12)=0$，$P(15,14)=0$，$P(16,7)=0$，$P(16,8)=0$.

将这些罚数按由大到小的次序排列，结果如表4-1所示。

表4-1　零元素矩阵序列

编号	排序	零元素	罚数	编号	排序	零元素	罚数
1	1	$P(9,8)$	8	18	18	$P(8,7)$	0
2	2	$P(7,8)$	4	19	19	$P(10,11)$	0
3	3	$P(5,6)$	3	20	20	$P(11,10)$	0
4	4	$P(6,5)$	3	21	21	$P(11,12)$	0
5	5	$P(8,9)$	1	22	22	$P(11,14)$	0
6	6	$P(10,13)$	1	23	23	$P(12,11)$	0

续表

编号	排序	零元素	罚数	编号	排序	零元素	罚数
7	7	$P(1,2)$	0	24	24	$P(12,15)$	0
8	8	$P(1,3)$	0	25	25	$P(12,16)$	0
9	9	$P(2,1)$	0	26	26	$P(13,10)$	0
10	10	$P(2,4)$	0	27	27	$P(13,14)$	0
11	11	$P(3,1)$	0	28	28	$P(14,10)$	0
12	12	$P(3,4)$	0	29	29	$P(14,12)$	0
13	13	$P(4,2)$	0	30	30	$P(14,15)$	0
14	14	$P(4,3)$	0	31	31	$P(15,12)$	0
15	15	$P(5,3)$	0	32	32	$P(15,14)$	0
16	16	$P(5,4)$	0	33	33	$P(16,7)$	0
17	17	$P(6,15)$	0	34	34	$P(16,8)$	0

下面依次从上述各边中选择出能形成可行部分路的边。

$P(9,8)$，$P(5,6)$，$P(10,13)$，$P(1,2)$，$P(2,4)$，$P(3,1)$，$P(6,15)$，$P(8,7)$，$P(10,11)$，$P(11,12)$，$P(12,16)$，$P(13,14)$，$P(14,15)$，$P(16,7)$。

首先选第一边(1,2)，之后是(1,3)，但不能选，因为它会使1的出路大于1，(2,1)也不行，因为(2,1)会形成子循环，(2,4)可选为第二边。

接着选(3,1)，但(3,4)、(4,2)、(4,3)、(5,3)、(5,4)都不行。

再往下是(6,15)、(8,7)、(10,11)、(11,10)，但它们都不能入选，而(11,12)可以入选。

连着的(11,14)、(12,11)、(12,15)不能入选。

边(12,16)、(13,10)、(13,14)、(16,7)都可以入选。

最后的(14,10)、(14,12)、(14,15)、(15,12)、(15,14)、(16,8)都不能入选。

综上得到可形成可行部分路的边为(3,1)，(1,2)，(2,4)；(5,6)，(6,15)，(8,7)，(9,8)；(10,11)，(10,13)，(11,12)，(12,16)，(13,14)，(14,15)，(16,7)；它们对应的零元素为0^*。

可行部分路为4-2-1-3和5-6-15-14-13-10-11-12-16-7-8-9这二条不相交的路径。

3. 重构矩阵

以 4,2,1,3,5,6,15,14,13,10,11,12,16,7,8,9 的顺序重新排列 D'的行,为使所有 0^* 位于对角线上,D'的列按 1,2,4,5,6,15,14,13,10,11,12,16,7,8,9,3 的顺序排列,这样便得到第一级重构距离矩阵。

	2	1	3	5	6	15	14	13	10	11	12	16	7	8	9	4
4	0^*															
2		0^*														
1			0^*													
3				20												
5					0^*											
6						0^*										
15							0^*									
14								0^*								
13									0^*							
10										0^*						
11											0^*					
12												0^*				
16													0^*			
7														0^*		
8															0^*	
9																25

对角线上有 2 个非零元素 20 和 25,其对应的边为(3,5)和(9,4),相应的行数为 3 和 9,列数为 5 和 4。

从原始权矩阵 **M** 中取出这 2 行,6 列构成一个 2×2 的 **M** 的子阵。

	4	5
3	∞	20
9	20	∞

重复以上步骤，得到第二级简化矩阵及相应的约数和罚数。

	4	5	$R(i)$	$P(i)$
3	∞	0	20	0
9	0	∞	20	0
$R'(j)$	0	0		
$P'(j)$	0	0		

计算各零元素的罚数并由大到小排列如下：

$P(3,5)=0, P(5,3)=0, P(9,4)=0, P(4,9)=0$。

依次选择可行边(3,5)和(4,9)，它们对应的零元素记为 0^{**}。

(3,5)和(4,9)与原来已经选出的边一起形成可行部分路如下：4—2—1—3—5—6—15—14—13—10—11—12—16—7—8—9—4。得到的可行部分将一起构成 H 圈，如图 4-4 所示。

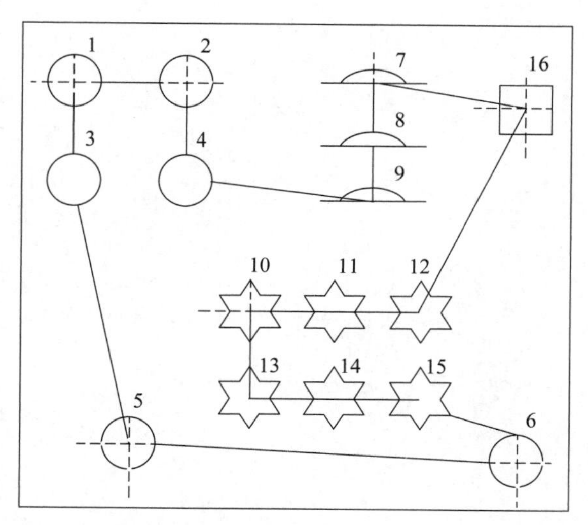

图 4-4　所求优化路径

故所求 H 圈为 4—2—1—3—5—6—15—14—13—10—11—12—16—7—8—9—4，其权 $W=341$。

4.4.3　结果分析

按照哈图完全算法得到了一个确定的制造加工方案，方案分析可以看出算法较人工智能方法更易于理解，工程化比较容易。算法是有效可行的，符合常规要求。

例子中的加工任务使用了 4 种刀具，刀具转换较为耗时，从结果能够看出相同刀具的加工工步都处在连续的加工过程中，即 4—2—1—3 和 5—6—15—14—13—10— 11—12—16—7—8—9 等，符合理论要求。因此，哈图完全算法在成型 CNC 制造过程中的应用是有效可行的。

4.5 本章小结

本章介绍了基于哈图的制造过程优化算法；确定了系统制造过程的加工方案是系统正常工作的关键；哈图的路径优化算法能够在众多路径中获取单元运动的最优路径，使整个制造过程的效率最高。

运动优化算法的基础是冲压机运动单元结构，特别是回砖塔等装置的运动特性。正确建立装备运动单元的运动模型以及运动参数之间的函数关系也是非常重要的工作。

第5章 智能仿真技术

在物料加工过程中，规律性的往复运动占据了整个加工过程相当大的部分，而这部分也最容易产生运动精度误差。本章从运动精度控制和运动仿真两大方面展开讲述，内容包括往返循环运动精度境况介绍，数控加工伺服运动分析，往返循环伺服运动模型、运动控制方法及其参数分析，运动精度控制仿真，数控加工 MATLAB 的运动仿真。

5.1 加工运动的情况介绍

5.1.1 研究背景

当今，数控技术在工业中占据着举足轻重的地位，它是一个国家工业现代化水平的象征，面对着社会的高速发展，数控技术机床也随之高速发展，这也要求机床控制系统向高精度、高速度的方向发展。而提高系统的精度和减少误差主要是从系统的参数入手，即调整参数、补偿误差，使系统达到比较理想的运行状态。目前在工业控制中，PID 控制因其原理简单、易实现、稳定性强、调整方便等优点占据着主导地位。本书主要讨论模拟 PID 控制的参数整定和误差补偿。

自 20 世纪 30 年代开始，生产自动化技术就呈现出惊人的发展速度[60]-[61]，由于生产的需要，PID 控制器也由此诞生，并成为工业生产过程中应用最广、最成熟的控制器[62]，虽然在社会发展中，控制领域不断出现了各种新型的控制器，但是 PID 控制器凭借其优点依然占据重要地位，并广泛用于化工、冶金、电力、轻工和机械等工业过程的控制中[63]。由于 PID 的广泛应用，参数调整也是控制系统的一个核心问题[64]-[65]，其调节也有一定的难度，因此调节出控制系统的一个合适的参数是工程师必须掌握的技能[66]-[67]，一个良好的调节方法不仅可以减少工程师的工作量，还可以使系统达到比较令人满意的运行状态。

数控技术是通过数字信息对机械及其工作过程进行控制的技术，最早的一台数控机床于 1952 年在美国问世，至今已经经历了 60 多年，从当初的步进电动机、液压电动机，到直流伺服电动机、交流伺服电动机，数控技术得到了飞跃性的发展，控制系统的组成如图 5-1 所示。由于工业高速发展以及生产的需要，全球不断涌现各大数控系统的生产厂商，当今规模最大的要数日本的 FANNUC 公司，其次是 Siemens(西门子)公司，国际上还有许多知名的数控公司。我国数控技术的发展也经历了几十年，起步于 1958 年，至今经历了 3 个阶段：刚开始受制于国外的核心技术，发展较为缓慢；后来国家不断改变发展策略，为数控技术创造研究环境，不断学习，国产技术也不断发生变化；现今已有数控机床生产厂家 100 多家，生产的技术产品也达几千种，而现在国产技术主要的缺点也有以下几个方面：信息化技术基础薄弱，对国外技术依赖大；产品的成熟度不高；创新能力低，国际市场竞争力不足。目前，数控技术已由单纯的机械控制思想渐渐发展到了智能化、网络化以及信息化，向着高速、高精度的方向发展，国内技术也随之发生变化，面对国际压力，国内的数控技术务必跟随其步。

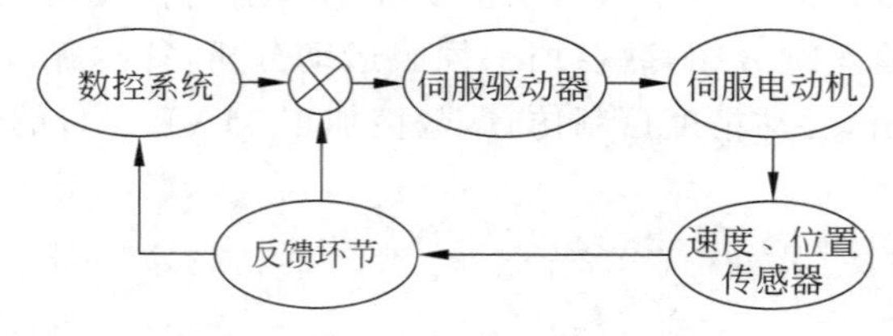

图 5-1　数控加工控制系统的组成

5.1.2　PID 控制

PID 控制因自动化产业的发展而诞生[60]，它是最早发展起来的控制策略之一，随着计算机技术和智能控制理论的发展[68]，PID 控制为复杂动态不确定系统的控制提出了新的途径。就目前的发展状态来说，PID 控制器主要有模拟 PID 控制器、数字 PID 控制器、专家 PID 控制器、模糊 PID 控制器、神经 PID 控制器、遗传算法 PID 控制器、动词 PID 控制器等。

1. PID 控制器参数研究现状

PID 控制的参数调节方法和技术处于不断发展中，特别是近些年，国际自动控制领域仍继续对 PID 控制的参数调节方法进行着研究，许多重要的国际科技杂志不断发表新的研究成果。

1915—1940 年，PID 控制器诞生并得到发展。在工业过程控制中，PID 控制器及其改进型控制器占比 90%[69],[73]。20 世纪 40 年代，Ziegler 和 Nichols 针对一阶惯性加纯延迟的对象提出了有关 PID 控制器的参数调整的 ZN 法。对于一般的控制对象，可以对阶跃响应数据使用曲线拟合的方法拟合出近似一阶惯性加纯滞后环节的模型，此方法很快被广泛用于实际。还有利用开环阶跃相应信息的响应曲线法——Coon-Cohen。在此之后，许多自动化公司都倾注巨大投入进行研究。经过几十年的努力，人们已经在 PID 控制器的参数调整方面取得了很多成果，诸如预估 PID 控制（Predictive PID）、自适应 PID 控制（Adaptive PID）、自校正 PID 控制（Self-Tuning PID）、模糊 PID 控制（Fuzzy PID）、神经网络 PID 控制（Neura PID）、非线性 PID 控制（Nonlinear PID）等高级控制策略均可调整和优化 PID 参数。

针对不同的控制器，大部分主要是由于基于对控制器的参数不同的调整所开发得到的，不同的参数调整方法自然也会导致控制出现不同的效果。

2. 控制技术的发展趋势

随着时代的发展及科学理论的进步，智能控制、模糊控制、神经网络控制也开始被运用在 PID 的参数整定中，这是一个发展趋势，从现在的研究与状态来看，发展的趋势是：

（1）增加 PID 的稳健性及抗干扰能力；

（2）运用智能控制的特点加入自整定和自适应的能力；

（3）使控制拥有先进的预测能力。

阶跃响应是指将一个阶跃输入加到系统上时系统的输出。稳态误差是指系统的响应进入稳态后系统的期望输出与实际输出之差。控制系统的性能可以用稳、准、快描述。稳是指系统的稳定性，一个系统要能正常工作，它首先必须是稳定的，从阶跃响应上看应该是收敛的；准是指控制系统的准确性和控制精度，通常用稳态误差描述，它表示系统输出稳态值与期望值之差；快是指控制系统响应的快速性，通常用上升时间定量描述。

传递函数是指零初始条件下线性系统响应（即输出）量的拉普拉斯变换（或 z 变换）与激励（即输入）量的拉普拉斯变换之比，记作 $G(s)=Y(s)/R(s)$，其中，$Y(s)$、$R(s)$分别为输出量和输入量的拉普拉斯变换。线性传递函数的经典控制理论的基本数学工具用来描述动态特性，主要研究方法为频率响应法和根轨迹法，二者建立在传递函数的基础上。

对自动控制系统的基本要求是稳定性、快速性和准确性。

5.2 加工运动系统分析

5.2.1 数控加工伺服系统概述

伺服系统由伺服电动机、伺服驱动装置、位置检测装置、机械传动装置等组成。而伺服系统理想的目标是精度高、响应速度快、稳定性好、调速范围大。

数控机床伺服系统是数控系统中的重要组成部分。数控机床伺服系统以机床中运动的部件的位置和速度作为控制量的自动控制系统。在机床中，伺服系统是连接受控装置和机床主机的一个环节，它负责接收脉冲信号，并在经过处理后由伺服电动机带动传动部件，实现机床的直线或者转动的位移。

从控制的方式来看，伺服系统可以分为开环控制系统、半闭环控制系统、闭环控制系统。

被控对象的输出对控制器的输入没有影响的系统称为开环控制系统，这种控制系统不依赖将被控量反送回来以形成任何闭环回路，如图 5-2 所示。

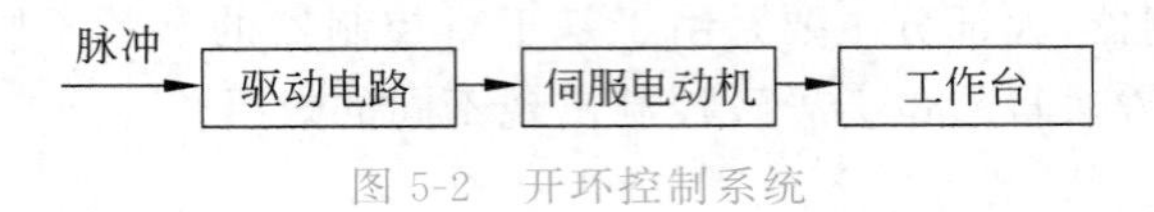

图 5-2 开环控制系统

被控对象的输出会反送回来影响控制器的输出，从而形成一个或多个闭环的系统称为闭环控制系统。闭环控制系统有正反馈和负反馈，若反馈信号与系统的给定值信号相反，则称为负反馈，若极性相同，则称为正反馈。一般而言，闭环控制系统均采用负反馈，又称负反馈控制系统。闭环控制系统的例子很多，例如人就是一个具有负反馈的闭环控制系统，眼睛便是传感器，充当反馈，人体系统能通过不断修正而做出各种正确的动作；如果没有眼睛，就没有了反馈回路，也就变成了一个开环控制系统。另外，当一台真正的全自动洗衣机能连续检查衣物是否洗净，并在洗净后可以自动切断电源时，它就是一个闭环控制系统，如图 5-3 所示。

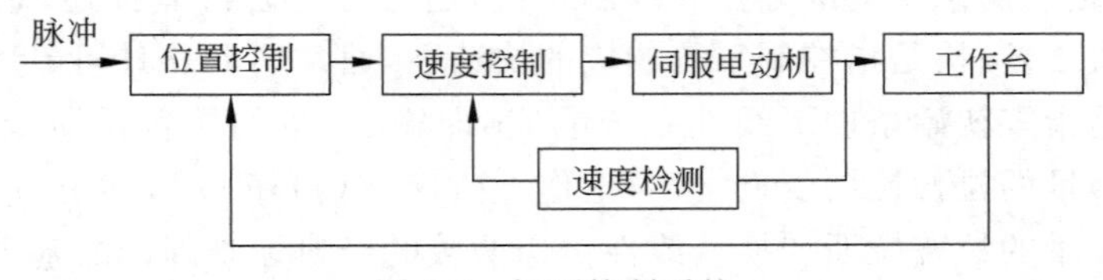

图 5-3 闭环控制系统

从电流方式来看，数控加工伺服系统可以分为直流伺服系统与交流伺服系统。由于交直流伺服系统中起重要作用的是电动机，所以可以以其为基础建立研究模型。

5.2.2 交流伺服系统

由于微电子技术、大规模集成电路制造工艺技术以及计算机技术和现代控制理论的发展，交流电机控制技术和调速性能得到不断完善，经历了开环步进电动机系统的机床进给伺服系统和直流伺服系统两个阶段，已进入交流伺服系统的时代。交流伺服系统取得了主导地位。交流伺服电动机分为交流永磁式伺服电动机和交流感应式伺服电动机。所不同的是，交流永磁式伺服电动机的速度和所施加的交流电源的频率存在严格的同步关系，即速度等于电动机的同步速度。由于需要产生电磁转矩，当电动机的转速低于同步转速时，感应伺服马达的速度差等于外部负载增加的速度差；同步转速等于交流电源的频率除以极对数的大小；因此交流伺服电动机可以通过改变供电电源频率的方法调节转速。

当三相定子绕组的交流电源产生一个旋转磁场时，二极永久磁铁转子如图 5-4 所示中由一对磁极的旋转，所述旋转磁场的同步速度 n_s 旋转。由于磁极相斥，异性相吸，定子和转子的磁极相互吸引，而与该转子一起旋转，所以转子的同步速度 n_s 也将一起旋转的旋转磁场变为永久磁铁式旋转。

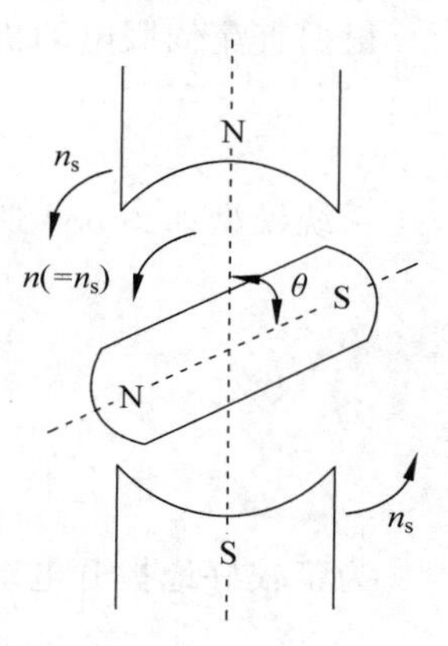

图 5-4　交流电动机模型

交流伺服电动机的特点如下：

（1）和直流电动机相比，没有直流电动机的换向器和电刷等缺点。

（2）和异步电动机相比，由于不需要无功励磁电流，因此效率高，功率因数高，力矩惯量比大，定子电流和定子电阻损耗小，且转子参数可测，控制性能好。

（3）和普通同步电动机相比，省去了励磁装置，简化了结构，提高了效率，可达到传统电励磁电机无法比拟的高性能（如特高效、特高速、特高响应速度）。

（4）和无刷直流永磁同步电动机相比，在高精度伺服驱动中更有竞争力。

5.3　往复循环运动模型

5.3.1　运动分析

数控机床伺服系统做往返运动的过程在不断做重复运动，机械都会差生一些误差[70]，如图 5-5 所示。为了保证生产工艺的质量，必须保证运送的精确。

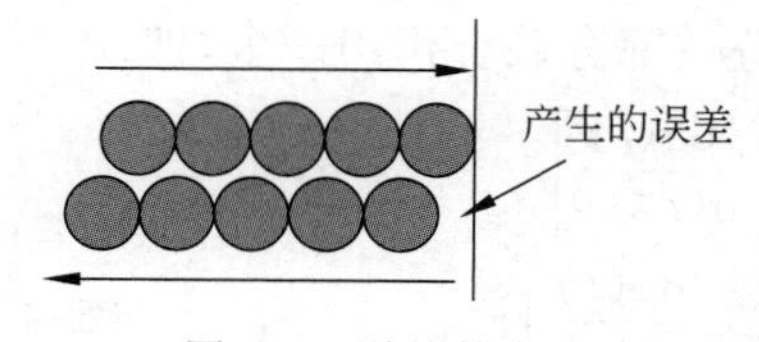

图 5-5　误差的产生

而在伺服系统中，真正取得控制作用的是控制电动机，可以通过控制电机的速度和转角而达到系统的误差调整，提高精度。为此我们选择直流伺服电动机 S221D 作为研究对象，首先确立它的传递函数，直流电机的传递函数一般公式为

$$G(s)=\frac{Y(s)}{R(s)}=\frac{1/2\pi K_e}{\dfrac{J_a R_a}{K_c K_e}}=\frac{K}{T_S+1} \tag{5-1}$$

式中，K_e 是电动势常数，K_c 为电磁力矩常数，J_a 为电动机转子的转动惯量，R_a 是电动机的电阻。在推导过程中，因为电动机电感系数 L_a 较小，所以将其忽略。

根据直流伺服电动机 S221D 给出的相关参数，可以得到直流电动机的传递函数为

$$G(s)=\frac{28.95}{1.96s+1} \tag{5-2}$$

系统模型如图 5-6 所示。

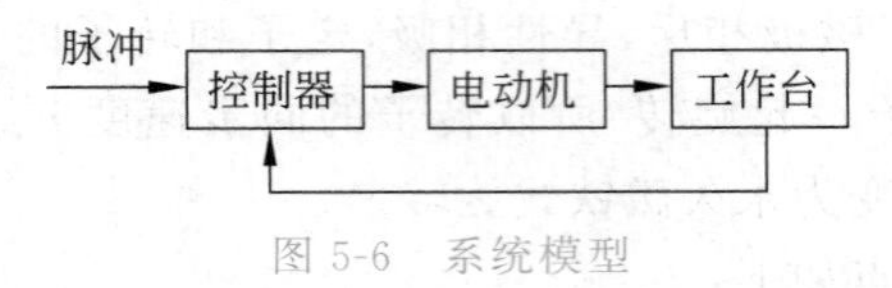

图 5-6 系统模型

为了较好地提升电动机的精度调节，下面给出 PID 参数试凑法和 Z-N 参数整定法。

5.3.2 PID 的控制模型

PID 控制器是一种线性闭环控制器，如图 5-7 所示，它根据给定输入值 $R(t)$ 与实际输出值 $Y(t)$ 构成控制偏差，即

$$e(t)=R(t)-Y(t) \tag{5-3}$$

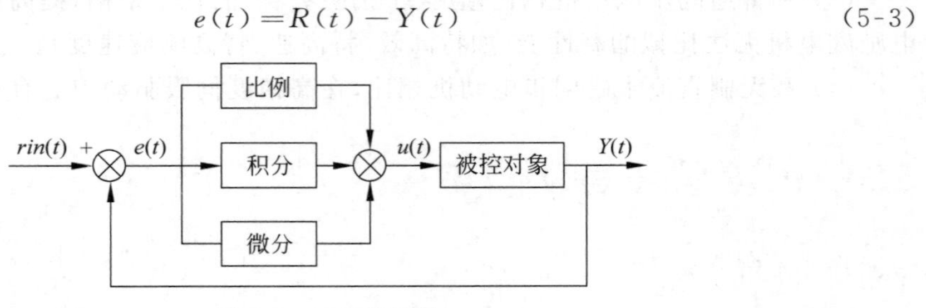

图 5-7 PID 控制器

PID 的控制信号 $u(t)$ 由 $e(t)$ 及其对时间的积分、微分三部分联合作用产生，即

$$\begin{aligned}u(t)&=K_{p}\left[e(t)+\frac{1}{T}\int_{0}^{t}e(t)\mathrm{d}t+\frac{T_{d}\,\mathrm{d}e(t)}{\mathrm{d}(t)}\right]\\&=K_{p}\left[e(t)+K_{i}\int_{0}^{t}e(t)\mathrm{d}t+K_{d}\,\frac{\mathrm{d}e(t)}{\mathrm{d}t}\right]\end{aligned} \tag{5-4}$$

模拟式 PID 控制以模拟的连续控制为基础，理想的控制算法如式(5-5)所示。最理想的 PID 控制效果是 $e(t)=0$，即 $Y(s)=R(s)$。将控制器写成传递函数的形式为

$$G(s)=\frac{Y(s)}{R(s)}=K_{p}\left(1+\frac{1}{T_{i}s}+T_{d}S\right)=K_{p}+\frac{K_{i}}{s}+K_{dS} \tag{5-5}$$

式中，K_p 表示比例系数，T_i 表示积分时间常数，T_d 表示微分时间常数。

在实际的过程控制系统中，有大量的对象模型可以近似地由带有延迟的一阶传递函

数模型表示，该对象的模型可以表示为

$$G(s)=\frac{K}{T\mathrm{s}+1}\mathrm{e}^{-sL} \tag{5-6}$$

PID 控制个校正环节的作用如下。

(1) 比例作用：成比例地反映控制系统的偏差信号 $e(t)$，偏差一旦产生，控制器便立即产生控制作用，以减少偏差。

(2) 积分作用：用于消除静差，提高系统的无差度。积分作用的强弱取决于积分时间常数 T_{i}，T_{i} 越大，积分作用越弱，反之越强。

(3) 微分作用：反映偏差信号的变化趋势(变化速率)，并能在偏差信号变得过大之前在系统中引入一个有效的早期修正信号，从而加快系统的动作速度，减少调节时间。

5.4 控制方法与参数分析

5.4.1 PID 试凑法

自 PID 发展到被广泛运用以来，参数整定都是一个困扰技术人员的问题，参数的整定方法可分为常规 PID 控制器参数整定方法和智能 PID 控制器参数整定方法。目前也出现了许多参数整定方法，如常规 Z-N 整定方法、模糊控制的 PID 控制器参数整定、基于小波神经网络的 PID 控制器参数整定等。下面主要研究常规 PID 控制器的参数整定方法。针对图 5-4 中的直流伺服电动机模型，其阶跃响应图像如图 5-8 所示。

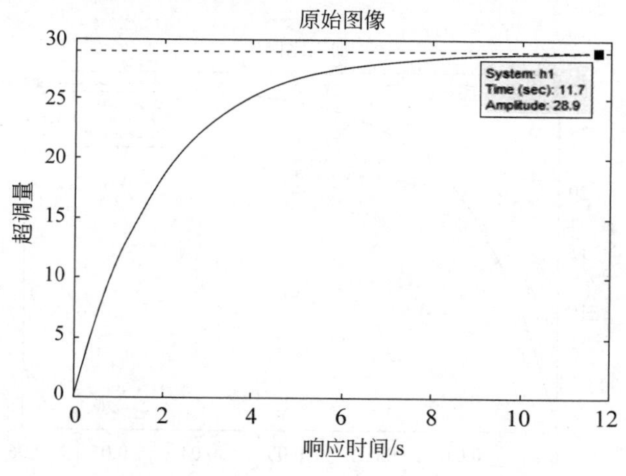

图 5-8 原始阶跃响应曲线

1. 参数影响

1）P 参数的影响

将单独比例控制称为有差控制，其主要控制当前，输出的变化与输入控制器的误差成比例，输出越大证明误差就越大。在比例（P）调节中，调节器的误差信号 $e(t)$ 与输出信号 $u(t)$ 成比例，即

$$\begin{cases} u(t)=K_p e(t)+u_o \\ \Delta u=K_p \Delta e \end{cases} \tag{5-7}$$

式中，$e(t)$ 既是增量，也是实际量，比例控制器函数为

$$G(s)=\frac{U(s)}{E(s)}=K_p \tag{5-8}$$

加入比例 P 控制的结构如图 5-9 所示。

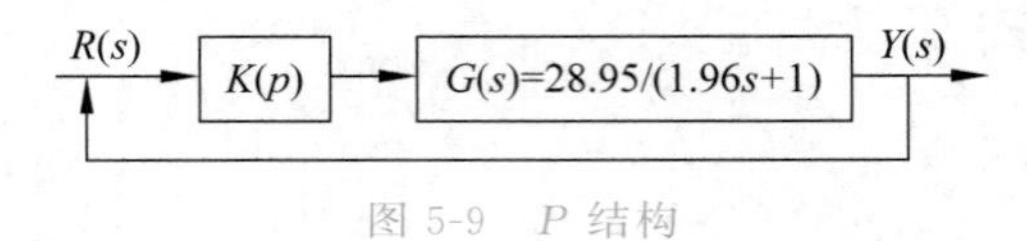

图 5-9　P 结构

传递函数就变成

$$\frac{Y(s)}{R(s)}=\frac{K_p}{1.96s+(1+K_p)} \tag{5-9}$$

经过调试后，得到 $K_p=200$，下面是当 $K_p=200$ 时模型的阶跃响应曲线，如图 5-10 所示。

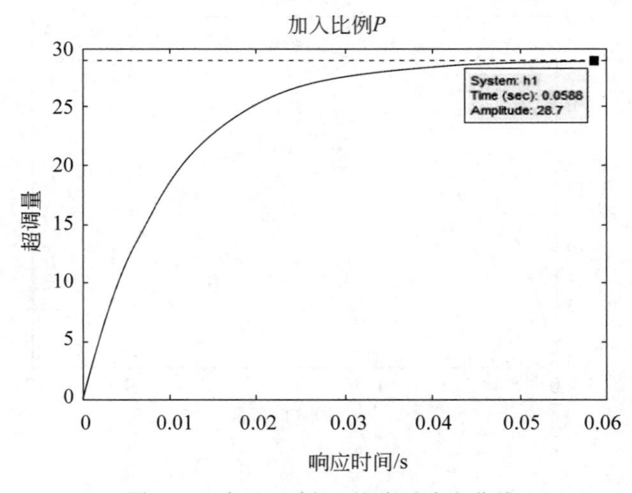

图 5-10　加入比例 F 的阶跃响应曲线

从传递函数来看，很容易就可以知道函数的稳态值是 28.95。在加入了比例控制之后，观察到输出的阶跃响应与原来的形状相比并没有太大的变化，但可以观察得到，它的响应时间以及调节时间有了大幅降低，这对于误差的减小有着很大的提高，这说明在传输中由于时间和速度的原因导致传输物体出现错位，我们可以加入比例增益以提高其反应时间，从而达到误差补偿。但是，加入纯比例控制的缺点在于其系统并没有达到理想的稳态值，当加入比例 K_p 环节后，系统趋于稳定后的值是 28.7，而且无论如何调节 K_p 参数，系统都无法达到真正的稳态，在加工中可能导致的一种情况是传输纽带速度达到了满意状态，但是加工出来的零件却出现质量变差等现象，所以并没有达到满意的效果。

2）I 参数的影响

积分控制称为无差控制，作用是控制过去，积分调节器的输出 $u(t)$ 与误差信号 $e(t)$ 的积分呈正比，即

$$u(t)=k_p\left(e(t)+\frac{1}{T_i}\int_0^t e(t)\mathrm{d}t\right) \tag{5-10}$$

式中，T_i 表示积分时间常数，$K_i=\frac{1}{T_i}$。

比例积分调节是指比例控制和积分控制之和，比例控制起着粗调的作用，积分控制起着细调的作用。积分控制器的输出不仅与输入误差的大小有关，还与误差存在的时间有关。只要误差存在，输出就会不断累积（输出值越来越大或越来越小），直到误差为 0，积分作用才会停止。

加入 PI 控制的结构如图 5-11 所示。

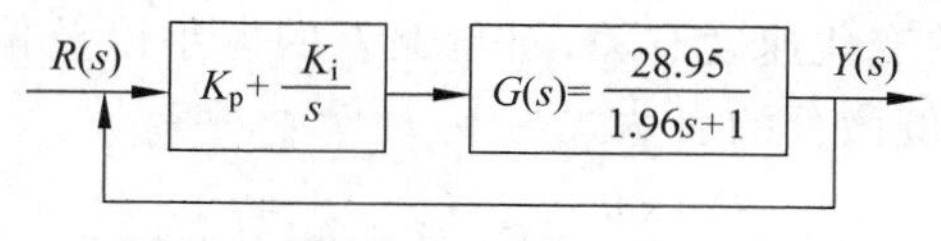

图 5-11　PI 控制的结构

此时，系统的传递函数就变为

$$G(s)=\frac{28.95(K_{ps}+K_i)}{1.96s^2+(1+K_p)s+K_i} \tag{5-11}$$

经过调试后，得到 $K_p=220$，$K_i=130$，其阶跃响应图如图 5-12 所示。

由此可以看出，积分作用可以消除系统中的误差。积分输出的累积是渐进的，其产生的控制作用总是落后于偏差的变化，不能及时有效地克服干扰的影响，难以使控制系统稳定下来，所以实用中一般不单独使用积分控制，而是和比例控制作用结合起来，构成比例积分控制。这样取二者之长，互相弥补，既有比例控制作用的迅速及时，又有积分控制作用消除余差的能力。因此，加入积分作用后，系统基本能够满足我们的生产需要，把比例

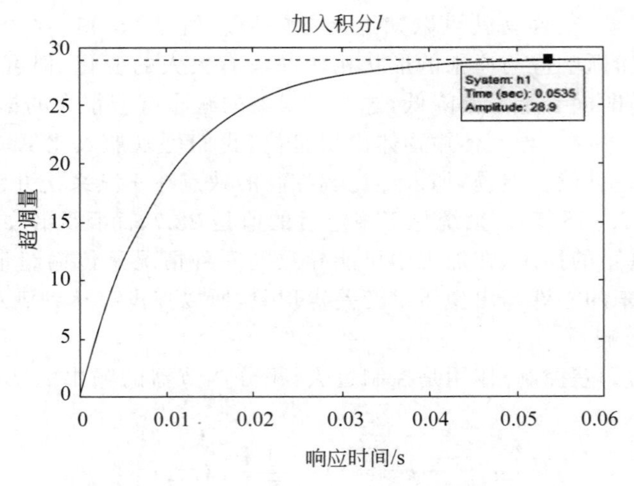

图 5-12 加入积分后的响应曲线

作用的问题解决了。

比例积分控制器是目前应用最为广泛的一种控制器，多用于工业生产中的液位、压力、流量等控制系统。由于引入积分作用能消除余差，弥补了纯比例控制的缺陷，因此可以获得较好的控制质量。但是积分作用的引入会使系统的稳定性变差，有较大惯性滞后的控制系统要尽量避免使用。

3）D 参数的影响

微分输出只与偏差的变化速度有关，而与偏差的大小以及偏差是否存在无关。微分作用主要是控制将来，比例微分的表达式为

$$G(s)=\frac{Y(s)}{R(s)}=K_p\left(1+\frac{1}{T_iS+T_dS}\right) \tag{5-12}$$

式中，K_p 为比例增益；T_i 为积分时间常数；T_d 为微分时间常数。

加入 PID 控制的结构如图 5-13 所示。

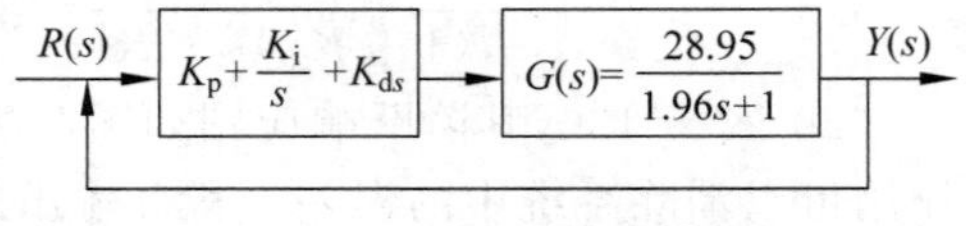

图 5-13 PID 的控制结构

此时，系统的传递函数就变为

$$G(s)=\frac{28.95(K_ds^2+K_ps+K_i)}{(1.96+K_d)s^2+(1+K_p)s+K_i} \tag{5-13}$$

经过调试后，得到 $K_p=220$，$K_i=130$，$K_d=10$，其阶跃响应曲线如图 5-14 所示。

微分的特点在于：

(1) 具有预见性，能够预见偏差变化趋势，具有超前控制的能力；

(2) 微分环节并不能完全消除误差；

(3) 微分作用强，会导致系统不稳定。

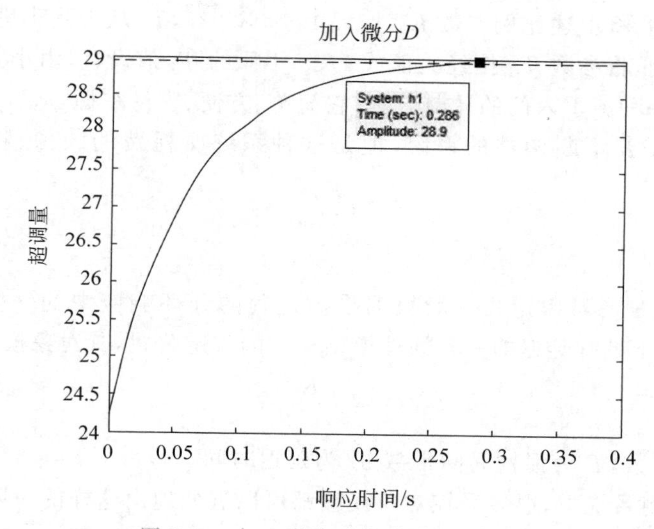

图 5-14 加入微分后的阶跃响应曲线

从图 5-14 中可以看到，我们在之前已经加入了比例作用和积分作用，再加入微分作用，系统的响应时间明显加快了，调节时间也略微加快，但在加入时由于比例和积分的作用，加入微分作用可能会使系统变得不稳定，具有一定的超调量，必须由小到大进行调试，而且还需要稍微调节比例和积分的作用，以使系统稳定，达到满意的效果。

2. 参数的影响分析

经过上述各参数的对比，参数选择的次序为：比例参数、积分参数、微分参数。结果如表 5-1 所示。

表 5-1 参数变化关系

参数名称	超调量	响应时间	调节时间	稳态误差
K_p	变大	变小	微小变化	变小
$T_i\left(\frac{1}{K_i}\right)$	变小	变大	变小	消除
$T_d(K_d)$	微小变化	变小	变小	微小变化

试凑法依据 PID 控制器中每个参数对系统性能的影响，一边观察系统运行的状态，一边调整参数，直到控制系统达到稳定且满意的状态。一般情况下，我们先从比例参数 K_p 开始，再积分参数 T_i，最后微分参数 T_d，具体的步骤如下。

首先使积分参数 $T_i=\infty$，微分参数 $T_d=0$，然后加入比例参数 K_p，运行系统，不断改变 K_p 的值，设定控制系统的满意度值为 4∶1。

加入积分作用，将上述比例参数 K_p 加大 10%～20%，T_i 从大到小进行调节。

加入微分作用，将参数 T_d 按经验值或 1/3～1/4 的 T_i 值设置，由小到大加入。

试凑法属于一种新手入门的调节方法，它简单、方便、容易掌握，适合一些变化不规则的控制系统以及需要不断调整的系统，但是这种系统所耗费的人力、物力以及时间比较多。

5.4.2 Ziegler-Nichols 参数整定法

Ziegler-Nichols 参数整定法一般根据受控过程的开环响应中的一些特征参数进行 PID 参数整定，基于带有延迟的一阶惯性模型提出的整定公式，其对象模型为

$$G(s)=\frac{K}{1+T_s}\mathrm{e}^{-sL} \tag{5-14}$$

其中，K 为放大系数，T 为惯性时间常数，L 为延迟时间。

在现实的控制系统中，很多受控对象模型都可以近似地由这样的一阶模型表示，本书所研究的对象可以通过试验或者函数提取出其响应的特征参数，即 K、T、L。

1. 特征参数提取的方法

(1) 可以通过试验验证得到受控对象的开环阶跃响应曲线，或者通过对控制对象的仿真得到，通过 MATLAB 软件的 step()函数得到下面的开环响应曲线。在图 5-15 中，P 点是特征曲线的拐点，过拐点做切线，可以求得特征参数 $K=y(\infty)/u_0$，求得从响应到稳定时间内曲线的面积 A，通过试验验证可以得出方程 $K=y(\infty)/u_0$；$T=eA/y(\infty)$；$L=(1-A)/y(\infty)-T$。

(2) 带延迟的一阶传递函数的数学模型的频率特性一般为

$$G=(\mathrm{j}\omega)=\frac{k}{1+sT}\mathrm{e}^{-sL}\bigg|s=\mathrm{j}\omega=\frac{k}{T\mathrm{j}\omega+1}\mathrm{e}^{-\mathrm{j}\omega L} \tag{5-15}$$

系统交点在负实轴上，交点的虚部为 0，所以有方程：

$$\begin{cases}\dfrac{k[\cos(\omega_c L)-\omega_c T\sin(\omega_c L)]}{1+(\omega_c T)^2}=\dfrac{1}{G_m}\\ \sin(\omega_c L)+\omega_c T\cos(\omega_c L)=0\end{cases} \tag{5-16}$$

开环增益 K 可由传递函数给出。求 T 与 L 的值有方程组：

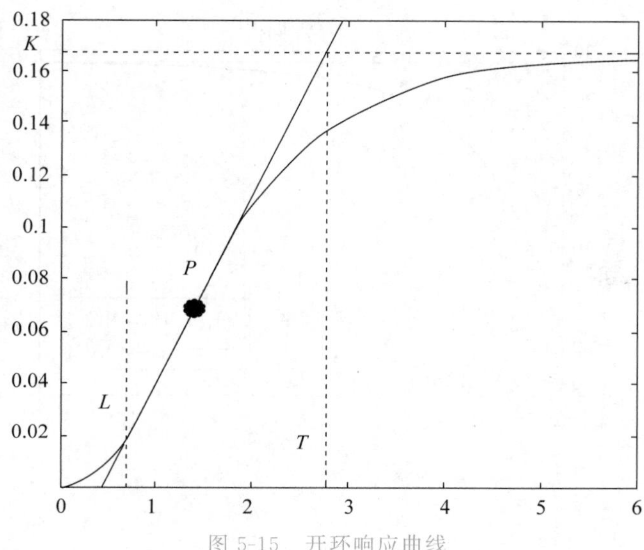

图 5-15　开环响应曲线

$$\begin{cases} f_1(L,T)=kW_c[\cos(\omega_c L)-\omega_c T\sin(\omega_c L)]+1+\omega_c^2T^2=0 \\ f_2(L,T)=\sin(\omega_c L)+\omega_c T\cos(\omega_c L)=0 \end{cases} \tag{5-17}$$

对应的雅可比矩阵为

$$J=\begin{pmatrix} \dfrac{\partial f_1}{\partial x_1} & \dfrac{\partial f_1}{\partial x_2} \\ \dfrac{\partial f_2}{\partial x_1} & \dfrac{\partial f_2}{\partial x_2} \end{pmatrix}=\begin{pmatrix} -kK_c(\omega_c\sin(\omega_c L)-\omega_c^2T\cos(\omega_c L)) & -kK_c\omega_c\sin(\omega_c L)+2\omega_c^2T \\ \omega_c\cos(\omega_c L)-\omega_c^2T\sin(\omega_c L) & \omega_c\cos(\omega_c L) \end{pmatrix} \tag{5-18}$$

利用 MATLAB 软件中的 dcgain()函数求解 K 值，然后用牛顿算法求解参数 T 和 L 的值，由于 KTL()函数并没有在 MATLAB 软件中内置，因此 KTL()函数的源程序代码需要手动编写。KTL()函数的调用方式为[K,T,L]=KTL(G)，G 为受控的传递函数。

2. 曲线的拟合

在使用 Ziegler-Nichols 的参数整定之前，还需要进行曲线拟合，因为 Ziegler-Nichols 需要的受控模型是带有惯性的一阶延迟系统，所以需要在校正之前把系统拟合成带有惯性的一阶延迟系统。

曲线拟合是指由一个函数 $f(x)$，通过有限的试验对原来的函数进行有效的近似与模仿，从而用拟合曲线的方程替代原来的函数方程，以方便研究。为此，我们对受控对象进行了有效的曲线拟合，如图 5-16 所示。

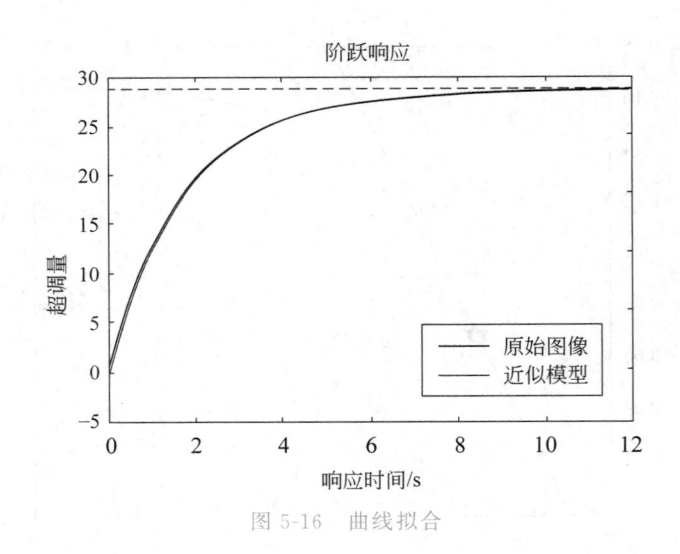

图 5-16 曲线拟合

3. Ziegler-Nichols 参数整定的 PID 校正

Ziegler-Nichols 参数整定是通过参数公式实现的，如表 5-2 所示。

表 5-2 Ziegler-Nichols 参数公式

控制器类型	K_p	T_i	T_d
P	$\frac{T}{K \times L}$	∞	0
PI	$0.9\frac{T}{K \times L}$	$\frac{L}{0.3}$	0
PID	$1.2\frac{T}{K \times L}$	$2.2L$	$0.5L$

得到一阶带延迟的惯性系统的参数，此时可以用 Ziegler-Nichols 的 P、PI、PID 校正波形。

从图 5-17 中可以看出，Ziegler-Nichols 参数整定是根据带有延迟的一阶惯性系统设计的，它根据系统的参数计算加入调节系统的参数：K_p、T_i、T_d，而 Ziegler-Nichols 参数整定把系统的稳态值设为 1。可以看到，当加入比例作用时，系统出现了振荡，超调量也很大，调节时间大概需要 0.8s 才能进入稳定状态，而且它还存在一定的误差；当加入积分作用后，误差消除，由于加入比例作用参数的变化不大，响应时间基本相同，因此在加入积分作用后，系统显得更加不稳定，初始超调量更大，调节时间也将近 1s；继续加入微分作用，调节比例作用和积分时间，系统得到了改善，超调量减少，响应时间加快，调节时间也加快，约为 0.4s，且没有误差。

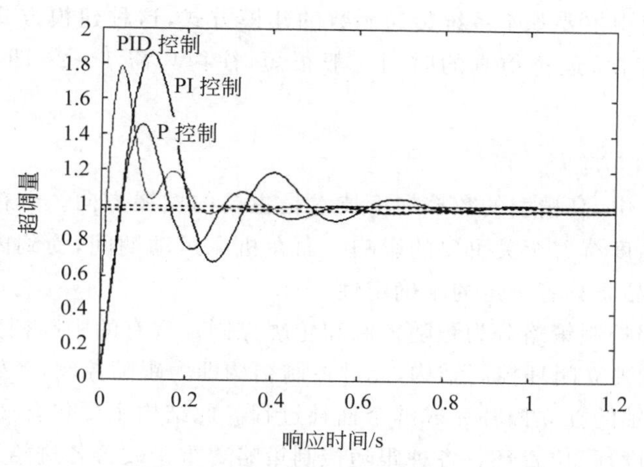

图 5-17 Ziegler-Nichols 参数整定

5.5 运动精度仿真

5.5.1 伺服运动控制背景介绍

1. 数控运动仿真工具 MATLAB

在当前的工业生产中，数控加工、机械制造、工业电子、能源化工、交通运输等都使用到了伺服运动控制技术。其中，数控加工常采用伺服电动机对其运动进行控制，因此伺服电动机决定着产品的加工精度。从控制技术的角度来看，伺服电动机又是近年发展迅速的交流调速系统的基础。目前，直流调速系统仍然是自动调速系统的主要形式，特别是基于数字采集和计算机控制的直流调速系统得到了越来越广泛的应用，在这种系统中，控制算法会直接影响控制系统的性能。

MATLAB 软件凭借强大的功能，早已被广泛运用于控制系统的计算、分析和设计当中，成为一种必需的工具[71-72]。使用 MATLAB 软件对各种直流调速系统进行仿真分析和设计可以大幅缩短控制系统的算法设计开发周期[73-74]。

利用仿真还可以优化系统参数。例如对于晶闸管直流电动机调速系统，可以通过仿真确定平波电抗器的最佳值，从而获得最好的电机电流响应特性。直流调速系统的 MATLAB 建模方式主要有 3 种类型，即主要基于系统传递函数建模、面向电气原理图结构建模和编制 MATLAB 语言源程序建模。其中，前两种是在 MATLAB/Simulink 集成环境下进行建模的，这几种方式各有特点。

研究者大多使用主要基于系统传递函数的建模方式，这种建模方式依据系统各部分的传递函数直接建模，运行仿真的时间一般很短，往往只需 1～2s 即可给出结果，非常快捷。

2. 伺服运动精度控制

在现代制造业中，高精度的数控加工技术是主要的发展方向。数控机床控制系统的控制精度对加工精度有着至关重要的影响。而在机床运动期间，受到内部及外部因素的影响，控制系统的品质具有一定的不确定性。

伺服系统按照控制策略分为跟随控制和轮廓控制。现有的中高档数控机床大多采用 PID 控制器的各轴独立闭环控制结构，此种控制结构即为跟随控制，各轴相互之间没有误差补偿，仅通过各轴的独立插补完成整个插补过程。此结构主要包含 3 种闭环控制环节，分别是电流环、速度环、位置环。各种跟随控制策略着重于改善各进给运动轴的位置控制性能，运用各种先进的补偿与控制技术使伺服系统的跟随性能得到提高，间接改善系统轮廓精度。PID 控制由于具有稳健性强、稳定性好、结构简单等优点，因此获得了广泛的应用，但由于其采用折中的方法处理稳健性与控制性、动态性能与静态性能等之间的矛盾，因此有时会导致系统并不能取得令人满意的性能。

从误差控制方面来看，伺服系统研究有两个方面：一是设计方面，二是优化控制方面。在设计方面，伺服误差控制主要通过运用最新的研究理论设计新型控制器，从根本上消除或减小伺服误差，此种方法在理论上比较成熟地采用遗传算法、神经网络技术的智能系统、专家系统及迭代学习型自适应系统。这些方法往往局限于机床的设计层面，在应用于机床维护时，由于改变了机床的控制结构，因此对机床硬件的调整过大，通常不容易实现或代价过高。

另一种伺服系统误差优化控制则常用于机床的维护，此种方法不对机床软硬件结构做调整或改变，只是通过建模及分析手段获得各机械参数和电气参数对伺服误差的影响规律，通过某种调试手段使得各参数获得最佳的匹配性能，进而在现有基础上减小伺服误差，并在部分中高端数控系统中带有自测软件系统，通过该软件系统可以方便地实现对伺服系统的优化调试，包括系统稳定性、单轴跟随误差、两轴联动误差等性能调试；其缺点也较为明显，如无法对三轴以上的联动耦合误差及旋转摆动轴误差进行测量调试，此软件系统对于精度较高的数控机床仍不能满足性能优化调试的需要；并且调试过程复杂，对经验的依赖度较大；对机床性能的提高程度有限，优化后的最好性能仍不能超过机床的设计性能。

3. 精度控制的 MATLAB 仿真

MATLAB 是一种用于科学工程计算的高效率的高级语言。MATLAB 的含义是矩阵实验室,它主要向用户提供一套非常完善的矩阵运算命令。随着数值运算的演变,MATLAB 逐渐发展成为各种系统仿真[75]、数字信号处理、科学可视化的通用标准语言。MATLAB 软件完整的专业体系和先进的设计开发思路使得其在多个领域都有着广阔的应用空间,特别是在 MATLAB 的主要应用方向——科学计算、建模仿真及信息工程系统的设计开发上,MATLAB 已经成为行业内的首选设计工具[76]。

MATLAB 具有其他高级语言难以比拟的一些优点,如编写简单、编程效率高、易学易懂等,因此 MATLAB 语言也被通俗地称为演算纸式的科学算法语言。与 Basic、FORTANT、C/C++ 等语言相比,MATLAB 的语法更简单,更贴近人的思维方式[77]。

MATLAB 在控制系统的分析和仿真方面既功能强大又灵活多样。使用 MATLAB 既可以以系统的传递函数作为基础,使用 MATLAB 的 Simulink 工具箱搭建系统模型对其进行仿真研究,也可以编制系统的 MATLAB 语言程序,通过执行程序而得到仿真结果,还可以在由 Simultink 模块搭建的系统模型中嵌入 MATLAB 函数进行仿真[78],非常灵活。

本书主要研究传统 PID 控制下惯性系统的仿真分析,因为 PID 控制原理对于惯量物体仿真分析很有效,而在这个过程中,运用 MATLAB 语言进行编程非常方便实用[79]。

5.5.2 运动控制仿真分析

1. MATLAB 中使用 Simulink 进行仿真

Simulink 是 MATLAB 中的一个重要模块,是一个进行基于模型的嵌入式系统开发的基础开发环境,是一个交互式动态系统建模、仿真和分析图形环境。我们可以通过 Simulink 的环境对书中的例子进行仿真。在模型库中,从 Simulink 库的 Continuous 子库中选择 Differentiator(微分器)、Integrator(积分器)Transfer Fcn、Transport Delay 模块,从 Math Operations 子库中选择 Gain、Sum 模块,从 Sinks 子库中选择 Scope 模块,从 Sources 子库中选择 Step 模块,将它们放到模型编辑窗口。各个模块的属性都可以通过双击该模块进行更改。更改各模块的属性并连线,就建立了一个传统 PID 控制系统模型。

P 控制器如图 5-18 所示。

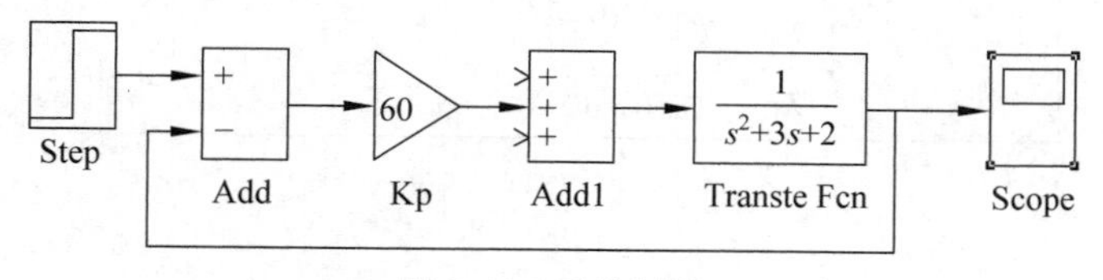

图 5-18　P 控制器

PI 控制器如图 5-19 所示。

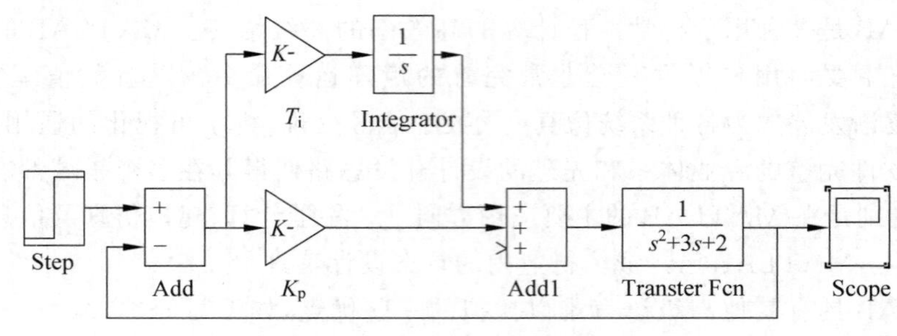

图 5-19 PI 控制器

PD 控制器如图 5-20 所示。

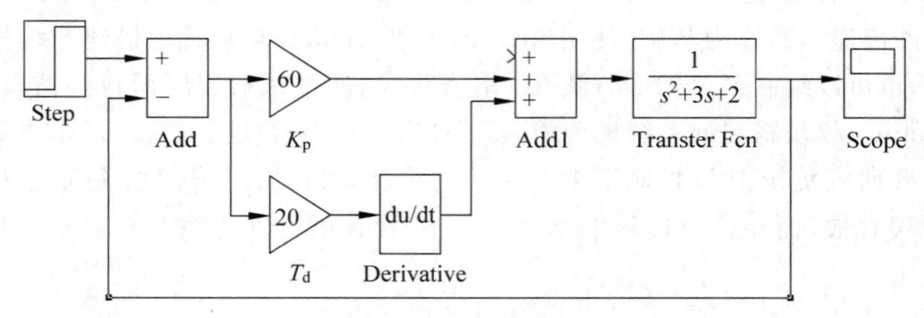

图 5-20 PD 控制器

PID 控制器如图 5-21 所示。

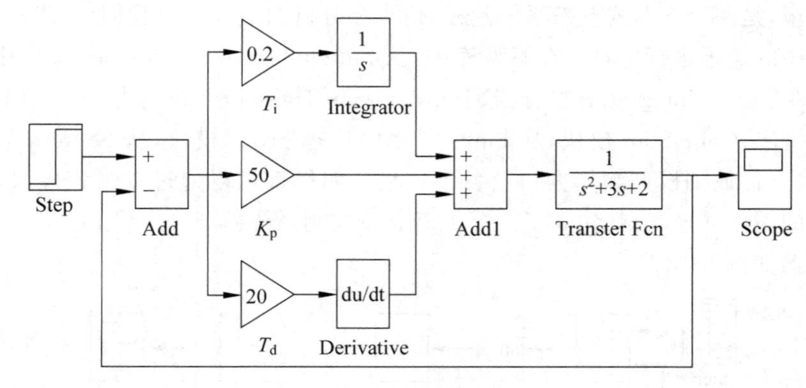

图 5-21 PID 控制器

仿真波形如图 5-22 至图 5-25 所示。

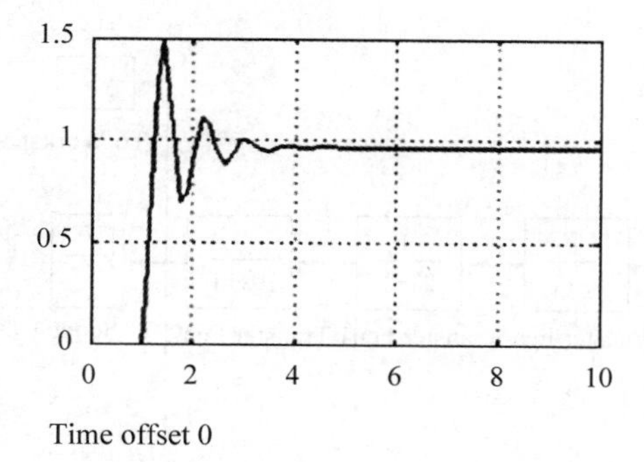

图 5-22　P 控制器的仿真波形

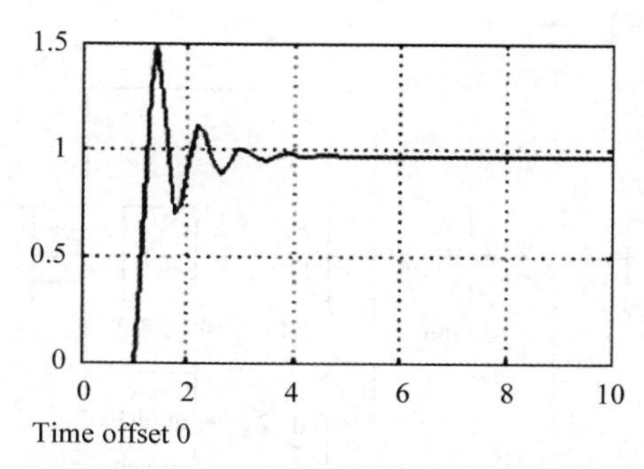

图 5-23　PI 控制器的仿真波形

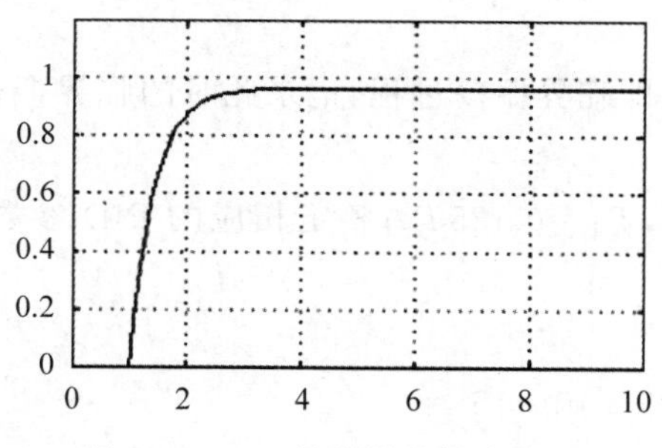

图 5-24　PID 控制器的仿真波形

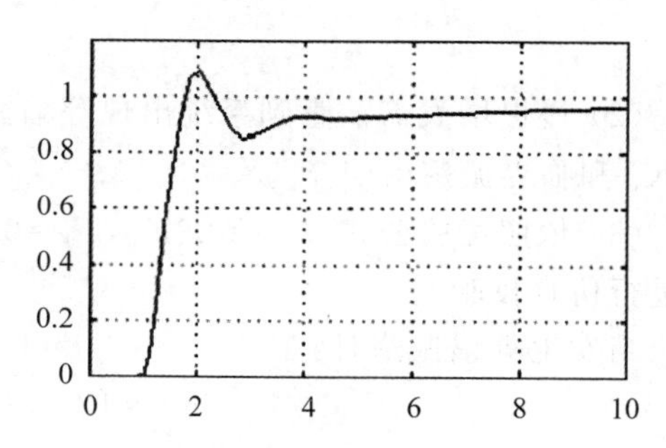

图 5-25　PID 控制器 Ziegler-Nichols 整定的仿真波形

上面就是 P、PI、PID 控制器的仿真波形，输出的波形与用 MATLAB 程序显示的单位阶跃响应的略有区别，PID 中的误差不为 0，当将积分参数调大时，误差就被消除了。而 Ziegler-Nichols 法在 50s 之后的波形误差为 0，积分和微分作用消失。仿真波形应满足条件：位移稳态值为 1；较快的上升时间和过度时间；较小的超调量；静态误差趋于 0。

2. 常规的 PID 系统仿真

针对

$$G(s)=\frac{1}{(5s+1)(2s+1)(10s+1)}$$

在 MATLAB 中用稳定边界法构建 PID 控制系统仿真的模型，如图 5-26 所示，按以下步骤进行参数整定。

(1) 设积分 $T_i=\text{inf}$，微分系数 $T_D=0$，将 K_p 置较小的值，让系统能够稳定运行，如果不能，则更换其他校正方式。

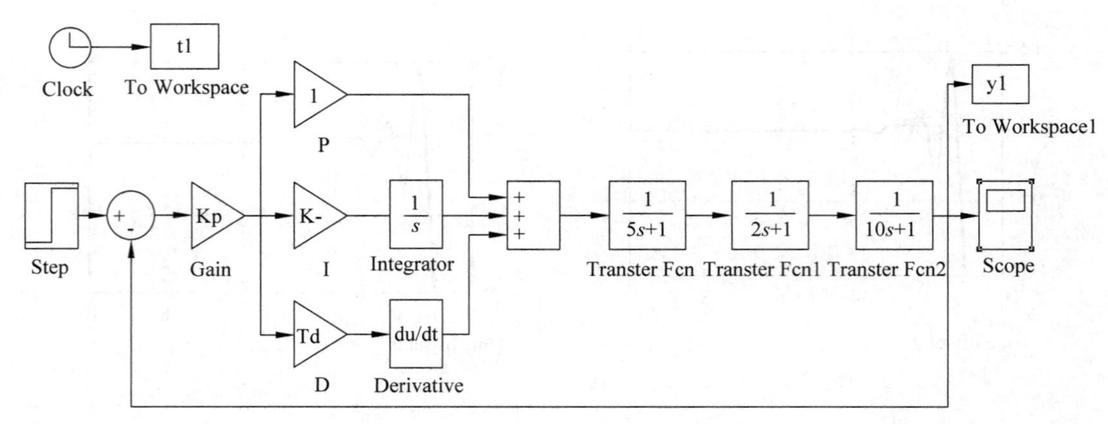

图 5-26　PID 控制系统仿真模型

(2) 慢慢增大 K_p，直到系统出现等幅振荡，即临界振荡过程，记录此时的临界振荡增益 K_c 和临界振荡周期 T_c。

(3) 依照经验公式，$K_p=0.6K_c$，$T_i=0.5T_c$，$T_d=0.125T_c$；整定相应的 PID 参数，然后进行仿真校验。

当发生等幅振荡时：

$$K_c=12.8, T_c=25-10=15$$

临界稳定法整定后的参数：

$$K_p=7.6800,\quad T_i=7.5,\quad T_d=2$$

$$K_i=K_p\frac{T}{T_i},\quad K_d=K_p\frac{T_d}{T}$$

得到 $K_i=1$，$K_d=15$。

系统等幅振荡如图 5-27 所示。

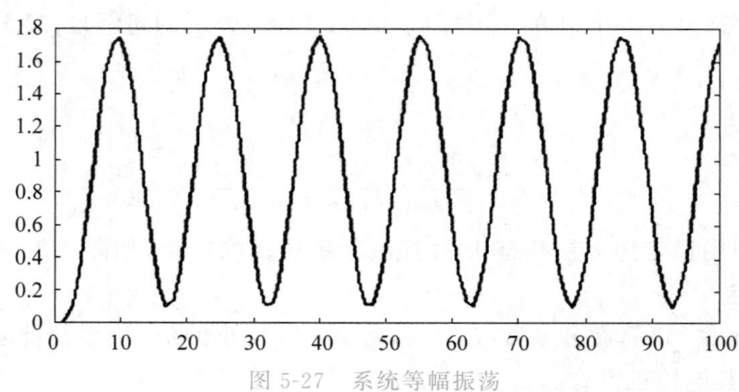

图 5-27　系统等幅振荡

临界振荡整定法整定后的图形如图 5-28 所示。

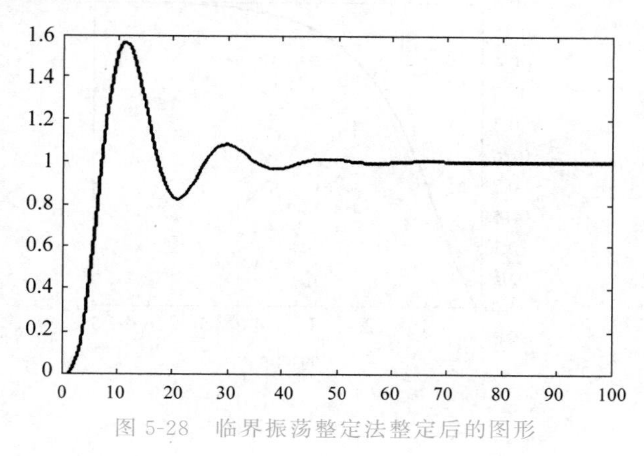

图 5-28　临界振荡整定法整定后的图形

5.6　往复运动的 MATLAB 仿真实现[80]

5.6.1　PID 控制仿真实现和仿真结果分析[81]

1. PID 控制的仿真实现

假设对一个被控对象进行分析：

$$G(s)=\frac{1}{s(s+3)+2)}$$

稳态误差为

$$e_{ss}=\lim_{s\to\infty} sE(s)=-\frac{T_{\mathrm{d}}}{K_{\mathrm{P}}}$$

在 MATLAB 中程序：

原始函数程序为

```
num=[0 0 1];
  den=[1 3 2];
  h=tf(num,den);
    step(h);
```

稳态误差为

```
num=[0 0 1];
den=[1 3 2];
h=tf(num,den);
    [y,t]=step(h);
    err=1-y;
        plot(t,err)
```

仿真结果如图 5-29 和图 5-30 所示。

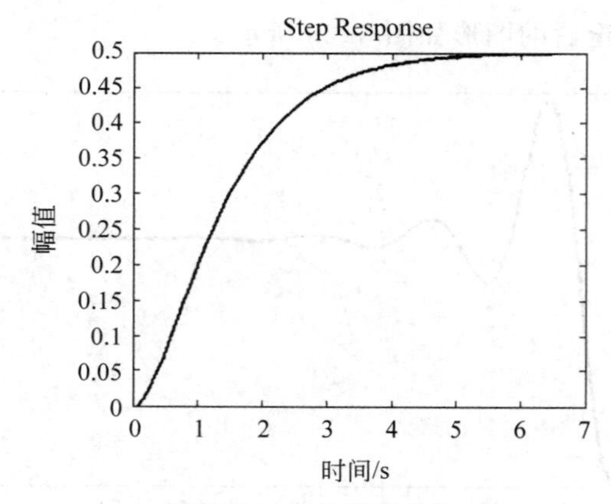

图 5-29 原始波形曲线

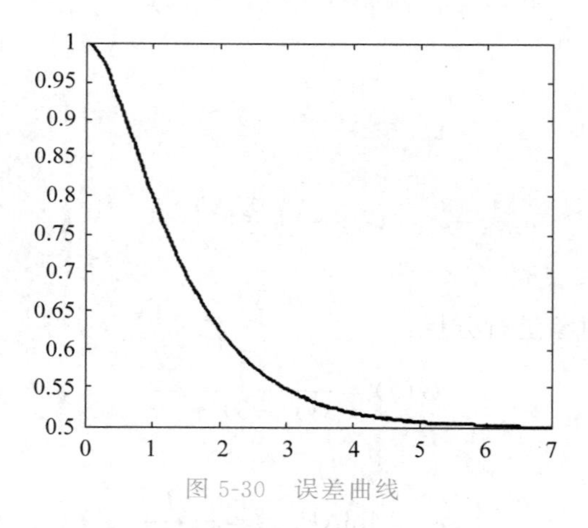

图 5-30 误差曲线

在 MATLAB 程序中输入以下代码。

```
%加入比例 P 控制
clear all;
num1=[0 0 50];
den1=[1 3 2+50];
num2=[0 0 100];
den2=[1 3 2+100];
num3=[0 0 150];
den3=[1 3 2+150];
h1=tf(num1,den1);
h2=tf(num2,den2);
h3=tf(num3,den3);
```

```
step(h1,'r',h2,'b',h3,'g')
grid on
gtext('K=50');
gtext('K=100');
gtext('K=150');
title('比例环节 P');
xlabel('超调量');
ylabel('响应时间');
```

仿真结果如图 5-31 和图 5-32 所示。

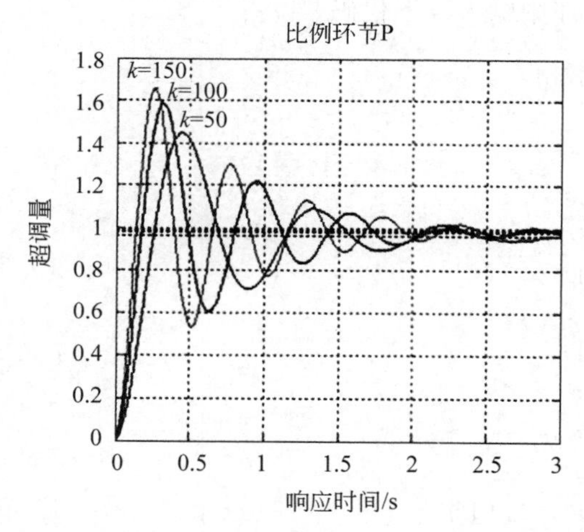

图 5-31 比例控制

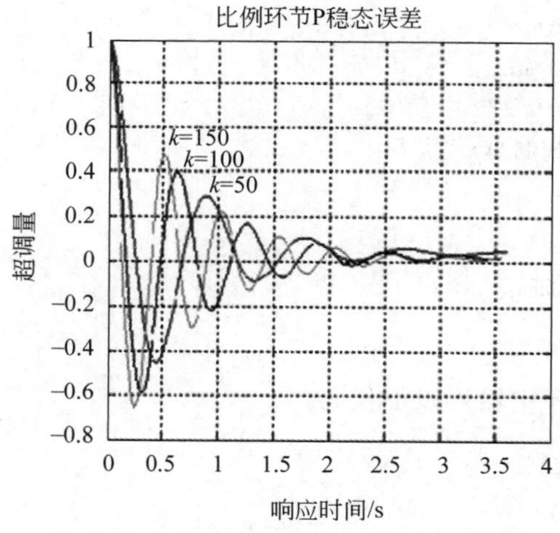

图 5-32 稳态误差

通过对仿真结果进行分析可知，对被控对象加入比例调节后，K_p 的值分别为50、100、150，对于原始传递函数，我们发现加入了比例环节后，系统的误差有了较大的改善，响应时间也变快，但系统变得不稳定，随着 K_p 值的增大，系统的响应时间加快，稳态误差也变得越来越小，但无法消除，超调量不断变大将导致系统变得不稳定。对于只有比例作用的控制，需要在保证系统稳定的前提下降低比例系数，假如系统误差无法达到要求，则需要考虑加入的调节方法。

2. 同一假设被控对象下的PI控制

在MATLAB中程序中输入以下代码。

```
%加入比例-微分 PI 控制
clear all;
num1=[0 50 10];
den1=[1 3 2+50 10];
num2=[0 50 20];
den2=[1 3 2+50 20];
num3=[0 50 30];
den3=[1 3 2+50 30];
h1=tf(num1,den1);
h2=tf(num2,den2);
h3=tf(num3,den3);
step(h1,'r',h2,'b',h3,'g')
axis([0 5 0 1.6])
grid on
gtext('Kp=50,Ti=10');
gtext('Kp=50,Ti=20');
gtext('Kp=50,Ti=30');
title('比例微分 PD 控制');
xlabel('响应时间');
ylabel('超调量');
```

显示结果如图5-33所示。

3. 同一假设被控对象下的PD控制

在MATLAB中程序中输入以下代码。

```
%加入比例-微分 PD 控制
clear all;
num1=[0 10 50];
```

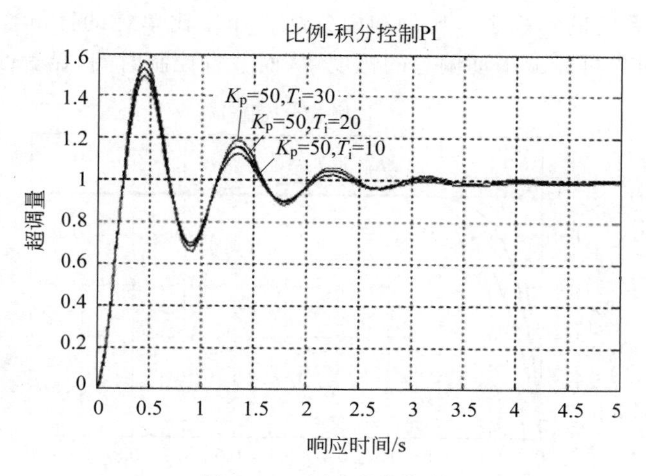

图 5-33　比例-积分控制

```
den1=[1 3+10 2+50];
num2=[0 20 50];
den2=[1 3+20 2+50];
num3=[0 30 50];
den3=[1 3+30 2+50];
h1=tf(num1,den1);
h2=tf(num2,den2);
h3=tf(num3,den3);
step(h1,'r',h2,'b',h3,'g')
axis([0 1 0 1.2])
grid on
gtext('Kp=50,Td=10');
gtext('Kp=50,Td=20');
gtext('Kp=50,Td=30');
title('比例微分 PD 控制');
xlabel('响应时间');
ylabel('超调量');
```

显示结果如图 5-34 所示。

从图 5-34 中可以看出，研究微分作用，我们将引入的 K_p 值固定，改变微分参数 T_d，随着 T_d 的不断增大，系统的响应时间变快，调整时间也变短，超调变小，但系统的误差并不为 0，由于在实际操作中纯微分的调整并不可能实现，一般在对其加入比例环节和积分环节中，微分效果还会对噪声具有放大的作用，因此噪声大的系统并不建议加入微分环节,否则容易导致系统的不稳定。比例和微分结合作用比单纯的比例作用更快。尤其是对容量滞后大的对象可以减小动偏差的幅度,从而节省控制时间,显著改善控制质量。

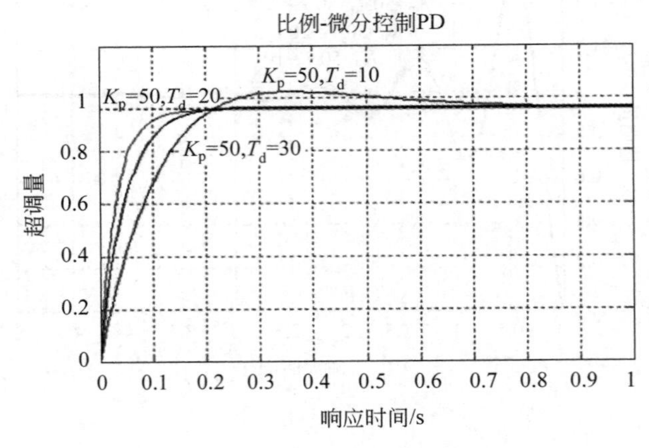

图5-34 比例-微分控制

5.6.2 Ziegler-Nichols整定法的仿真与分析

1. 已知受控对象传递函数的仿真

已知受控对象传递函数为

$$G(s)=\frac{K}{Ts+1}e^{-Ls}$$

已知受控对象为一个带延迟的惯性环节,其传递函数为

$$G(s)=\frac{2}{30s+1}e^{-10s}$$

分析:由该系统传递函数可知$K=2,T=30,L=10$。可采用Ziegler-Nichols经验整定公式中的阶跃响应整定法。计算P、PI、PID控制器参数和绘制阶跃响应曲线的MATLAB程序如下。

```
K=2;T=30;L=10;
    s=tf('s');
    Gz=K/(T*s+1);
    [np,dp]=pade(L,2);
    Gy=tf(np,dp);
    G=Gz*Gy;
    PKp=T/(K*L)                    %阶跃响应整定法计算并显示P控制器
```

```
step(feedback(PKp * G,1)),hold on
PIKp=0.9 * T/(K * L);    %阶跃响应整定法计算并显示 PI 控制器
PITi=3.33 * L;
PIGc=PIKp * (1+1/(PITi * s))
step(feedback(PIGc * G,1)),hold on
PIDKp=1.2 * T/(K * L);   %阶跃响应整定法计算并显示 PID 控制器
PIDTi=2 * L;
PIDTd=0.5 * L;
PIDGc=PIDKp * (1+1/(PIDTi * s)+PIDTd * s/((PIDTd/10) * s+1))
step(feedback(PIDGc * G,1)),hold on
[PIDKp,PIDTi,PIDTd]   %显示 PID 控制器的 3 个参数 Kp、Ti、Td
gtext('P');
gtext('PI');
gtext('PID');
```

上述程序运行后得到的 P、PI、PID 控制器分别是 PK_p、PIG_c、$PIDG_c$，即

$$PK_p = 1.5$$

$$PIG_c = \frac{44.95s + 1.35}{33.3s}$$

$$PIDG_c = \frac{198s^2 + 36.9s + 1.8}{10s^2 + 20s}$$

式中，PID 控制器的参数为 $K_p = 1.8$，$T_i = 20$，$T_d = 5.0$，PID 控制器的直观表达式为

$$G_c(s) = 1.8\left(1 + \frac{1}{20s} + \frac{5s}{0.5s + 1}\right)$$

在 P、PI、PID 控制器的作用下，分别对应的阶跃响应曲线如图 5-35 所示。

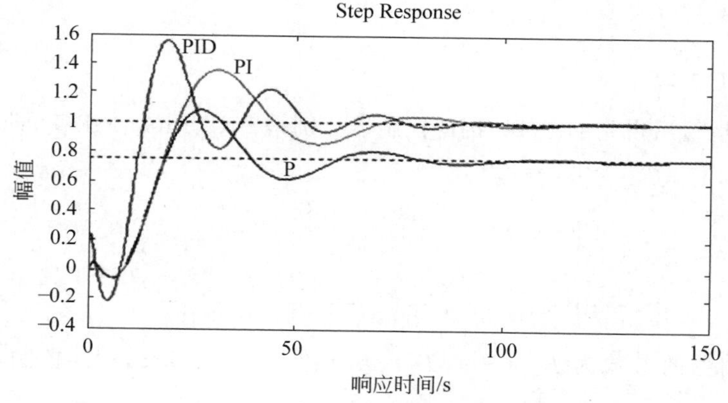

图 5-35　阶跃响应整定法设计的 P、PI、PID 控制阶跃响应曲线

2. 已知受控对象频域响应参数

已知受控对象为一个四阶的传递函数 $G(s)=\dfrac{1}{(0.1s+1)^4}$。

该受控对象的传递函数不是带延迟的一阶惯性环节，根据表 3-3 中的 Ziegler-Nichols 经验整定公式，可采用频域响应整定 P、PI、PID 控制器的参数。利用 MATLAB 提供的 margin()函数计算受控对象的频域响应参数(增益裕量 K_c、剪切频率 ω_c，$T_c=2\pi/\omega c$)，然后利用表 3-2 计算 P、PI、PID 控制器的相应参数，并分别绘制受控对象串联 P、PI、PID 控制器后的阶跃响应曲线，其 MATLAB 程序如下。

```
s=tf('s');
    G=1/((0.1*s+1)^4);
    [Kc,Pm,Wc]=margin(G);
    Tc=2*pi/Wc;
    PKp=0.5*Kc
    step(feedback(PKp*G,1)),hold on
    PIKp=0.455*Kc;
    PITi=0.833*Tc;
    PIGc=PIKp*(1+1/(PITi*s))
    step(feedback(PIGc*G,1)),hold on
    PIDKp=0.6*Kc;
    PIDTi=0.5*Tc;
    PIDTd=0.125*Tc;
    PIDGc=PIDKp*(1+1/(PIDTi*s)+PIDTd*s/((PIDTd/10)*s+1))
    step(feedback(PIDGc*G,1)),hold on
    [PIDKp,PIDTi,PIDTd]
    gtext('P');
    gtext('PI');
    gtext('PID');
```

上述程序运行后得到的 P、PI、PID 控制器分别是 PK_p、PIG_c、$PIDG_c$，即

$$PK_p = 2.0$$

$$PIG_c(s) = \frac{0.9526s + 1.82}{0.5234s}$$

$$PIDG_c(s) = \frac{0.06514s^2 + 0.7728s + 2.4}{0.002467s^2 + 0.3142s}$$

式中，PID 控制器的参数为 $K_p=2.4$，$T_i=0.3142$，$T_d=0.0785$，PID 控制器的直观表达式为

$$G_c(s)=2.4\left(1+\frac{1}{0.3142s}+\frac{0.0785s}{0.0785s+1}\right)$$

在 P、PI、PID 控制器的作用下，分别对应的阶跃响应曲线如图 5-36 所示。

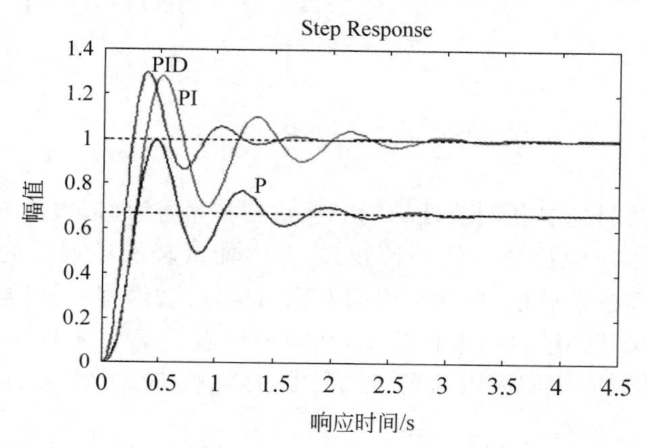

图 5-36 频率响应整定法设计的 P、PI、PID 控制阶跃响应曲线

由图 5-35 可知，在 Ziegler-Nichols 整定公式下所设计的 P、PI、PID 控制器，在其阶跃响应曲线中，P 和 PI 这两个的响应速度是差不多相同的，因为两者求出的 K_p 不同，且它们的终值不同，PI 比 P 的调节所需的时间短一些，PID 控制器的调节时间最短，但它的超调量最大。

5.7 本章小结

本章研究的是数控加工中往返伺服运动精度补偿控制方法，重点研究控制方法中的传统 PID 控制——模拟 PID 控制，通过改变 PID 控制器的 3 个参数提高控制系统的精度，从而满足生产需要。

本书引入直流伺服电动机 S221D 作为例子，建立模型，得出其传递函数，然后加入 PID 控制，调整参数，观察系统的变化。主要采用调整方法是：试凑法和 Ziegler-Nichols 参数整定法，也是本文重点研究的内容。

现场试验废料耗时，仿真实验是设计过程的一种很好的处理手段。本设计采用了 MATLAB 对 PID 控制进行了仿真，给出了仿真源代码实例，通过演示形象直观地阐述了参数的作用；在控制方法中，重点介绍了 Ziegler- Nichols 整定法的仿真实验。

第6章 智能自动编程

智能自动编程是目前装备制造领域的一项重要技术，然而以往的CAD/CAM图形编程方式只是绘图技术向编程技术的一种转移，并不能减轻操作人员的工作强度和难度。本章从NC自动编程技术概述、自动编程的系统结构、自动编程系统的关键技术以及编程实例四个方面详细阐述NC自动编程技术，从而使读者了解和掌握自动编程涉及的一些概念知识和技术，然后将它们应用到实际生产中，达到解决生产难题、提高生产效率、降低生产成本的目的。

6.1 NC自动编程技术概述

6.1.1 自动编程简介

1. 自动编程的概念

自动编程(Automatic Programming，AP)是指将待加工的零件自动转换为加工设备能够执行的加工程序代码的过程。进一步讲，自动编程是一个形成加工代码的过程，需要借助计算机及其外部设备自动识别零件图中的各种加工零件，把零件分解为多个加工步骤，并控制执行机构运动的每一步，加工设备编制上述工作内容的方法就是自动编程。自动编程通常包含以下过程：首先将加工任务输入计算机，计算机识别被加工零件的几何图形，并把加工的几何图形分解为加工设备能够独立实施加工的加工工步；计算机按照有关工艺过程形成机内零件的几何数据与拓扑数据；进一步进行加工工艺处理，确定加工方法、加工方案和工艺参数；按照数学函数计算刀具的运动轨迹，并将其离散为一系列的刀位数据；根据每个刀位数据、加工方法、加工方案和工艺参数等转换成数控系统所要求的各种指令格式，通过程序进行后处理，生成最终加工所需的NC加工程序代码；对NC指令集程序进行校验及修改；通过各类通信接口将计算机内的NC指令转换为控制系统的加工运动，实现加工的目的。

2. 自动编程的发展过程

随着科学技术的发展，广泛使用在制造行业中的数控装备也得到了大幅技术提升，数控加工设备在制造业的应用日趋广泛，这使得人们对数控加工能力有了新的要求，即要求加工方法具有一定的先进性和智能性，能够解决现实生产加工中复杂度高、效率低等问题。计算机技术被引入生产制造中，为数控装备的加工制造带来了新的发展，其强大的数值计算功能和完善的图形处理能力都为实现数控编程的高效化、智能化提供了强大的技术支撑。数控设备如何有效地表达、高效地输入加工零件的信息，实现数控编程的自动化，以及如何把加工任务转换为数控加工代码已成为数控加工中亟待解决的问题。数控自动编程技术及其产品在强大的市场需求驱动下和激烈竞争中得到了很大的发展，功能得到不断更新、增强与拓展，性能不断完善提高。在科技就是生产力的直接体现的情况下，数控自动编程已代替手工编程在数控设备的使用中发挥着越来越大的作用。

目前，制造加工逐步形成了以 CAD/CAM 图形交互式为主的自动编程应用，带来了数控技术发展的新趋势，它把 CAD 绘制的零件加工图形经计算机进行辨识和加工优化智能计算，并自动生成零部件加工程序，实现了 CAD 与 CAM 的系统集成。如今，CIMS 技术高速发展，于是又出现了 CAD/CAPP/CAM 集成的全自动编程方式，其编程方法日趋智能化，加工工艺参数不需要人工设置，可以直接从系统内的 CAPP 数据库中提取得到，推动了数控装备自动化的进一步发展。

3. 自动编程的种类

自从数控装备出现以来，一些发达的工业国家都在致力于自动编程技术的研究，特别是近些年计算机技术在工业制造中的广泛应用，自动编程技术越来越受到重视并成为一种可能。自动编程技术经过大力发展，现已出现了品种繁多、功能各异的商业编程产品。从编程交互方式的角度来看，自动编程系统可分为 3 种类型：数控语言编程系统、会话式编程系统、数控图形编程系统。

数控语言编程系统是指用数控语言编写加工零件程序的系统，它是目前研制最早、应用最广泛、功能最强、通用性最广、技术最成熟的自动编程系统。自动编程工具简称 APT，它是通过对工件、刀具、位置、几何形状等要素进行定义的一种类似英语的语言。操作时，把零件加工的 APT 语言程序输入计算机，经计算机的 APT 语言翻译系统产生刀具加工文件，接着进行数控加工的后处理，生成数控系统能执行的零件数控加工程序，此过程即为 APT 语言自动编程。

APT 语言编程的优点有：程序简洁，刀具控制精准，使数控编程从繁杂的堆积编码上升到面向几何元素的点、线、面的对象编程，提升了工作的重用性和继承性；简化了编程过程，解放了编程人员，替代编程人员完成烦琐的数值计算工作，节省了编制程序的工作量，编程效率得到了大幅提高，解决了手工编程中许多复杂零件的编制代码复制工作。APT 语言编程的缺点有：加工数据来自加工图纸，数据传递成为自动编程设计的一大阻碍；制造工艺需要工艺人员完成，对编程人员来说是一道技术门槛，使自动编程既困难又容易出错;APT编程系统对语言的理解能力也有一定的限制,APT语的言理解能力不可能定义得很大;目前,APT语言还没有设计出对零件形状、刀具运动轨迹的仿真显示和加工工具的干涉等方面的限制校验。这些缺点阻碍了APT的编程效率和产品质量的进一步提高。

会话式自动编程系统是在数控语言编程系统的基础上开发而成的,它克服了APT系统在使用上的一些缺陷,如日本的FAPT,除几何定义语句、刀具运动语句与APT语言编程基本相同之外,FAPT另外增加了可以进行会话的指令,这样不仅能够处理使用APT语言编程的源程序,而且还具有如下优点:中断功能,可以随时启动或暂停程序中的任意语句或语句组;实时的增、删、改功能,可以随时变更零件加工源程序,并对其进行删除、修改或插入等程序语句操作;能够实现程序的继承和调用,对于以前定义过的零件源程序,如直线或圆等源数据,在后续的编程中可以不再定义而直接调用;中间结果的随机打印功能,对应中间结果可以随时打印,如点、直线、圆的数据等,打印修改前的图形特征的加工零件源程序单等。会话式编程系统的缺点有:编程需要人的参与,在输入加工零件信息时需要将图纸数据进行转换,因此很容易产生人为错误。

数控图形编程系统是一种计算机辅助编程技术,它通过专用的计算机图形处理软件实现数控编程。这种图形处理软件是以机械制造的计算机辅助设计(CAD)软件为基础,利用类CAD软件的图形编辑功能,将加工零件的几何图形直接绘制到计算机上,形成加工零件的图形文件;接着调用数控编程模块,通过人机交互的方式在计算机屏幕上指定加工形状与部位,设置对应的加工工艺参数,数控图形编程系统便可以自动进行必要的数值计算并编制相应的数控加工程序,同时在计算机屏幕上动态显示刀具的加工轨迹。数控图形编程系统能够将本次程序与内容保存,并作为再次加工时的输入之用。

相较于前两种方法,数控图形编程系统很大程度地减少了人为错误,很大幅度地提高了编程效率和软件质量,所以该方法被认为是目前效率较高、编程最优的方法。另外,由于数控图形编程系统能够从加工零件图库生成数控加工指令集,故计算机辅助设计结果的图形可直接利用CAD系统的工件来源进行工件设计,然后由CAPP产生数控机加工的工序卡,进而可生成数控加工指令集。数控图形编程的优点有:编程速度快,控制精度高,过程直观,使用简便,便于查错等。因此,图形交互式自动编程方法已成为目前国内外CAD/CAM软件优先采用的数控编程方法。如日本FANUC公司在FAPT编程系统的基础上进一步开发了SFAPT系统,它被设计安装在生产现场和数控装置上,利用数控装置的计算机安装的图形数控编程软件的对话功能直接进行编程,因此也被称为图形人机对话编程系统。

6.1.2　自动编程的发展

1. 自动编程的诞生与发展

1952 年，美国的 Person 公司与麻省理工学院（MIT）合作研制出了的一台三坐标数控铣床，为了解决数控机床的编程问题，美国空军与麻省理工学院合作并于第二年研制出了 APT 系统，从此便开始了数控加工和数控编程的发展进程。20 世纪 60 年代，着眼于交互式绘图系统和 NC 编程语言的开发，美国麻省理工学院的 Sutherland 教授发表的《SKETCHPAD——人机会话系统》为计算机图形设计系统和 CAD/CAM 提供了理论基础。具有多坐标立体曲面自动编程的 APTIH 的问世使数控编程从面向机床指令上升到面向几何元素的高层次编程。随后，APT 几经修改和充实，又出现了 APTIV（改进算法，增加了多坐标编程系统）、APT-AQ（增加了切削数据库管理系统）和 APT-SS（增加了雕塑曲面编程系统）等。世界各国以 APT 为基础开发了具有独自特色、专业性更强的 APT 衍生编程语言，如美国 MDSI 公司的 Compact。用 APT 语言进行数控编程具有程序简练、易于控制走刀等优点，但设计和编程之间只能通过图纸传递数据，图纸解释、工艺规划仍依靠工艺人员完成，不能对刀具轨迹进行验证，容易发生人为编程错误和造成重复工作。

20 世纪 70 年代，图形辅助数控编程（GNC）得到了迅速的发展和广泛的应用，推动了 CAD/CAM 向一体化方向的发展，并逐步形成了计算机集成制造系统（CIMS）的概念。GNC 是一种面向制造的技术，它完善了零件的几何显示、走刀模拟、交互修改等不足，例如 1972 年美国 Lochead 公司推出的 CADAM 系统就融入了最新的 GNC 技术。1975 年，法国的达索飞机公司对引进的 CADAM 系统进行了二次开发，成功研制了 CATIA 系统，使其能进行三维设计、分析和 NC 加工。20 世纪 80 年代初，该公司成功将 CATIA 应用于飞机吹风模型的设计和加工，使生产周期从 6 个月下降为 1 个月。20 世纪 80 年代，相继出现了将设计和 GNC 成功结合并工程化、商业化的 CAD/CAM 系统，如 I-DEAS、CADDS、UG 等，它们被广泛应用于航空航天、造船机械、电子、模具等行业。

2. 国内的自动编程技术

我国的数控加工及编程技术的研究起步较晚，始于航空工业的 PCL 数控加工自动编程系统 SKC-1。在此基础上，又发展了 SKC-2、SKC-3 和 CAM251 数控加工绘图语言，这些系统没有图形功能，并且均以 2 坐标和 2.5 坐标加工为主。我国从“七五”规划开始就有计划、有组织地研究和应用 CAD/CAM 技术，引进成套的 CAD/CAM 系统，首先应用在大型军工企业和航天航空领域，虽然这些软件功能强大，但价格昂贵，难以在我国推广普及。“八五”期间又引进了大量的 CAD/CAM 软件，如 EUCLID-15、UG、CADDS、IDEAS 等，并以这些软件为基础进行了一些二次开发工作，也取得了一些成功应用，但进展比较缓慢。

我国在引用CAD/CAM系统的同时，也开展了自行研制工作。20世纪80年代以后，我国首先在航空工业开始了集成化的数控编程系统的研究和开发工作，如西北工业大学成功研制了能进行曲面的3～5轴加工的PNU/GNC图形编程系统；北京航空航天大学与第二汽车制造厂合作完成了汽车模具、气道内复杂型腔模具的三轴加工软件，与331厂合作进行了发动机叶轮的加工；华中理工大学于1989年在微机上开发完成了适用于三维NC加工的软件HZAPT；中京公司和北京航空航天大学合作研制了唐龙CAD/CAM系统，以北京机床所为核心的JCS机床开发了CKT815车削CAD/CAM一体化系统等。

20世纪90年代后，为响应国家开发自主产权的CAD/CAM的号召，我国开始了自行研制CAD/CAM软件的工作，并取得了一些成果，如：由北京由清华大学和广东科龙(容声)集团联合研制的高华CAD，由北京北航海尔软件有限公司(原北京航空航天大学华正软件研究所)研制的CAXA电子图板和CAXAME制造工程师，由浙江大天电子信息工程有限公司开发的基于特征的参数化造型系统GSCAD98，由广州红地技术有限公司和北京航空航天大学联合开发的基于STEP标准的CAD/CAM系统“金银花”，由华中理工大学机械学院开发的具有自主版权的基于微机平台的CAD和图纸管理软件“开目CAD”，由南京航空航天大学自行研制开发的超人2000CAD/CAM系统等，其中一些系统已经接近世界水平。

虽然我国的数控技术已开展多年，并取得了一定的成效，但始终未取得较大的突破。从总体来看，先进的是点，落后的是面，我国的数控加工及数控编程与世界先进水平相比约有10～15年的差距，主要体现在以下几个方面：数控技术的硬件基础落后，CAD/CAM支撑的软件体系尚未形成，CAD/CAM软件的关键技术落后。

6.1.3 自动编程的未来

随着制造技术的发展，数控编程成为数控机床操作的一项基本内容，也是CAD/CAM技术在制造行业中最能体现其效益的一环，并在实现设计加工自动化、提高加精度和加工质量、缩短产品研制周期等方面发挥着重要作用。目前，关于自动编程的技术成果较多，应用范围比较广泛，有数控车床的自动化编程、磨削加工的自动化编程、材料制作自动化、特殊加工、机器人运动控制自动化等；也有很多学者在研究基于CAD/CAM软件的图形编程技术的数控编程方式，即数控图形编程。

这种针对数控车床的图形编程系统开发是基于FC类库的，并利用VC++进行开发，形成一个CAD/CAM集成一体化的数控车床图形编程系统[91-92]，主要有两大功能模块：图形绘制(CAD)和辅助加工(CAM)。为完成上述功能，图形处理系统根据数控车床加工零件的特征建立了零件的特征模型。用户通过图形系统的人机交互界面输入零件外形的特征,经过对数据的加工处理形成零件外形的参数化模型,接着和系统提供的图形样例进行比对,最终确定零件图形。之后,用户根据已绘制的图形交互式选择加工方式和加工路线,并进行相应的加工参数设置,然后由系统根据用户的参数设置自行计算出走刀轨迹,并进行轨迹动态仿真,最终输出数控车床的加工代码。

这种图形系统通过人机交互完成数控车床加工零件的设计信息和辅助加工,但对操作人员的技术水平要求较高,必须能够绘制图纸,但对生产效率的影响不大,甚至降低了生产效率,当然,高水平的操作人员进行生产也会提高成本。

这种开发方式为制造自动化、智能化提供了思路,它根据数控加工工艺的特点将加工分解为多个不同的工步,接着在开发的图形软件包的基础上实现各工步零件的外形描述。特殊的要求则通过人工方式对加工参数进行设定,完成刀具加工轨迹的自动生成、仿真显示以及代码编程,实现了从 CAD 到 CAM 的图形与编程的转换。

随着"中国制造 2025"的提出,CAD/CAM 技术将会成为我国发展制造业的核心。目前,国内外的 CAM 软件众多,而且大多核心技术都掌握在国外公司的手中。把握 CAM 技术的关键一环将有利于掌握技术主动权。自动编程的总体发展趋势总结如下。

(1) 可集成及易用性。自动编程技术应用并服务于制造业,因此自动编程软件与数控系统的集成能够极大地提高产品的生产效率。自动编程软件的易用性能够降低工程人员的培训成本,更易于软件的推广和传播。

(2) 网络化。互联网的发展打破了技术应用的空间限制。自动编程的网络化使得软件能够一处开发、多处应用。网络化的自动编程具有与机器无关的跨平台特性,易于实现应用的移植、开放和共享。

(3) 标准化和模块化。当前的自动编程软件没有遵循共同的标准,使得工程人员在学习不同的自动编程软件时需要重新学习。标准化使得自动编程软件可以给工程人员提供相同的接口,只要掌握标准的规范,软件之间的切换将变得更加容易。通过模块化的形式,软件的接口能够被重复利用。

(4) 智能化。相比于目前自动编程软件的人工策略判断,智能化的自动编程能够在无人工干预的情况下自动形成较优的加工策略。智能化需要多技术的应用和整合,包括人工智能技术、大数据技术、机器视觉等。

6.2 自动编程系统结构

自动编程系统结构可以分为 4 大部分:人机接口技术子系统,智能计算中心(智能辨识、智能控制),知识库系统,接口通信与运动控制子系统。使用模块化的方法把整个系统进一步细分，系统可以被划分为不同的功能模块，各模块之间采用开放的程序接口和通信平台相连接，各功能模块通过传递参数或读取配置文件进行信息交换和功能集成，由此提高系统的可重构性。模块能够完成一项或多项功能，按一定次序进行组合就可以形成系统。一个系统的模块化设计需要考虑以下部分：

(1) 系统若干要素的组成设计；

(2) 系统各模块的功能设计；

(3) 系统各功能模块的逻辑关系；

(4) 系统的运行环境。

自动编程系统的模块化设计结构可以使用图的方式表示，如图 6-1 所示。

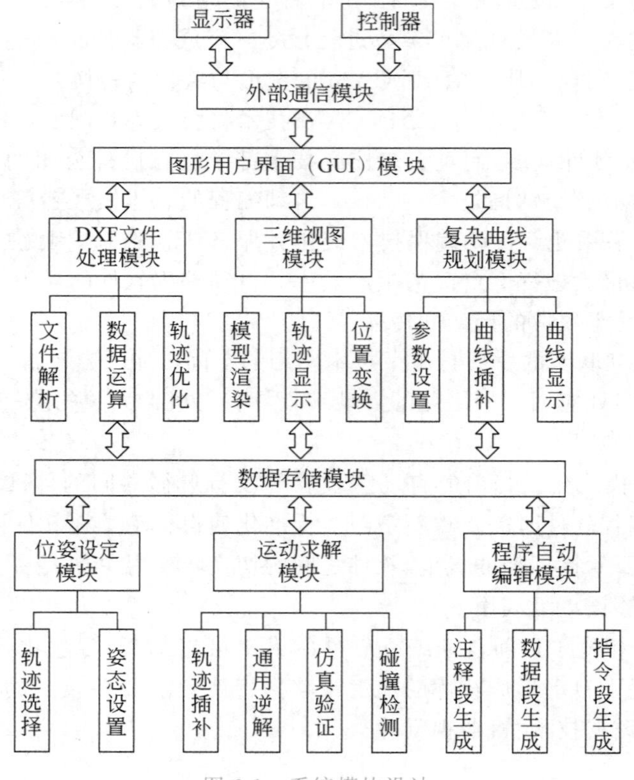

图 6-1　系统模块设计

因此设计如图 6-2 所示的系统框架。整个系统嵌入 UG 大环境，输入三维模型后进行自动特征识别。由于每种特征的加工工艺以及加工方法不同，因此制作工艺知识数据库用来存储各个加工特征的常用工艺。当识别出特征后，调用制作工艺知识数据库中的工艺知识进行自动编程，从而产生刀具路径。

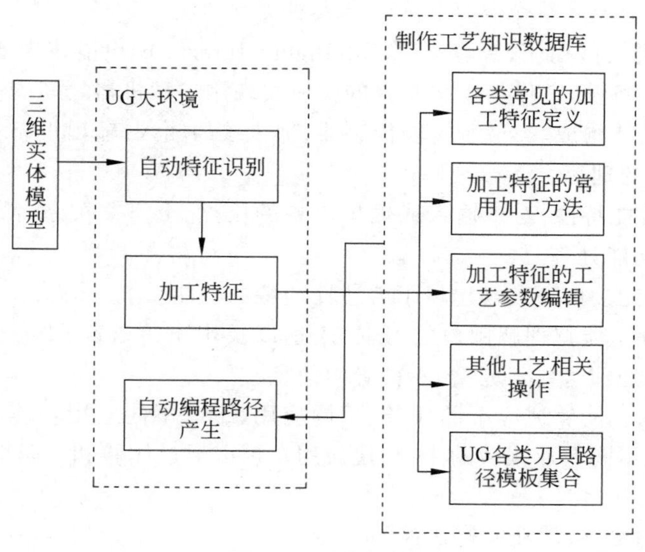

图 6-2　系统框架

6.2.1　人机接口系统

人机接口最重要的内容就是图形用户界面（GUI）的设计，GUI 设计就是实现各模块与用户之间的交互接口，在 Windows 平台上可以利用可视化软件 VC++ 结合其他图形开发平台进行开发，如 OpenGL、Python 等。一般 CNC 系统的人机交互模块包含任务分配模块、参数设置、仿真显示等功能。任务分配的内容是加工数据的输入和数据格式的转换，通过此接口进行批量数据或特殊图形等的输入以及确定人机交互的任务指派方式，最终形成一个其他系统能够接受的数据作业格式文件；参数设置包括基础数据的导入、工艺参数的设定、性能参数的选择等；仿真显示加工形体、运动曲线、数据曲线的二维或三维视图的灵活显示。

传统的人机交互技术（Human-Computer Interaction Techniques）就是计算机通过输入、输出设备与人实现对话的技术。人机交互技术包括人通过输入设备的信息输入，机器通过输出设备响应人的信息输出，或者机器给出提示信息、人回应机器输出的输入，这些都是人机交互的内容。这种请求与响应是否正确合理涉及对问题的理解和认知，类似于人和人之间的交流。为了丰富交流方式以及保证交流信息的正确传递，于是产生了智能人机接口技术。

智能人机接口是为了扩展人机交流的方式以及传递正确的交流内容而发展起来的一种能力更强、像人与人之间交流交互的一种人机交互方法。

与传统的人机接口相比，智能接口（Intelligent Interface）更能体现如下优势：

(1) 交互实体特性，它作为中间媒介的实体实现用户和机器之间的信息传递。

(2) 由软硬实体构成，类似于智能传感器，把传统的输入/输出设备扩展到对语音、图形图像、运动姿态的理解。

(3) 突出的智能特性，对于输入或输出出现的错误、上下文关系等能做出容错、关联解释等类专家的功能处理。

不仅如此，智能接口还表现出以下普适性的特征功能。

(1) 用户友好。能够理解用户的习惯、表达以及用户的语言、语态、语调或语法方面的特征，并能自行处理这些不完整、不精确的信息。

(2) 适应性强。能够适应不同任务、不同应用领域、不同应用环境。此外，还应适合于不同知识水平、不同专业领域的用户，使新用户可以通过体验和自明性方便地进行交流使用。

(3) 实时性的要求，即能执行快速的会话。

为此，对应智能制造的接口在上述内容的要求下，需要考虑以下几个方面的接口智能化。

(1) 多方式的智能交互方式。由于现代制造的复杂性，因此可以通过语音、图形或手势的方式进行任务指派和分配，降低键盘输入的低效率。

(2) 引入智能传感器。通过多种灵活的软硬件设计，利用触摸屏等传感器和人的手势结合，通过点击、拖动、划画等动作进行复杂的输入。

(3) 增加交互智能算法。把上述姿态动作算法、语音输入算法、图形图像输入算法引入智能制造，使复杂的工作任务简化。

6.2.2 智能计算中心

智能计算中心的功能是接收指派的任务并解释任务，把总任务分解为多个单个任务，单个任务是数控设备能够一次完成的独立任务单元；按照加工工艺要求合理安排每个加工任务，确定每个加工任务的加工数据、工艺数据和质量数据等内容。因此，智能中心必须完成两大任务：加工特征辨识、智能加工与计算。

基于特征识别的自动编程系统需要满足整体产品零件加工特征的特征识别功能，以及对识别出的加工特征的自动编程功能，因此特征识别的输入为标准的加工零件实体模型信息。输出为识别出的各个加工特征；自动编程模块的输入为特征识别模块识别出的各种零件加工特征，输出为各个特征零件的加工工序方案以及刀具的路径集合。

在特征识别过程中，计算机需要通过任务文件数据信息的导入获得加工零件实体模型的建模信息，而在自动编程过程中，计算机需要对各个特征零件进行自动编程，因此将自动编程系统形成的程序文件送入 CNC 系统，CNC 系统提供了多种开发接口，方便加工信息和文件的通信与传递，也方便调用 CNC 系统加工相关的函数，易于实现自动编程。

1. 图形特征辨识

图形特征辨识主要工作是从输入到计算机的加工信息中获取加工对象的方法。在进行实体模型的特征识别过程中，主要步骤分为实体模型的信息提取、实体模型的信息处理以及特征信息识别。首先，实体模型的信息提取过程会将实体模型的几何和拓扑信息提取出来，其决定了特征识别效果的好坏。其次，实体模型的信息处理部分为特征识别过程提供了基础工具。最后，特征信息的识别算法的好坏以及优劣决定了识别的效率及准确度。

加工形体的信息表达。制造加工形体的信息表示方法是图形特征辨识的重要基础，通常有两种方式：实体几何法（Constructive Solid Geometry，CSG）、边界表示法（Boundary-Representation，B-Rep）。CSG 使用简单的几何单元描述加工形体，如方体、柱体、锥体、球体等，形体进行布尔运算，以树的数据结构方式存储信息。在进行形体修改时，这种方式将会产生较为复杂的计算量，因此现在大多 CAD/CAM 软件都采用 B-Rep 作为其加工形体的表达方式。

B-Rep 是以加工形体的边界作为基础定义描述几何体的方法，其思路为：一个加工形体通常由多个面（Face）的并集构成，而每个面又分为表面（Surface）和边界环（Loop）两部分，边界环由多个边（Edge）相连接，边由顶点（Vertex）构成。加工形体使用两种信息表达：几何信息表达与拓扑信息表达，以顶点、线、边与面等要素及其逻辑关系形成一一对应的拓扑信息，以位置、坐标、曲线方程等构成几何信息。B-Rep 的主要优点为描述精确、无二义性，并可以快速绘制出实物形体，目前大部分 CAD/CAM 系统都采用 B-Rep 模型的表达方法表示零件。在该表达方法的基础上进行基于图的特征识别，首先获取零件的 B-Rep 数据结构，再通过该拓扑信息构建零件的属性邻接图。

图的特征识别算法。通经前面对加工零件的特征种类分析以及对实体模型存储表达的研究，可获得加工形体的基本表达以及识别的特征种类信息。但从 B-Rep 结构树中直接识别出加工特征较为困难，因此结合特征识别技术，以 B-Rep 结构为基础，采用基于图的特征识别方法进行加工形体的识别。

基于图的特征识别算法主要以加工形体的属性邻接图是否包含特征子图为思想，是以此展开的特征识别的方法。但由于特征子图的匹配是 NP 完全问题，非常复杂且耗时，故研究者展开的算法策略在于子图匹配的效率优化，或是将加工形体的属性邻接图分解为特征子图。依照前面的介绍，本书采用子图匹配的算法，在原有属性邻接矩阵上进行扩

展,使得属性邻接矩阵具有更丰富的表达意义,并对应扩展的属性邻接矩阵设定相应的匹配算法,其主要流程是:

(1) 提取零件的 B-Rep 信息;

(2) 根据零件的 B-Rep 信息构建零件的属性邻接图(AAG);

(3) 建立与属性邻接图(AAG)对应的扩展属性邻接矩阵;

(4) 搜索模型的扩展属性邻接矩阵,将其与事先建立好的子特征矩阵库进行匹配,识别并输出特征。

特征识别流程如图 6-3 所示。

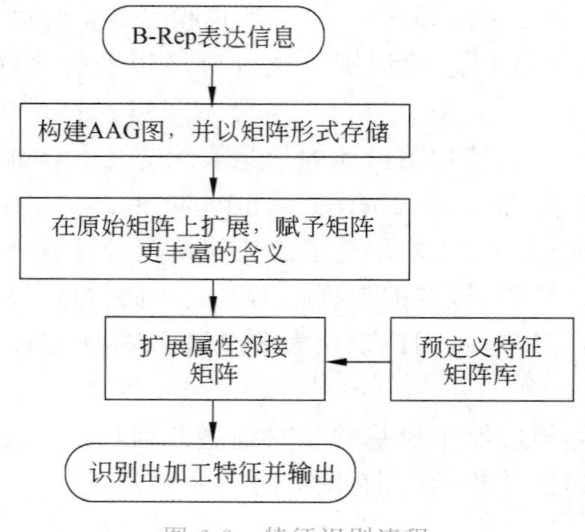

图 6-3 特征识别流程

(1) 构建属性邻接图。属性邻接图(Attributed Adjacency Graph, AAG)是将加工零件抽象成为面与边的模型表达方式,其主要以面、边以及边的凹凸性等阐述模型各个面的逻辑关系。属性邻接图 G 的定义为:

$$G=\{V,E\}$$

式中,V 为属性邻接图中的顶点,代表加工形体的面,与加工形体中的每个面相对应;E 为零件两面相交而构成的边,与零件中两面相交的边一一对应。

属性邻接图可以很好地表达零件的结构和层次,创建一个属性邻接图通常需要经过这几步:根据 B-Rep 信息获取加工形体的面以及与面相邻的边,求该边的凹凸性,从而逐步构建出整个属性邻接图,流程如图 6-4 所示。

(2) 特征识别。建立零件的扩展属性邻接图后,特征识别过程就是特征子图匹配的过程。因此,需要首先建立各个特征的子邻接矩阵。在整个加工零件中,首先建立数据表,保存各个子邻接矩阵。

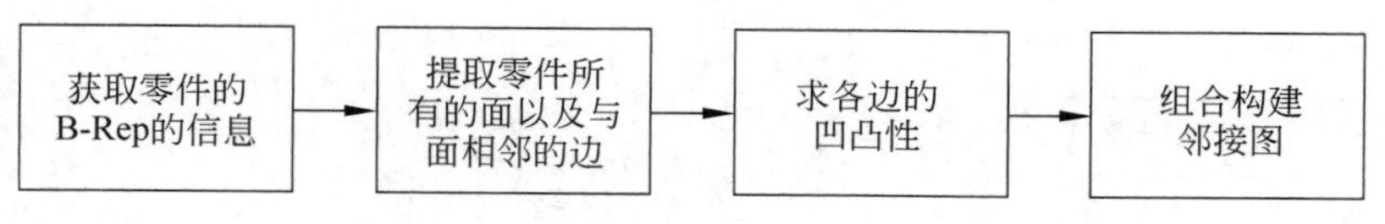

图 6-4 属性邻接图构造流程

(3) 子属性邻接矩阵的提取。在扩展的属性邻接矩阵中已经包含加工特征制造信息,但无法直接获取,因此需要在扩展的属性邻接矩阵中提取出子属性邻接矩阵,用于特征识别。

(4) 图的同构求解。特征子图匹配的过程存在图论中的图同构问题。图同构问题是指具有相同定点和边的两幅图之间存在一定的映射关系。

在进行特征识别时,实际上是判断提取出的子属性邻接矩阵是否与特征的扩展属性邻接矩阵同构。在判断两图是否同构时,可采取如下回溯思想:若两图同构,分别删去一一对应的顶点以及与顶点相同的边,则删除后的子图也必然同构。

2. 智能优化

(1) 加工方案的确定。这部分主要介绍加工任务的加工零件各类型特征的加工工序,根据其特征的形状、位置以及加工参数要求特点划分出加工任务不同的加工阶段,以完成其工序路线的制定,并基于特征识别的结果完成从加工特征到加工工序的映射。确定自动编程模板建立的流程,通过 CAM 编制自动编程模板,实现编程的自动化。

加工方案包含加工过程中采用的加工路线、加工方法以及参数设定。加工方案的规划定制过程是产品生命周期流程中的关键步骤,加工方案路线直接影响到产品的精度、表面粗糙度以及产品质量。一般而言,加工方案规划如图 6-5 所示。

(2) 加工任务的划分。任务的加工零件的整体加工流程如下:规整后的原料或毛坯首先装夹至数控机床中,根据每道工序的不同内容以及不同的加工材料选择不同的加工方法。加工材料通常有型材加工和板材加工,型材加工的多数加工方法为车、削、刨、磨、钻等,而板材的加工方法多数为剪切、冲孔、压印、雕刻、钻孔、卷边、打印等处理方式。对于型材,通常需要做一些前序的处理,即根据零件外面的特征进行粗加工、半精加工和精加工等,对于端面的特征加工,又分为钻孔和精加工两种。粗加工是指将毛坯铣削或钻削,去除切削体,使特征形成相应的基本轮廓形状。半精加工、精加工在粗加工的基础上进一步铣削,保证整体零件的加工精度。本书主要介绍一次装夹定位,它是能够完成数十种加工的方案制作的过程,也是现代数控装备制造的特征。

(3) 设定工件坐标系。设定数控加工统一的定位基准是生产产品和保证产品质量的基础。数控加工中的加工坐标系指任务加工形体中的模型方位、姿态以及刀位点 x、y、

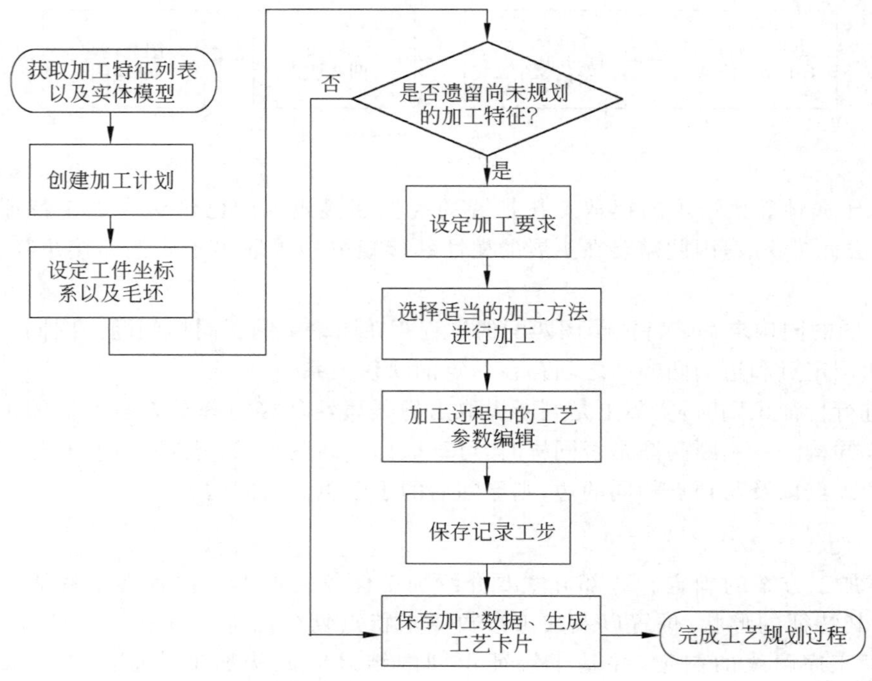

图 6-5 工序规划流程

z、i、j、k 所参考的坐标系，工件坐标系的零点位置直接决定了后续的编程。基于特征的工件坐标系选取可分为三种：第一种为根据加工形体上的特征位置直接获取零点的几何信息，并根据该点计算出各轴的方位，并将其设定在特征上；第二种为直接读取零件的建模坐标系，将建模坐标系设定为工件坐标系；第三种为设定工件坐标系偏移到零件上某个点的位置。加工坐标系的设定如图 6-6 所示。

(4) 加工路线的确定。现代数控装备加工编程多为自动编程，自动编程主要依托于 CAD/CAM 软件，可以手动选择相关参数，由计算机计算各个刀位点以及刀轴矢量，从而产生刀具路径。本书将介绍常用的编程方法，可以使用任何编程工具编制自动编程程序，并产生数控可识别的 G 代码格式文件，然后通过数控接口直接提供给数控加工使用。目前大多基于 UG 开发数控自动编程软件。

一般情况下需要把所有机加功能的数控操作都编制成机加代码，这种机加操作是基本的原子类操作。把这些基本的原子操作都编写出来，形成程序的“类”，从而在后续加工中调用。

下面选取常用的平面铣、型腔铣、固定轴轮廓铣、可变轴轮廓铣以及钻孔操作进行

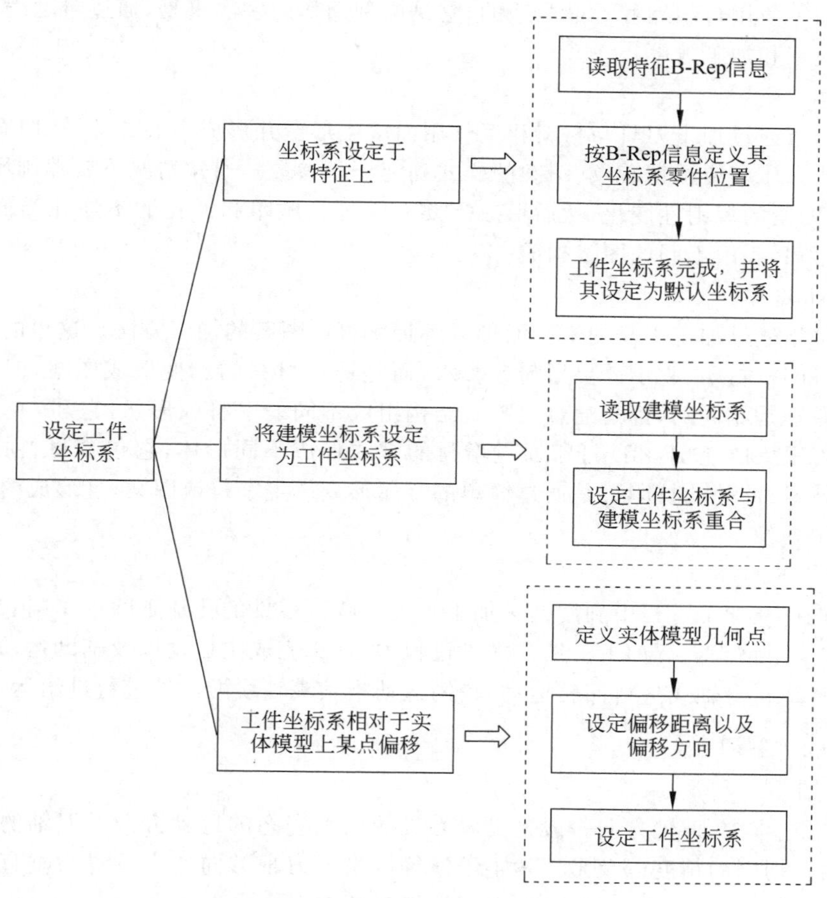

图 6-6　加工坐标系的设定

说明。

1）剪切

剪切是板材类机加中最常用的加工方式，指通过剪刀或锯子把材料分开的过程。加工通常要制定起止位置，一般来说是直线剪切，在剪切长度不是剪切标准步长的整数倍时还要调整进刀量。具体精度要根据材料属性调整刀具的运行速度。

2）冲孔

冲孔是指通过刀具的冲击力形成材料形变，形变可以是通孔、不通孔、鱼鳞孔等形状，具体形状应根据设计要求选择对应的刀具、材料以及操作。现代制造加工中这类加工非常普遍，像设备散热机箱的处理、大型设备覆盖件的处理等都需要这类加工。

冲孔加工使用自动编程是最合适的，它是同种动作的多次重复，通过自动编程大幅提高了编程效率和加工效率。

3）压印

压印是指通过加工刀具与材料相互作用而产生形变并形成需要的花纹、图案、标识等的加工方法。压印要根据花纹、图案的样式确定压印参数。通常情况下要编制压印程序，形成图形、图案的规则性变化，然后形成需要的纹理。压印和冲孔的不通孔类似，不同的是，压印的刀具头由不同的图案构成。

4）打印

打印是指通过加工工具的击打而形成各种字符或图案的加工方法。这里的打印不同于常见的打印机打印，它不需要墨粉或墨水，而是通过材料的形变形成图案，但形成字符或图案的原理是相同的，都是通过点阵式结构组成不同的字符或形状，它和 3D 打印制造技术也有着很大的差别：3D 打印通过增材的方式形成不同形体，它包含材料技术、图形图像处理技术；此处的打印只是通过简单的金属形变产生字符或图案，且形成的字符或图案属于二维图像。

5）钻孔

钻孔是指在加工过程中利用钻头加工孔类形状。零件的孔加工除了车削、镗、铣削等以外，多数采用钻头进行加工。钻孔加工过程中，钻头完成主运动以及辅助运动。主运动指钻头本身绕自身轴线进行回转运动，辅助运动指钻头轴线沿工件进行进给运动。

3. 智能控制因素

1）刀轴

在加工过程中，刀轴方向一般是沿着刀具的切削姿态的运动方向。刀轴的运动控制应考虑受力、切削的精度以及是否发生干涉等因素。刀轴方向通常设置为垂直于零件表面、相对于零件表面、垂直于驱动表面、相对于驱动表面等。

2）驱动方式

驱动方式主要考虑驱动几何和零件几何这两个因素。对于车削加工，从驱动几何上产生驱动点，并将各个点位沿投影矢量投影至零件的几何表面，从而产生各个刀位点。驱动方法是驱动几何体的前提，主要包含曲线点、螺旋式、边界、曲面、流线、刀轨、径向切削、外形轮廓铣等。对于压力机而言，驱动方式图形相对简单，X、Y 轴合成驱动用于加工点定位。

3）切削深度

切削深度应根据工件的加工余量、形状、机床功率、刚性及刀具的刚性确定。当切削深度过小时，会切削到工件表面的硬化层，从而造成刮擦，缩短刀具寿命。当工件表面具有较硬的氧化层时，在机床功率允许的范围内应选择尽可能大的切削深度，以避免刀尖只切削工件的表面硬化层，造成刀尖的快速磨损甚至破损。在实际加工过程中，应设置合理的切削深度，以提高切削的质量和效率。

通常而言，在刚度允许的条件下，应尽可能使吃刀量等于工件的加工余量，这样可以减少走刀次数。

4）切削速度

切削速度也是切削加工的重要指标，切削速度对刀具寿命有着非常大的影响。当切削速度提高时，切削温度就会上升，会使刀具寿命大幅缩短。加工不同种类、硬度的工件时，切削速度应有相应的变化。

5）进给量

进给量也是切削加工的重要指标，它决定着加工表面的质量，同时也控制着加工时切屑形成的范围和厚度。进给量过小，刀面磨损大，刀具寿命降幅快；进给量过大，切削温度高，刀面磨损增大。因此，选择合适的进给量非常重要。

通过对各个工艺参数的讨论，得知各个工艺参数一般应根据刀具选定，因此可以建立一个刀具和工艺参数的映射表，根据要求进行选用。

6.2.3　数据与知识库系统

（1）建立知识库。通过上述对任务零件形体工序的分析可知，为了实现自动编程，便于编程时数据的调用以及查看，常用制造知识库的方式存储操作必需的数据。下面介绍利用数据库的存储方式将常用的制造参数等知识建立成制造知识库的方法。知识库包括很多内容，如图形特征知识库、工序参数知识库、程序命令知识库、知识推理知识库等。其中，工序参数知识库主要包含以下模块：

① 整个任务加工零件常见的加工特征；

② 加工特征不同的工序操作以及工序参数初始值；

③ 各类工序参数之间的制约关系；

④ 各类加工操作的模板。

在本书中，工序参数知识库包含上述内容，是整个自动编程流程中的关键步骤，其操作示意如图 6-7 所示。

（2）基于特征识别的工序推理。基于加工工序流程，需要将特征识别与各步加工操作指令相联系，从而实现编程自动化。根据前面讨论的工序操作，每种加工特征可能采用与其一致的加工方法，对此需要建立每个不同加工特征、不同加工步骤与其加工方法的映射关系。加工特征到加工方法的映射关系既可以是一对一的，也可是多对一的。本书使用的映射关系为一对一和多对一的组合，如图 6-8 所示。

建立映射关系之后，各个加工特征与它的加工步骤、加工方法的映射关系便形成了一个树形结构。设根节点为工序参数知识库，加工特征为工序知识库的孩子节点，加工步骤

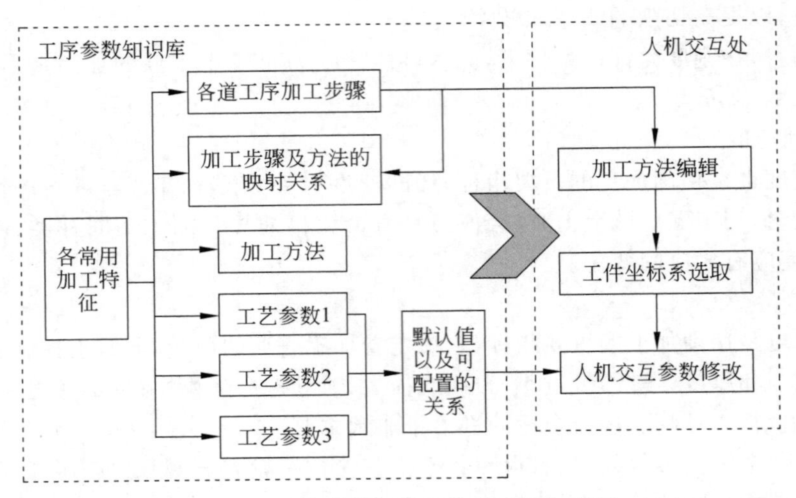

图 6-7　工序参数知识库的关键操作步骤

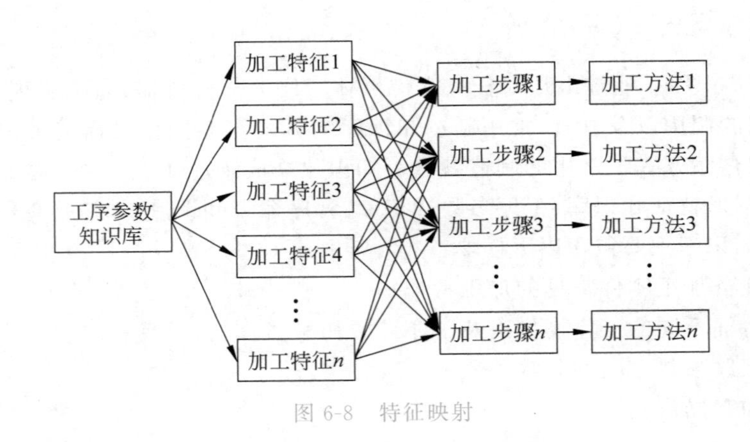

图 6-8　特征映射

为加工特征的孩子节点，加工方法为加工步骤的孩子节点，各个工序参数为其叶节点。对于工序参数知识库，首先需要考虑其树形结构的存储问题，其次应考虑查询方法。

接下来应考虑使用数据库进行工序参数知识库的实现问题，可以采用 Oracle、MySQL 等成熟的数据库系统实现知识数据的存储，根据数据关系的树形结构特点，采用数据库系统中的 Closure Table 进行树形结构的存储和查找。Closure Table 的优势在于查询其各个关系的效率高，其主要方法如下。

(1) 创建表 FeatureKnowledge，用于存储数据信息。数据序号为 Fid，各类的名称设定为 Fname，各类的数据设定为 FData。

```
CREATE TABLE FeatureKnowledge (
    Fid INT,
Fname VARCHAR(100),
FData VARCHAR(100)
)
```

创建的表 FeatureKnowledge 实体如表 6-1 所示。

表 6-1　FeatureKnowledge 表

Eid	Ename	Data
1	特征名	侧面平行 U 形槽
2	特征名	垂直于母线的开口
3	加工方法	粗加工
4	加工方法	半精加工
5	加工操作	PXUXC1_CU1
6	加工操作	PXUXC1_CMJ1
⋮	⋮	⋮
15	加工操作	ZXKK_C1

(2) 创建表 Relations，用于存储数据之间的关系，其中，RootID 用于表示其根节点，Depth 表示其深度，IsLeaf 表示其是否是叶节点，NodeID 表示其 FeatureID。

```
CREATE TABLE Relations(
RootID INT,
Depth INT,
IsLeaf TINYINT(1),
NodeID INT
)
```

表 Relations 的实体展示如表 6-2 所示。因篇幅有限，表中只宏观概括其内容。

表 6-2　Relations 表

RootID	Depth	IsLeaf	NodeID
所有根节点为 1 的	与 1 的差值	是否为叶节点	1,2,3,…,15
所有根节点为 2 的	与 2 的差值	是否为叶节点	4,5,6,10,11,12

续表

RootID	Depth	IsLeaf	NodeID
所有根节点为 3 的	与 3 的差值	是否为叶节点	7,8,9,13,14,15
⋮	⋮	⋮	⋮
所有根节点为 15 的	与 15 的差值	是否为叶节点	15

通过此方法建立工序参数知识库，如读取钻孔加工的数据只需要查询 RootID 为精加工(1)且深度为 1 的叶节点。

6.2.4 自动编程技术

1. 自动编程模板

智能自动编程技术最终将产生可执行的数控程序代码，编程的正确与否直接决定了产品质量。因此，上述工序参数知识库仅仅是建立了加工操作的映射关系，即可由加工特征找到加工工序的加工方法，而加工方法的具体实现则需要按照自动编程模板转换成加工程序代码，才能实现真正的加工。

加工模板是一个通用的数控加工程序文件的架构，包含程序的结构组成，如程序资源的引用、变量定义、程序体、函数、执行命令等内容。对于一个任务加工零件，其特征形状类似的加工大多只是特征尺寸及位置不同而已，在程序模板中可以通过定义各种特征图形加工函数并传递不同的参数值(工序参数)实现。根据前面的介绍，同类型的加工特征的加工工序参数必须一致，因此可在加工工序的基础上建立自动编程模板，即可实现加工特征的自动编程。自动编程模板有不同的种类和实例、模板的存储以及调用方式，因此可以把自动编程模板的建立分为三步：首先通过工序流程进行加工模板的选取；确定模板后，进行加工模板的内容设计，主要包括工具库的设计和工序参数的设计；最后将工序模板进行保存，运行时调用执行即可。

自动编程模板的流程如图 6-9 所示。

(1) 确定编程模板。工序模板的选取必须以加工工序流程为基础。在加工工序流程中，应选取合适的方法和工序参数。由上述对加工方法的介绍可知，形状特征为圆孔的加工可选用钻孔，精度加工采用工具的可变运动控制实现。压印的形状特征加工及其质量实现均采用可变速压印的方式实现。开口加工可采用剪切及其复合的方式，如果剪切长度是其整数倍，则选用剪切次数为倍数，不规则的部分通过调整定位的运动控制方式实现，因此可选取钻孔、压印、剪切的加工工序模板进行自动编程。

(2) 模板设计。模板的内容设计主要包含加工图形特征的选取、工件位置(参考坐标

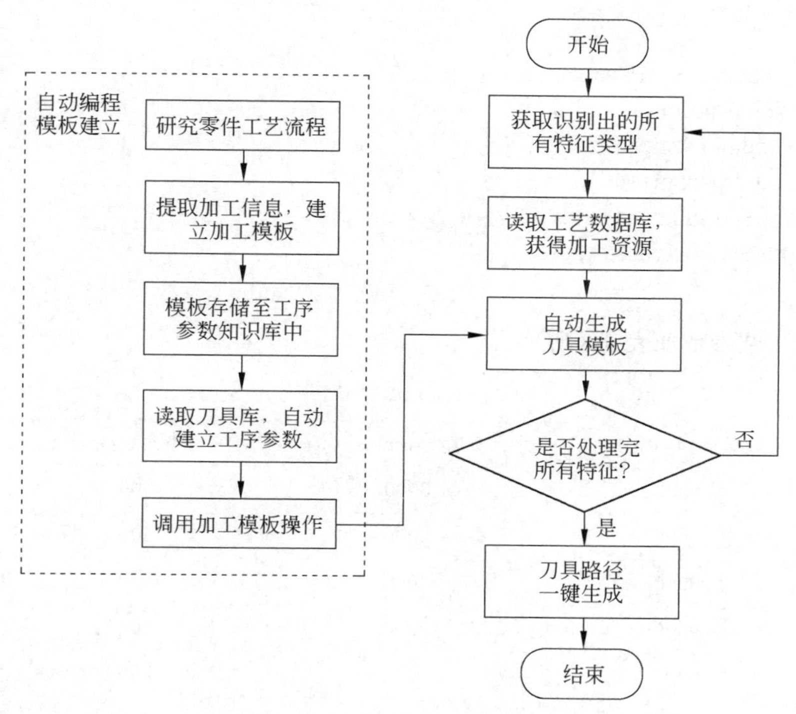

图 6-9 自动编程模板的流程

系）的设定、加工方法设计以及工序参数的编辑。基于特征识别的编程模板可将识别出的特征自动导入模板，并自动设置其工件坐标系。因此，自动编程模板主要是针对工序参数的设计。

2. 刀具库的设计

在加工模板中，同类模板可满足不同尺寸的加工特征，因此在模板中必须建立满足所有加工要求的刀具，设置所有刀具的直径、圆角、有效刀长、材质等变量，用于记录刀具的数据信息，方便在模板上的使用。数控设备产品通常对刀具进行了编号，以方便编程开发对刀具资源的使用。

3. 工序参数的设计

在选取模板后，不同加工步骤对于加工精度的要求不同，对应的加工工序参数也不同。一般通过对零件的质量要求和加工工序分析给出模板中的实际加工工序参数。

因此，在设计程序时，可以把每个特征图形的加工封装为一个函数，将刀具与各个工序参数设定为对应的形式参数并存储于数据库中，如创建剪切表函数 CuttingParameter

的代码如下。

```
CREATE TABLE CuttingParameter (
Tool VARCHAR(100),
SplindleSpeed VARCHAR(100),
FeedSpeed VARCHAR(100),
CuttingSpeed VARCHAR(100),
CuttingDepth VARCHAR(100)
)
```

创建的工艺参数如表 6-3 所示。

表 6-3 工艺参数

刀具名	主轴转速/($r \cdot min^{-1}$)	进刀速度/($mm \cdot min^{-1}$)	切削速度/($mm \cdot min^{-1}$)	切深/mm
D32	6000	3000	5000	0.4
D16	6500	3000	5000	0.4
D12	8000	3000	5000	0.4
D10	9000	3000	4000	0.4
D6	10000	2000	3500	0.3
D4	10000	1500	2500	0.2
D2	10000	1000	2000	0.12
…	…	…	…	…

通过设定的刀具尺寸可以直接找到相应的加工参数,并填入自动编程模板。

4. Visual C++ 可视化 CAM 模板

使用 Visual C++ 开发类 CAD/CAM 软件,即可通过西门子公司的数控系统进行接口研发。Visual C++ 用于数控编程模块的主要功能包括加工参数编辑功能、刀具路径生成功能、后置处理功能和刀具路径仿真功能等。

1) 加工参数编辑功能

在此模块中,通过人机交互的方式定义各加工方法的加工参数,主要包括几何体、加工方法、刀具、刀轴以及切削要素的编辑。根据不同的加工要求定义加工参数,从而达到不同的加工效果。

2) 刀具路径生成功能

在此模块中,根据加工方法以及加工参数,可以由系统的智能制造算法计算出刀具加工路径轨迹，并可视化地显示出来。

3）后置处理功能

在此模块中，由于不同数控设备需要相应可识别的 NC 代码，因此刀具路径的数据 x、y、z、i、j、k 需要转换为数控各轴的实际运动量。在此，Visual C++ 的 CAM 提供了图形化后置处理(GPM)，直接选择数控设备即可生成相应的 NC 文件，较为快速方便。

4）刀具路径仿真功能

此模块的主要作用为直观地显示刀具的路径，验证刀具路径产生的正确性，按实际切削过程在计算机中进行模拟，测试切削过程中是否存在干涉。该功能将实际加工过程可视化地模拟在计算机中，直观地体现加工过程，并尽可能地减少错误的发生。

基于 Visual C++ 开发的 CAM 软件系统的自动编程主要利用其加工参数编辑功能和刀具路径生成功能。对于自动模板的建立，也可以在 CAM 模块中通过自动编程模板技术实现。

基于 CAM 的模板示例如图 6-10 所示。

图 6-10　基于 CAM 的模板示例

6.2.5 接口通信与运动控制

本系统采用分布式控制技术以及主从式控制方式。主机采用普通微机，可配备打印机、绘图仪和扫描仪等辅助设备。从机采用西门子公司的 802Dsl 控制系统直接控制冲压设备。一台主机通过工业以太网 RJ-45 总线控制多台从机，可充分利用微机的强大功能进行图形输入、数控加工代码的输出、建立切割工序参数知识库等工作。主机完成图形处理，并在自动编程后将加工指令传递给从机，从机依次执行，完成加工过程。同时，从机根据主机的要求反馈为实时控制、自动跟踪及工序参数知识库的建立提供依据，以便于主机进行实时跟踪及显示相应的加工信息。整个结构如图 6-11 所示。

主机软件系统和分布式控制系统如图 6-12 所示。

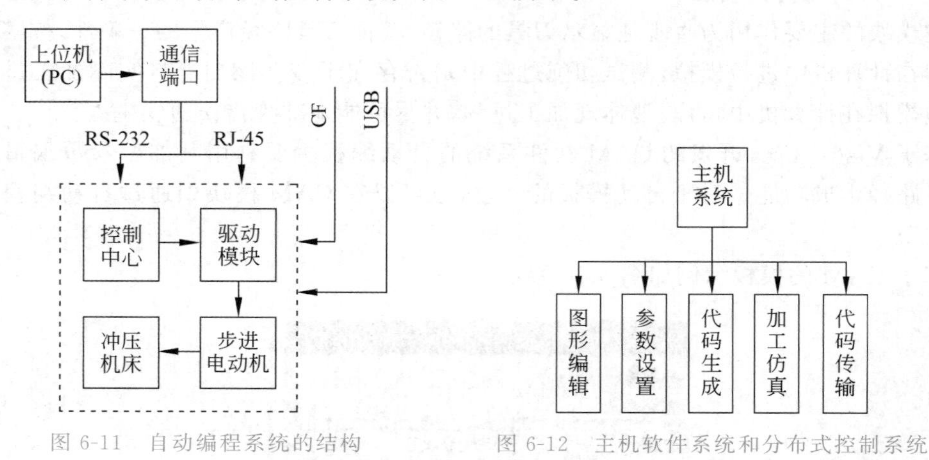

图 6-11　自动编程系统的结构　　图 6-12　主机软件系统和分布式控制系统

6.3　自动编程实现技术

6.3.1　自动编程流程

如图 6-13 所示，该自动编程系统采用交互式绘图方式，首先绘制零件图形，然后按照工艺要求由系统自动生成加工代码，进行模拟仿真后，经插补运算将数据传输给从机，从

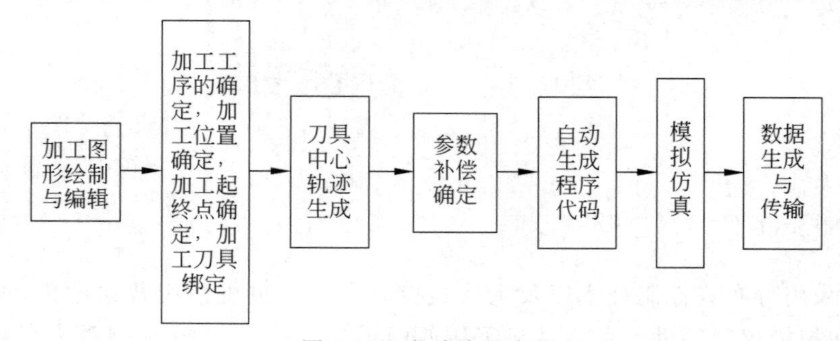

图 6-13　自动编程流程

而控制机床的运动执行机构实施相应的运动，完成零件的加工。

6.3.2　图形数据的处理

1. 图形数据的获取

在绘制加工单元图形的同时，加工单元的特征信息(直线、圆弧、多边形等)已存储到计算机中，直线的特征参数为起点和终点坐标，圆弧的特征参数为圆心坐标、半径、起始角、终止角。编程所用的数据结构采用的双向链表如下。

```
Typedef struct node * dlink;
Struct node
{
char entity[10]; //the name of the entity boolean direction;
//Direction in manufacturing: clockwise or anticlockwise
struct point
{
double x, y ;
}pStart,pEnd,pCenter; //Respectively the two ends, and center //(of arc).
double radius, startAngle, endAngle;
dlink Llink,Rlink; //Pointers that link the double-link table
}
```

2. 刀具轨迹的生成

绘图中生成的孔信息是按照绘图次序排列的，在生成加工路线时需要重新排序。按照工艺要求确定工艺方案、孔位置、起始孔、结束孔、刀具顺序、加工速度等，然后对加工孔进行排序，用户以杂乱无章的图形绘制，系统会自动按首尾相接的要求顺序排列，组成连续的有向曲线。将排列好的图形类型按顺序存入轨迹链表，然后即可进行数控代码的生成。

3. 运动的参数补偿

受到刀具运动惯性、刀具受力刚性、刀具结构、被加工材料的材质等因素的影响，实际形成的形状和要求会有一定的偏差，相对于编程，需要对运动速度和时间进行适当的调整。因此，编程系统需要能够根据加工信息对刀具运动进行补偿。

根据两个程序段轨迹矢量之间的夹角和刀具轨迹补偿类型的不同，可以将轨迹之间的转接形式分为 3 类：缩短型、伸长型和插入型。对轨迹之间的转接进行相应的计算，计算方法将在运动精度控制部分进行详细介绍。

图 6-14 所示为直线与直线各转接进行插补的情况。编程轨迹为 OA-AF，α_1、α_2 是矢量 OA、AF 与 X 轴正向的夹角，夹角 $\alpha=\alpha_2-\alpha_1$。补偿值为 $AB=AD=r$。图 6-14(a)和

图 6-14(c)中,刀具轨迹为 $JC\text{-}CK$;图 6-14(b)中,刀具轨迹为 $JC\text{-}CC'\text{-}C'K$。其中,求交点 C 和 C' 的坐标值是 C 补偿算法的关键问题。刀具轨迹交点 C 的坐标值的通用表达式为

$$\begin{cases} X_C = X_A + AC_x \\ Y_C = Y_A + AC_y \end{cases}$$

其中,AC_X 为转接矢量 AC 的 X 分量;AC_Y 为转接矢量 AC 的 Y 分量。

通过计算可知,缩短型和伸长型交点 C 的计算公式相同,即

$$\begin{cases} X_C = X_A - kr(\sin\alpha_1 + \sin\alpha_2)/[1 + \cos(\alpha_2 - \alpha_1)] \\ Y_C = Y_A + kr(\cos\alpha_1 + \cos\alpha_2)/[1 + \cos(\alpha_2 - \alpha_1)] \end{cases}$$

其中,k 为补偿系数,左补时,$k=1$;右补时,$k=-1$;以下同。

对于插入型转接,可求得公式

$$\begin{cases} X_C = X_A + r(\cos\alpha_1 - k\sin\alpha_1) \\ Y_C = Y_A + r(\sin\alpha_1 + k\cos\alpha_1) \\ X_{C'} = X_A + r(-k\sin\alpha_2 - \cos\alpha_2) \\ Y_{C'} = Y_A + r(k\cos\alpha_2 - \sin\alpha_2) \end{cases}$$

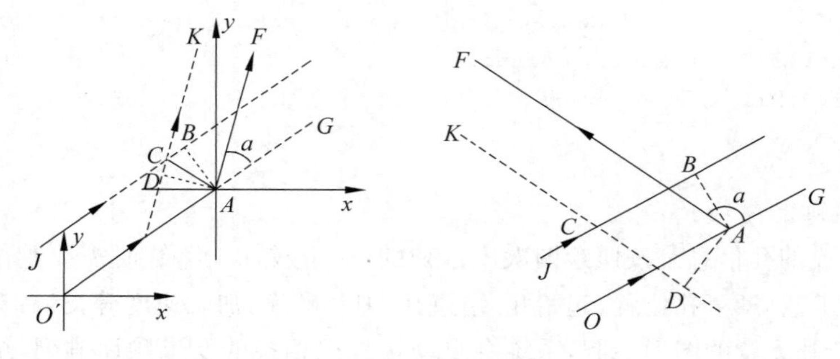

(a) 缩短型转接

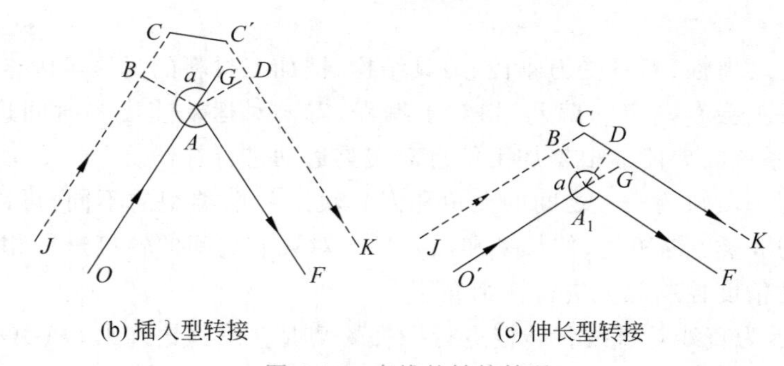

(b) 插入型转接 (c) 伸长型转接

图 6-14 直线的转接情况

NC 插补数据的生成和传输。根据生成的加工程序进行插补运算，把交流伺服电动机在 X 轴和 Y 轴方向的运动用命令字的形式存储在文件中，并发送给数控系统进行加工。

NC 插补数据的生成和传输。根据生成的加工程序，进行插补运算，把步进电动机在 X 和 Y 轴方向的运动用命令字的形式储存在文件中，并发给数控系统进行加工。

4. 自动编程系统开发

该系统可以在冲压机床上使用，图形界面友好，操作简单方便，一台 PC 可连接多台压力机床，能有效降低成本。系统操作界面如图 6-15 所示。

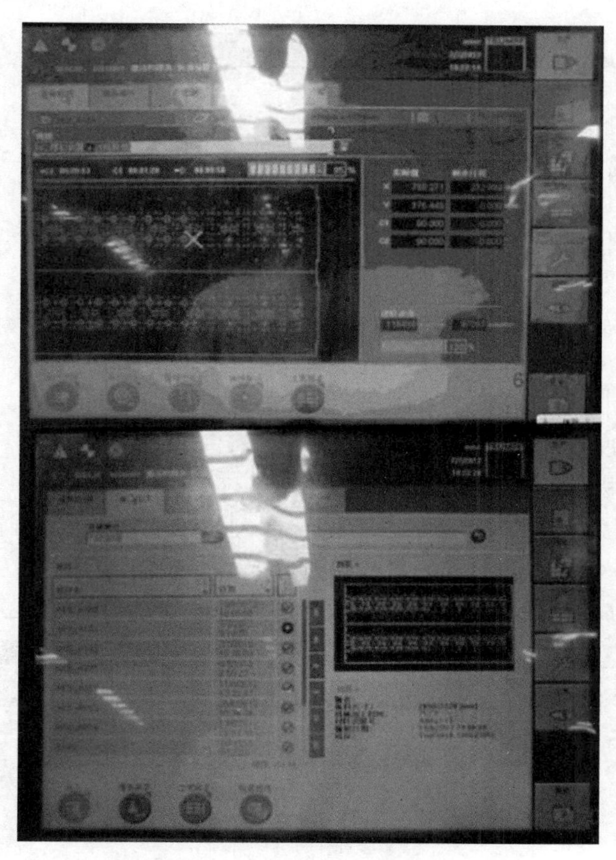

图 6-15　自动编程操作界面

使用提出的算法对制造过程进行优化，优化后加工效率的提升情况可以通过图 6-16 所示的统计进行分析。

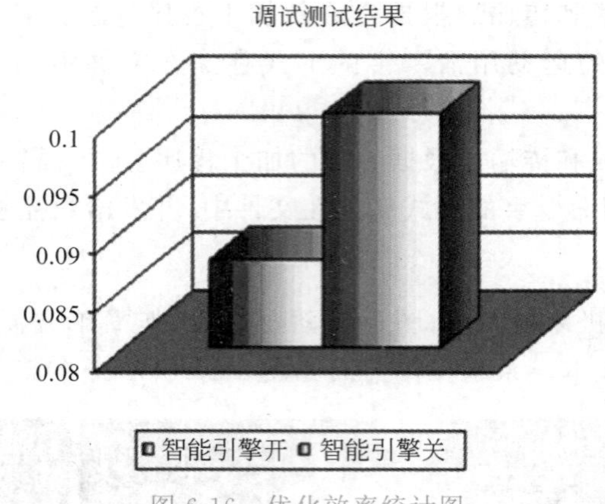

图6-16 优化效率统计图

至此,算法实现完毕。

6.4 应用实例

本研究是将分布式复杂机电系统建模与安全分析研究理论转化为实践的一个重要技术难点,此网络模型的自动生成技术已经完成了实际应用的原型系统的开发过程。系统采用了B/S框架结构和常用的Tomcat 5.5发布系统。在使用Browser浏览器表达图形效果非常困难的情况下实现了浏览器端网络模型的自动生成与显示。下面是使用开发的系统显示一个网络模型的页面情况。

图6-17显示了一个加工单元的处理画面。由于操作的动态性,画面中为一个加工圆孔的版面加工数据,此处先进行了一系列的选择操作。操作后形成了一幅静态画面,画面是通过选择自动生成的,画面同时显示了该加工具有的参数等信息,这些信息也可以进行

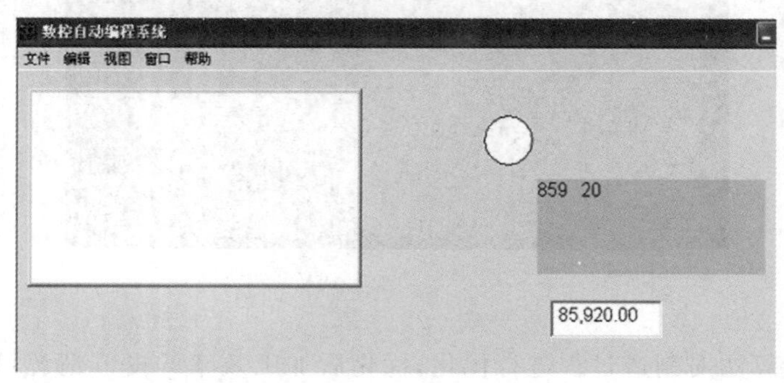

图6-17 数控自动编程系统窗口

相应的编辑调整。

6.5　本章小结

本章对 NC 自动编程技术进行了介绍，很好地解决了人机交互的问题，提升了装备制造的操作性问题，是实现装备广泛应用的一项关键工作。

NC 自动编程方法使装备得到大幅升级，采用这种方法编制 NC 程序有着手工编程难以达到的效果，具有生成速度快、效率高、方案合理、不易出错等优点。本章介绍的 NC 自动编程技术不能简单地等同于图形编程技术，这种 NC 编程还包含人机交互技术、模式识别技术、智能制造技术以及可视化仿真技术等内容。NC 编程是计算机在内部自行实现的，整个代码的编制不需要人的参与。自动编程技术使装备的使用变得更简洁，真正实现了工作的高效率。

第7章 智能维护技术

现代大型机电系统的组成结构越来越复杂，智能化程度越来越高，然而系统维修工作却越来越困难；另外，信息技术的快速发展使得系统内部的各种流数据得到了有效保存，但是缺乏对这类大数据的有效利用，难以实现复杂系统的维修控制与决策。本章介绍大数据结构化与数据驱动的复杂系统维修决策方法，首先进行背景介绍，然后介绍大数据结构化，接着介绍数据驱动的模型设计，然后对提出的方法使用应用说明，最后介绍提出方法与传统方法的对比。

7.1 背景介绍

现代复杂机电系统的维修工作与传统装备的维修工作存在较大的差异。传统的机电系统因其电气化程度低，其结构和功能都比较简单，相对而言易于维修；现代大型机电系统的组成结构相对复杂、功能强大，维修工作相对困难。现代复杂系统的内部充满了各种信息数据，如设备的参数信息、活动信息、状态信息以及系统管控的业务信息等，这些流数据和离散数据利用电子信息技术得到了采集和保存。分析发现，这些数据具备大数据的4V特征：数据量大(Volume)，如10000个测点、20维数据特征、每0.5s采集一次、分辨率为32位的5年数据量约为2×10^{15}B，达到了P量级，符合数据量大的特征；速度快(Velocity)，如此之多的采集点位和采集分辨率，采集速度必须非常快；类型多(Variety)，除基本的数据类型外，还有流数据、媒体、图像等类型；有价值(Value)，利用大数据技术能从这些复杂的数据中找到有用信息，为维护决策提供支持。于是，大数据结构化和数据驱动的复杂系统维修决策方法的研究被提出。研究的大数据结构化利用了层次分析法(Analytic Hierarchy Process，AHP)对复杂系统进行分析，将与决策相关的元素分解成目标、准则、方案等多个层次，在此基础上实现定性和定量的计算方法。AHP方法是20世纪70年代初美国运筹学家、匹茨堡大学教授萨蒂提出的一种决策论，它是在网络系统理论和多目标综合评价的基础上进行层次权重决策的分析方法。现在，随着物联网和大数据技术的发展，各类海量的数据为人类活动提供了依据，于是产生了数据驱动技术，它为企业生产、经营、管理提供着决策和依据。

近些年，利用 AHP 进行大数据结构化的研究相对较少，但 AHP 方法在装备制造工程领域的应用却比较常见。如东北大学的刘强、秦泗钊等学者提出了过程工业大数据建模研究展望，对大数据给出了认知的概念和提出了要解决的问题；清华大学的卢兆麟、李升波等学者结合自然语言处理和层次分析法有效和准确地评价了乘用车的驾驶舒适性；吉林大学的田广东、王丹琦和中南大学的张洪浩等人基于模糊 AHP 和灰色关联 POPSIS 实现了对产品拆解方案的评估研究；南昌航天大学的秦国华、周美丹通过 AHP 方法解决了夹具定位元件的选择问题；东北大学的李强、谢里阳利用模糊综合层次评判法实现了精密齿轮制造工艺优化优先度的评判和排序。伊朗德黑兰大学的 Ali Azadeh 基于一致性层次分解法提升了维修管理恢复性工程的评估水平；波兰国家研究院的 Daniel Podgórski 等人利用 AHP 方法进行主导性能指标选择的示例以解决职业安全健康系统的运行性能评测问题。这些研究的共同特点就是使用 AHP 描述复杂系统结构，以求解系统存在的一些难题，本研究将引入 AHP 方法实现复杂系统的大数据结构化问题。

数据驱动技术在这几年出现了大量的研究成果。华南理工大学的姚锡凡、周佳军等学者通过构建主动制造体现构架实现了一种大数据驱动的新型制造模式——主动制造；杭州电子科技大学的文成林等提出了基于数据驱动的微小故障诊断方法综述，根据微小故障的特点探究微小故障的诊断思想；上海交通大学和华中科技大学的张洁、高亮等针对智能车间制造数据呈现的大数据特性，研究了大数据驱动的车间运行分析与决策方法体系；西安交通大学的雷亚国、贾峰通过深度学习利用机械频域信号训练深度神经网络，摆脱了对大量信号处理技术与诊断经验的依赖，完成了故障特征的自适应提取与健康状况的智能诊断；电子科技大学的彭卫文、黄洪钟等人通过性能退化试验设计和数据分析导出了功能铣头的伪寿命数据，应用贝叶斯方法构建了融合试验信息和现场故障数据以实现功能铣头可靠性的评估；西安交通大学和第二炮兵工程学院的张家良、曹建福等人提出了基于非线性频谱数据驱动的动态系统故障诊断方法，通过对一种非线性频谱进行特征提取，利用最小二乘支持向量机分类器进行故障识别以实现故障诊断；北京交通大学的侯忠生、许建新等人进行了数据驱动控制理论及方法的回顾和展望的研究，详述了数据驱动控制理论和方法的适用条件，并对数据驱动控制理论的发展进行了展望。在国外，意大利米兰大学的学者 M. Grasso 教授提出了一种增强振动信号分解的滚动轴承故障分析的数据驱动方法，通过自动分解方法产生一个相关模式最小数，形成一个共享类属性的固有模态，这种增强模式没有任何信息损失，可以把它作为滚动轴承故障分析的数据驱动方法；比利时根特大学的 Olivier Janssens 等学者通过多次使用随机梯度增强回归树的方法实现了基于数据驱动的海上风力发电机组多变量功率曲线建模。上述研究大多基于现实系统的数据进行系列研究方法，即数据驱动方法。

目前，大型设备或系统维修决策也是一个研究热点，清华大学的周东华、魏慕恒、司小胜等学者发表了有关工业过程异常检测、寿命预测与维修决策的研究进展的论文，为保障工业过程安全性、可靠性和经济性指出了该领域中存在的问题及未来的研究方向；浙江大学和德国诺丁汉大学的 Jian ZHANG、Ji-en MA 等学者提出了基于周期性监测的牵引电机绝缘最优视情维修决策，研究充分利用寿命信息并考虑冲击效应对维修策略的影响，提出了符合牵引电机绝缘运行特征的最优视情维修策略；工业和信息化部第五研究所和华中科技大学的王远航、邓超等人提出了基于多故障模式的复杂机械设备预防性维修决策，根据系统结构和功能特征进行关键故障模式辨识，利用故障时间分布，即寿命分布构建预防性维修决策的目标成本函数，并通过遗传算法实现含整型约束的非线性优化问题求解；太原科技大学的石慧、曾建潮等学者提出了考虑非完美维修的实时剩余寿命预测及维修决策模型，建立了系统预防性维护的阈值变量和最小化平均维护费用的优化模型，并采用微粒群算法进行求解。法国洛林大学的学者 G. Medina-Oliva 的团队提出了工业系统知识形式化的维修方法评估辅助决策、视情维修决策的能效研究、制造平台能效预测辅助维修决策研究；英国斯克莱德大学的 Iraklis Lazakis 等学者进行了增强检测、维护和决策的高级船运输系统状态监测的研究。

从以上成果可以看到，AHP 和数据驱动技术在大型机电装备系统维修决策领域的研究较少，关于复杂机电系统的维修决策研究仍是当前的热点。本书提出的大数据结构化与数据驱动的复杂系统维修决策方法旨在实现 AHP、数据驱动和设备维修的结合。

7.2 大数据结构化

7.2.1 AHP 建模

按照 AHP 的思想，复杂系统可以理解为由输入(Input)、输出(Output)、控制(Control)及机制(Mechanism)这四类信息作用的系统，据此建立了维修决策系统模型 A，如图 7-1 所示。

7.2.2 数据定义

1. 输入数据

监测数据(X_1)指通过 DCS 对系统核心设备、重要指标或关键环节实时采集的数据。

检测数据(X_2)指根据维修活动的管理和诊断的需要通过各种手段获取的有效数据，如日常巡检、点检以及临时测试的数据。

技术参数(X_3)指技术改造或者技术变通措施的设计、重组、变更的数据。

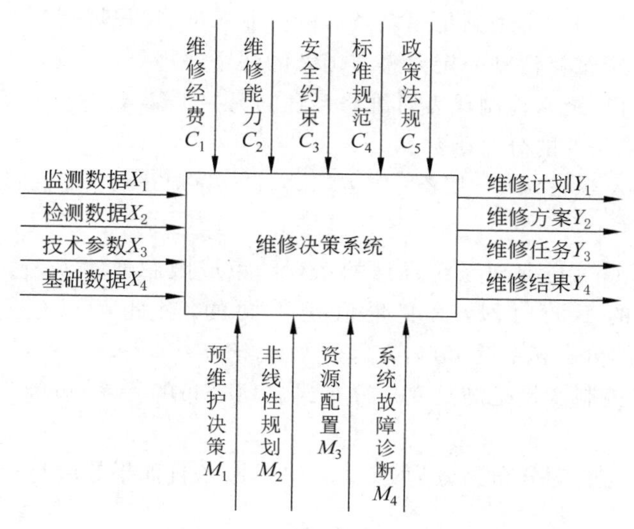

图 7-1　维修决策系统模型

基础数据(X_4)指系统设备资料、运行参数、设备耦合参数、人员资料、技术资料、标准指标等数据。

分析看出,数据 $X_1,X_2,\cdots,X_n$ 代表设备的各种状态量,这些状态量都具有随机性,即 $X_1,X_2,\cdots,X_n$ 都是其状态的随机变量,它们是随机分布的。

这里的 X 代表设备单元某种状态在某个量值范围上下振荡的随机值。

对于整个维修系统,可以看作为一个具有 n 维向量维修输入的系统。

若定义系统的维修输入为 X,那么,$X_1,X_2,\cdots,X_n$ 分别代表 n 个维修输入分量,可写为 $X=(X_1,X_2,\cdots,X_n)^{\mathrm{T}}$。

定义 m 维向量 $X=(X_1,X_2,\cdots,X_m)^{\mathrm{T}}$ 的分布函数为 $F(x_1,x_2,\cdots,x_m)$,记 $T=(t_1,t_2,\cdots,t_n)^{\mathrm{T}}$,$B=(b_1,b_2,\cdots,b_m)^{\mathrm{T}}$,则 $m\times n$ 维向量线性矩阵函数可记为

$$F(X)=(X_1,X_2,\cdots,X_m)^{\mathrm{T}}=kX+B \tag{7-1}$$

2. 控制数据

控制数据指的是维修活动所受的人员、技术、费用、安全、规则等方面的限制和约束。

维修费用(C_1)指维修活动所受到的资金限制。维修活动必须通过计划展开,尽量避免临时性工作带来更多附加配备、人员劳务等方面的开销。

维修能力(C_2)指在现有的技术、设备、技术人员等状态下能否完成指定的维修任务。

安全约束(C_3)指保证人员、设备等方面在不发生损失危害的情况下实施的系列活动。

标准规范(C_4)指活动必须满足一定条件的行业标准、规程规范。

政策法规(C_5)指维修活动一定要遵守国家的法令法规等。

与维修输入类似，维修控制代表对维修系统的另一类输入，这些输入量同样具有随机性，并且是满足一定条件的分布函数。

定义：控制输入变量为 C，那么 $C_1, C_2, \cdots, C_n$ 分别代表不同的输入分量，记 $C=(C_1, C_2, \cdots, C_n)^{\mathrm{T}}$。

维修控制输入 C 实际是对系统维修的系列约束或限制性输入，它与时间密切相关，在系统生命周期的不同时段，其变量值是不同的，对此可以建立 n 维向量 $C=(C_1, C_2, \cdots, C_n)^{\mathrm{T}}$ 的分布函数为 $\Phi(c_1, c_2, \cdots, c_n)$，记 $T=(t_1, t_2, \cdots, t_n)^{\mathrm{T}}$。

一般认为维修控制变量是满足 0-1 分布或二项分布的一系列随机值，因此可做如下定义。

定义：随机变量 C 的分布函数为 $\Phi(c_1, c_2, \cdots, c_n)$，且如果其满足 0-1 分布，那么其分布函数可表示为

$$\begin{aligned}\Phi(C) &= \Phi\{C=k\} \\ &= (p^k q^{1-k})^{\mathrm{T}}, \quad k=0,1\end{aligned} \tag{7-2}$$

定义：随机变量 C 的分布函数为 $\Phi(c_1, c_2, \cdots, c_n)$，且如果其满足二项分布，那么其分布函数可表示为

$$\begin{aligned}\Phi(C) &= F\{C=k\} \\ &= (C\binom{k}{n} p^k q^{n-k})^{\mathrm{T}}, \quad k=0,1,\cdots,n\end{aligned} \tag{7-3}$$

3. 维修机制

这里的维修机制可以看成基于系统输入数据的多种操作，这些操作构成了系统处理的算法机制。

定义：假设系统维修机制变量为 M，那么，$M_1, M_2, \cdots, M_n$ 分别代表维修机制的变量分量。

定义：$G(M)$为维修机制变量 M 上的运算算子或方法，那么就有

$$G(M) = G_M(A, B) = A \times B \quad A, B \in F(X) \text{ 或 } A, B \in \Phi(C) \tag{7-4}$$

其中，“*”为运算算子，它是基于 $F(X)$、$\Phi(C)$、$G(X)$关系上的一种运算。这里的 A 和 B 通常为结构性数据，构成为矩阵形式：$\boldsymbol{A}=(a_{ij})_{m\times n}$，$\boldsymbol{B}=(b_{ij})_{p\times q}$。

预维修决策(M_1)利用概率估计、贝叶斯理论、灰色理论等方法对系统设备发生故障的可能性进行预测，并给出一个明确的预测评定结果。

按照式(7-4)，可以得到

$$G(M_1) = G_{M1}(A_1, B_1) = A_1 * B_1 \tag{7-5}$$

非线性规划(M_2)指系统中某些问题的出现规律不满足一般的线性模型,需要用非线性的方式进行建模处理,遇到这一类现象时就需要调用非线性规划机制给系统提供数据支持。

同理,可以得到 M_2 的算子。

维修资源配置(M_3)指维修中运用一定的数学方法找出系统结构安全方面的薄弱环节,依此对系统维修资源功能进行重组或再分配,通过维修使系统风险最小、可靠性最高的配置过程,从而实现系统安全的新状态。

以此类推,可以得到 M_3 的算子。

系统故障诊断(M_4)指利用分布式复杂机电系统故障传播和扩散机理,利用分布式复杂机电系统风险源辨识及事故原因推理方法、分布式复杂机电系统风险评估方法等对系统故障进行诊断,并输出评判结果。

以此类推,可以得到 M_4 的算子。

4. 输出数据

输出数据可以概括为维修计划表(Y_1)、维修任务表(Y_2)、维修方案表(Y_3)、维修实施结果(Y_4)等内容。

定义输出变量为 Y,则维修输出可以表示为 $Y_1, Y_2, Y_3, \cdots, Y_n$。

如果将输出看作一组随机变量的集合 $Y(Y_1, Y_2, Y_3, \cdots, Y_n)$,那么有

$$\begin{aligned} Y_{(F,\Phi,G)} &= \{F(X);\Phi(C);G(M) \mid G_X(F(X),\Phi(C))\} \\ &= G(F(X) * \Phi(C)) \end{aligned} \tag{7-6}$$

7.3 数据驱动模型设计

7.3.1 AHP 数据驱动

应用 AHP 对维修决策模型 A 的输出进行分解可得到下一级维修模型 A-1,如图 7-2 所示。维修输出分解后可以得到维修的 5 个分量:维修需求(A_1)、维修计划(A_2)、维修方案(A_3)、维修任务(A_4)、维修实施(A_5)。5 个分量代表复杂系统维修的 5 部分工作。

基于上述结构化数据,可以设计以下维修决策模型。依据式(7-6),可以给出维修输出数据驱动模型为

$$\begin{aligned} Y_i &= \{F_i(X);\Phi_i(C);G_i(M) \mid G_i(F_i(X),\Phi_i(C))\} \\ &= G_i(F_i(X) * \Phi_i(C)) \end{aligned} \tag{7-7}$$

维修需求(A_1)分量。依据系统工作的状态数据 X_1, X_2, X_3, X_4,借助于系统维修机制,结合维修控制的约束,预测系统设备故障的发生以及发生的时间,给出关于系统健康

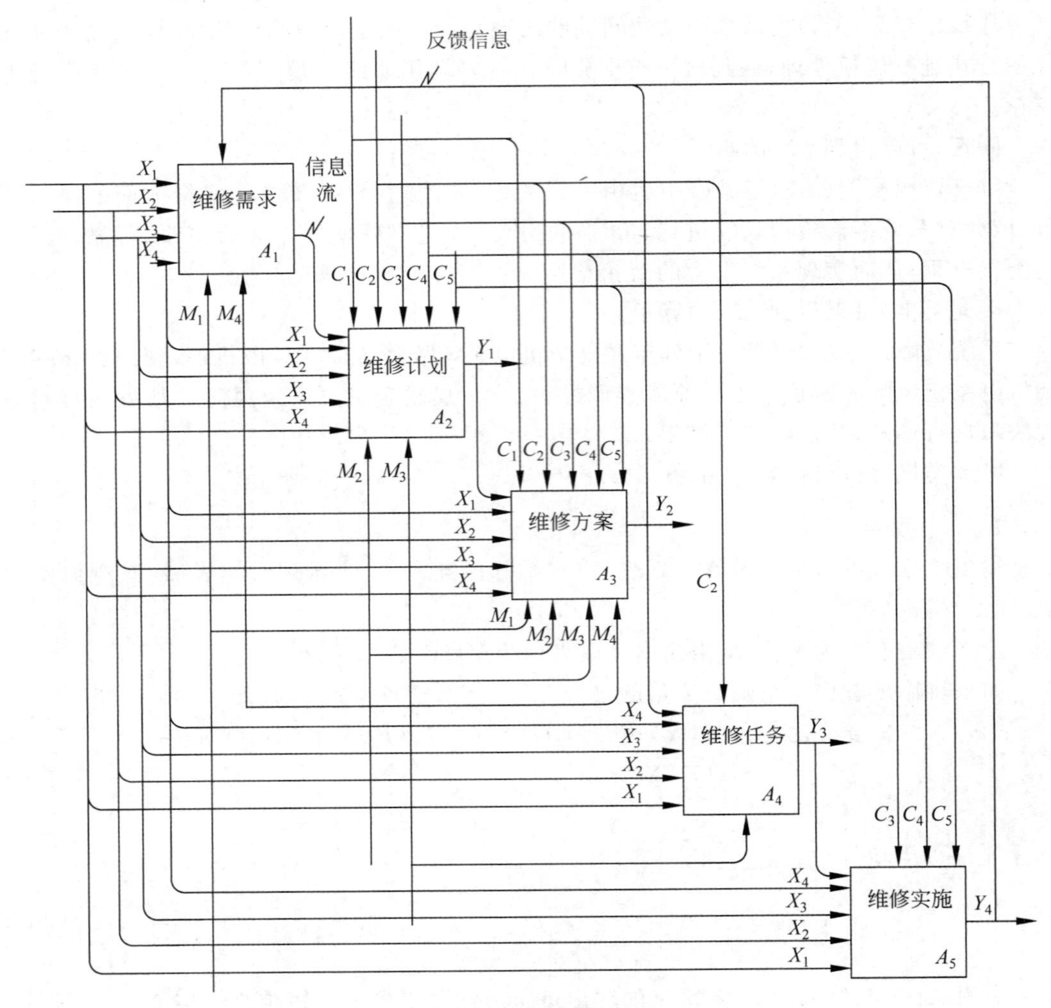

图 7-2 维修模型 A-1

状况的评测报告。流程系统组成设备众多,往往产生的是一系列设备维修需求的结果集。

依照式(7-7),可以得到维修需求的数据驱动算子,即

$$Y_1 = G_1(F_1(X) * \Phi_1(C)) \tag{7-8}$$

维修计划(A_2)分量。在维修需求的基础上综合维修输入、维修控制等因素,经过信息的分析、加工与处理,然后确定维修对象、维修内容、维修级别、维修时段,判断所需的维修人员支持、物质材料的供应、所需设备工具的有无、所需资金的配备、维修技术的储备以及环境法律法规的约束等方面的可行性,最终形成维修计划并输出。

同样，可以得到 Y_2 的计算算子。

维修方案（A_3）分量。根据维修计划详细设计维修活动的过程，核心是维修技术的配置。通过对维修输入、维修机制、维修控制等方面的综合考虑，实际主要考虑维修时间、维修方法以及维修资金这三种因素，从而产生系列维修方案，然后从中选择一个可行的最佳方案。

这里也可以得到 $Y_3, Y_4, \cdots, Y_n$ 的计算算子。

维修任务（A_4）分量。它是维修方案与维修人员的结合，是在维修控制的限制条件下，对维修活动所进行的人力资源配置和调度。从另一个角度讲，确定某些人员实施某项维修方案就是下达维修任务。一个公司通常是由多个从事不同工种的人员组成的，大家按照不同的分工协同配合才能顺利完成维修任务。

维修实施（A_5）分量。基于上述维修任务，维修人员按照不同的时序进行设备维修的过程。此部分非常注重于维修过程控制，如维修技术的培训、物质材料的领取、设备工具的配备、作业的实施等。另外，这项工作的质量管理相当重要，如执行过程记录、验收方法、验收过程、实施结果记录、质量验收记录等都必须严格控制。

7.3.2　AHP 与数据驱动的迭代

通过 AHP 和数据驱动的迭代应用可以对系统维护决策的各个分量进行更为细致的划分，这种划分可以简化计算，使决策更为精确。

迭代应用 AHP 和数据驱动方法，维修模型 B 中的维修方案 A_3 部分可以被分解为检修技术（A_{31}）、安全措施（A_{32}）、备品备件（A_{33}）、方案管理（A_{34}）四个子部分，如图 7-3 所示。

那么，维修方案 A_3 分量的数据驱动维修决策可以表示为

$$\begin{aligned} y_i &= \{f_i(x); \varphi_i(c); g_i(m) \mid g_i(f_i(x), \varphi_i(c))\} \\ &= g_i(f_i(x) * \varphi_i(c)) \end{aligned} \tag{7-9}$$

检修技术（A_{31}）。提取检修计划项，对各项检修内容、技术要求做明确的审定。由于设备异常的多样性，必须严格按照技术要求详细列出检修操作的每一步，以及是否达到指标要求的确认。

基于数据驱动的决策分量 y_1 可以表示为

$$\begin{aligned} y_1 &= \{f_1(x); \varphi_1(c); g_1(m) \mid g_1(f_1(x), \varphi_1(c))\} \\ &= g_1(f_1(x) * \varphi_1(c)) \end{aligned} \tag{7-10}$$

安全措施（A_{32}）。依据检修内容和技术要求，涉及的操作安全项必须一一列举出来，每项必须有具体安全操作步骤、注意事项，强调有严格的操作顺序、顺序确认等，如动火类的安全操作需要进行动火分析、记录分析结果和分析人员确认等要求。安全事项完成后，再进行一次安全性检查，填写检查结果，记录检查人员并签字。同样可以得到决策分量 y_2 的表达式。

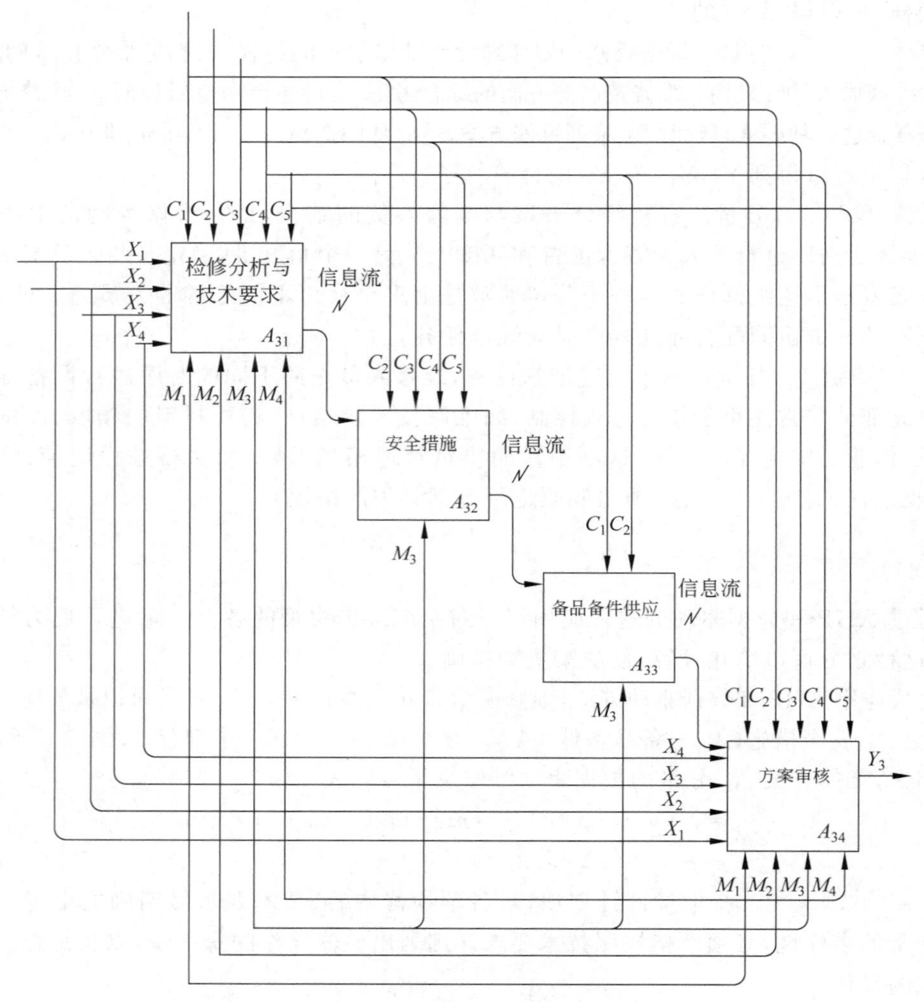

图 7-3 维修方案决策模型 A-2

备品备件(A_{33})。维修计划和维修实施中需要备品备件，维修系统中要有备品备件的申购功能和领用记录功能。按照预维修展开的维修活动，备品备件必须通过科学的预测和物流机制活动进行管理，最理想的做法是满足生产正常运行需求而零库存。备品备件的管理将直接影响企业的生产成本，必须做好备品备件的信息共享和流通记录工作，为企业管理提供最直接的数据支持。同样可以得到决策分量 y_3 的表达式。

方案管理(A_{34})是维修方案的重要环节，是对维修方案最后输出的确认，它是对维修活动的一种约束，保障了维修活动的正确有序进行。方案审核要求的操作有确认、修改、取消等。同样可以得到决策分量 y_4 的表达式。

维修系统经过 A-2 模型的功能分解基本上已经能够满足维修功能的工程化要求。把模型 A-1 中的每个模块都做类似的分解建模，整个机电系统的维修功能建模就算是完成了。建模中必须注意机电系统维修功能活动的五个部分的相互联系、相互制约，系统须保持完整性、一致性和严密的逻辑性。这种基于 AHP 的机电系统功能建模形成的设备维修体系是科学、严密和实用的，非常符合大型生产的实际维修情况。

从图 7-3 可以看出，A_{33} 部分的数据驱动计算就变得相对简单，仅使用到变量 C_1，C_4，M_3 和 Y_2，算起来就容易得多。

7.4　应用说明

7.4.1　系统描述

某一大型生产系统的设备连接如图 7-4 所示，图中标注了一些关键设备的运行状态监测点位，以及点位测量数据值与设备的对应关系。现以此为例介绍大数据结构化与数据驱动的复杂系统维修决策方法的应用过程。

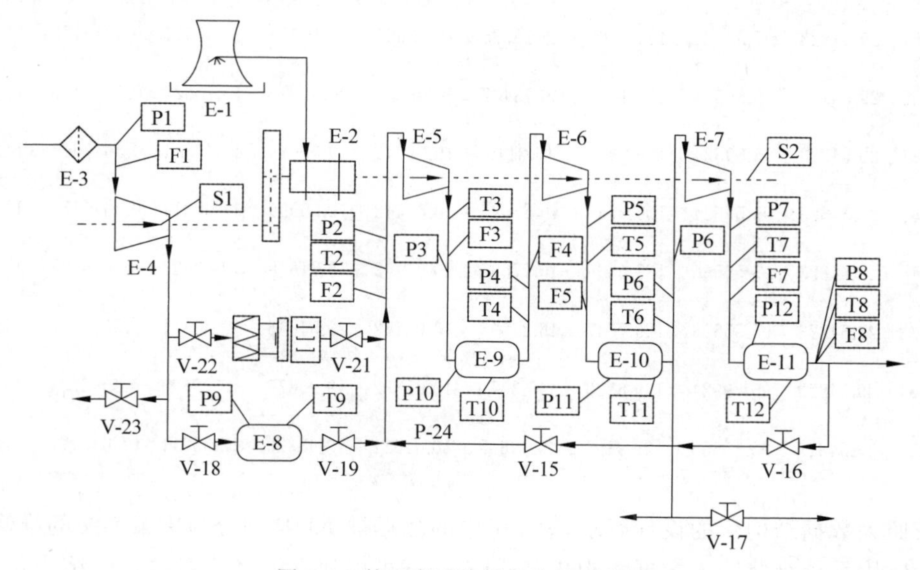

图 7-4　某生产系统设备连接示意图

7.4.2 大数据结构化的构建

依照 AHP 的数据结构化方法对监测数据进行处理，由于数据量非常庞大，因此研究可以采用数据帧的方式进行处理，这里的"帧"代表当前被处理的数据数量，也称之为数据窗口，通过对当前数据进行处理实现对帧数据的判断和评价。由于数据连续就会有很多连续的帧，因此处理完当前帧就转向下一帧。每次评判的结果将作为维修决策使用。

表 7-1 是对某设备群采集的一段截尾数据，表中展示了 10 个采集点的 12 个数据值。

表 7-1 某设备群现场数据

PARA1（压力）	PARA2（温度）	PARA3（压力）	PARA4（流量）	PARA5（振动）	PARA6（压力）	PARA7（振动）	PARA8（振动）	PARA9（压力）	PARA10（转速）
0.2125763	29.54823	95.59524	129.4939	46.18437	10.03053	20.73275	13.55311	0.5045177	11182.2
0.2124542	29.60927	95.59524	129.241	46.00122	10.03663	19.95911	13.73626	0.5045177	11182.2
0.2128205	29.54823	95.59524	129.4476	46.18437	10.03053	19.95911	13.55311	0.5045177	11182.2
0.2126984	29.54823	95.59524	129.5999	46.2149	10.03663	20.15137	13.55311	0.5045177	11182.2
0.2126984	29.54823	95.59524	129.6462	46.15385	10.03663	20.10559	13.55311	0.5045177	11182.2
0.2124542	29.60927	95.59524	129.1827	46.18437	10.03053	20.39399	13.73626	0.5045177	11182.9
0.2123321	29.54823	95.59524	129.9566	46.2149	10.02442	20.00946	13.55311	0.5047619	11182.9
0.2125763	29.54823	95.59524	130.0745	46.27595	10.02442	19.56999	13.55311	0.5045177	11184.3
0.21221	29.54823	95.55556	129.5866	46.27595	10.02442	19.71648	13.73626	0.5045177	11184.3
0.2125763	29.54823	95.55556	129.7047	46.27595	10.02442	20.54048	13.55311	0.5045177	11184.3
0.2126984	29.54823	95.59524	129.6329	46.337	10.01832	19.90875	13.73626	0.5042735	11183.6
0.21221	29.54823	95.55556	129.9104	46.39805	10.01221	19.90875	13.55311	0.5045177	11185

按照大数据结构化的设计要求，表 7-1 中的数据被 AHP 划分为决策系统的维修输入部分。应用系统维修输入数据结构化公式(7-1)就可以建立维修状态输入的结构化数据，那么定义 t 时刻设备的运行状态数据结构化而形成矩阵 $\boldsymbol{I}_1$，取当前帧为 10 行数据，得到矩阵 $\boldsymbol{A}$ 如下所示。

$$A=\begin{bmatrix}100800 & 0.2125763 & 46.18437 & 131.8313 & 11155.87\\100810 & 0.2124542 & 46.00122 & 132.5042 & 11156.56\\100820 & 0.2128205 & 46.18437 & 132.2923 & 11155.87\\100830 & 0.2125763 & 46.18437 & 131.3540 & 11163.48\\100840 & 0.2126984 & 46.2149 & 132.0667 & 11161.41\\1000850 & 0.2124542 & 46.27595 & 131.9528 & 7232.401\\100900 & 0.2123321 & 36.39805 & 131.8680 & 1966.924\\100910 & 0.2125763 & 46.27595 & 58.93486 & 625.5474\\100920 & 0.21221 & 46.337 & 0 & 75.64297\\100930 & 0 & 0 & 0 & 0\end{bmatrix}$$

接下来进行系统维修控制分量的大数据结构化，遵照公式(7-2)即可建立系统控制输入矩阵 $\boldsymbol{B}$，矩阵 $\boldsymbol{B}$ 如下所示。

$$\boldsymbol{B}=\begin{bmatrix}100850\pm 50\\0.21\pm 2\\46\pm 2\\132\pm 1\\11160\pm 5\end{bmatrix}$$

然后就是维修机制的运算处理，按照维修功能的不同选择相应的维修机制 $G(M)$。$G(M)$是基于 $F(X)$和 $\Phi(C)$的运算，此处给出算子为 $F(X)$和 $\Phi(C)$的积运算，即矩阵 $\boldsymbol{A}$ 和 $\boldsymbol{B}$ 的笛卡儿积运算，即

$$\begin{aligned}G(M)&=\{F(X);\Phi(C)\mid F(X)*\Phi(C)\}\\&=A*B\end{aligned}\tag{7-11}$$

最后输出的是维修功能建模的最终结果，维修输出 Y 由式(7-12)确定，即

$$\begin{aligned}Y&=\{F(X);\Phi(C);G(M)\mid F(X)*\Phi(C)\}\\&=A*B\end{aligned}\tag{7-12}$$

为了保障系统安全运行，企业通常都采用 DCS 系统对重要运行指标进行监控。根据监控数据，结合维修功能能够实时判断系统运行的平稳性，并通过对系统设备状态的控制与调整保持设备运行的平稳性，如系统故障产生时对故障源进行分析和查找。图 7-5 显示了 DCS 采集压缩机组多个点位的状态变化情况，它是系统设备运行状态的时序图，图中分别标注了不同设备的状态变化曲线，并使用不同的颜色对设备状态进行了区分。

7.4.3　数据驱动算子及应用

下面利用维修功能模型结合监控设备状态信息介绍系统设备异常时的维修方法，即

利用研究方法实现系统故障的诊断方法。

这里给出一组现场数据的运行状态实例。一次事故中，伴随着一声异响，全部机组都停止了运行，监控信息显示空压机由于高位阀指令突然由 76 的开度自动增至 98 的开度，蒸汽流量由 188t 降至 12t，空压机转速由 11 149r/min 降至 3700r/min，此时操作人员采取了紧急停车的处理措施，设备异常状态变化情况如图 7-5 所示。

检修过程如下。停车后根据监测的转速、油压的变化趋势情况，首先对 FT7623 流量变送器进行检查测试，结果确认为正常；接着对高位阀 V-1 进行功能性测试，当操作人员给出指令后，发现高位阀不动作；进一步对信号接线端子进行检测，发现信号没有传送到电液转换器上，初步判断为信号电缆故障；结合以往的故障分析，发现此前空压机透平轴密封圈泄漏，高温气体辐射到信号电缆上，导致仪表电缆保护套管被烤坏，信号传输电缆也被烤坏，最终发生信号故障，导致高位阀无法动作，机组工艺操作工手动停车。

接下来对系统进行分析。对监控设备数据的状态趋势以及试验结果进行分析，确认为当时的信号传输线出现短路，控制信号丢失，自动调节流量开关功能失效，导致系统运行异常发生，并最终引起空压机停车事故。拆线检查确认电缆由于被烤坏而导致线路故障，维修采取了将信号电缆用铁丝将穿线管吊起，以远离泄漏部位，下部采取用石棉板隔离的方法进行保护。

图 7-5 显示了在发生故障时空压缩机 pSE7655、pSE7656、pSE7657 的转速由 11 149r/min 直接降至 3700r/min 的状态曲线图，以及空气压缩机排气流量（A_aFI7601）由 188t/h 降至 12t/h 的状态曲线图。

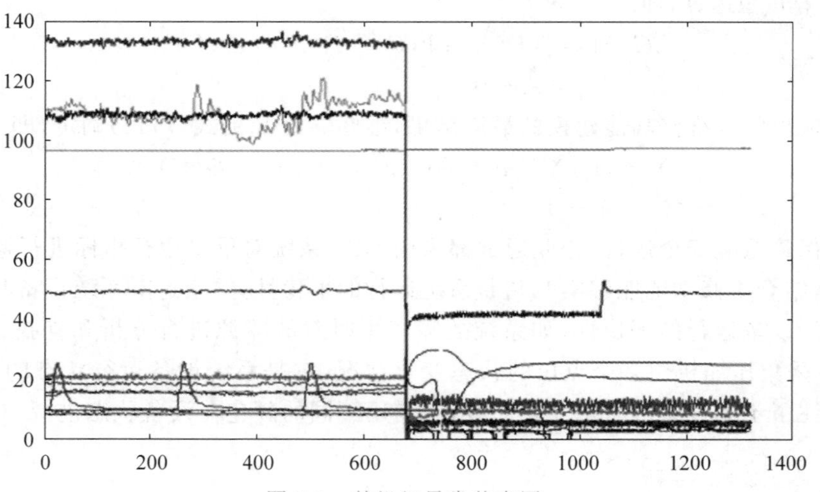

图 7-5 某机组异常状态图

空压机 A_aFI7601 排气流量的监控数据如表 7-2 所示。表中给出了事故发生当天的数据，也就是 24 小时的记录数据，DCS 系统每 10s 进行一次数据采集。

表 7-2　测点设备的流量数据

131.4101	131.5507	131.3375	131.6185	132.0129	133.0345	131.6311	132.4577	132.7883	132.7623
132.6695	131.5038	132.1837	131.4313	131.8313	132.5042	132.2923	131.354	132.0667	131.9528
131.868	58.93486	0	0	0	0	0	0	0	0

空压缩机 pSE7655、pSE7656、pSE7657 的转速监控数据值见表 7-3。表中的数据记录和采集方式均给出了事故发生当天的数据，即 24h 的记录数据，DCS 系统每 10s 进行一次数据采集。

表 7-3　测点设备的转速数据

11159.33	11157.25	11156.56	11157.95	11162.79	11159.33	11156.56	11155.87	11156.56	11155.87
11163.48	11161.41	7232.401	1966.924	625.5474	75.64297	0	0	0	0
0	33.64624	33.81691	33.98817	0	0	0	0	0	0

在上述模型的基础上对 t 时刻的系统状态进行维修决策或评价。利用上述输入的数据进行 t 时刻的数据计算评价，按照系统研究模型取数据帧作为基础数据，然后对这些数据进行复杂系列运算，得到一个新的矩阵，该矩阵的值就代表系统运行状态。

设 $\boldsymbol{A}=(a_{ik})_{m\times p}$，$\boldsymbol{B}=(b_{kj})_{p\times n}$，则矩阵 $\boldsymbol{C}=(c_{ij})_{m\times n}$。

也就是

$$
\begin{aligned}
Y_i &= \{F_i(X);\Phi_i(\boldsymbol{C});G_i(\boldsymbol{C})\mid F_i(X)*\Phi_i(\boldsymbol{C})\} \\
&= \{\boldsymbol{A}*\boldsymbol{B}\mid \Phi_i(\boldsymbol{C})<F_i(X)<\Phi_{i+1}(\boldsymbol{C});F_i(X)\wedge\Phi_i(C);F_i(X)\ni\Phi_i(\boldsymbol{C})\}
\end{aligned}
\tag{7-13}
$$

此处运算关系“$*$”类似于矩阵的乘，保持被乘矩阵的列数与乘矩阵的行数相同，将对应的数值进行比较运算，若符合比较规则，取值为 1，否则取值为 0，最终项取行列运算值的交计算，最后得到一个 0-1 矩阵，计算过程如下。

$$
c_{ij}=\bigcap_{k=1}^{p} a_{ik}*b_{kj}\quad i=1,2,\cdots,m;\ j=1,2,\cdots,n \tag{7-14}
$$

已知式(7-14)故障矩阵的值可以按照下式求得

$$
c_{ij}=\begin{cases}1, & a_{ij}\in b_{ji}\\ 0, & \text{其他}\end{cases} \tag{7-15}
$$

上述例子的时刻计算为

$$c_{ij}=\begin{cases}1, & (t_1<t_i<t_{10}) \\ & \wedge\ (f_1(t_i)<f_1(t_i)<f_1(t_i))\ \wedge \\ & \cdots\ \wedge\ (f_4(t_i)<f_4(t_i)<f_4(t_i)) \\ 0, & 其他\end{cases} \tag{7-16}$$

即

$$\begin{aligned}c_{11}&=(b_{11}\in a_{11})\cap(b_{21}\in a_{12})\cap(b_{31}\in a_{13})\cap(b_{41}\in a_{14})(b_{51}\in a_{15})\\&=(1)\cap(1)\cap(1)\cap(1)\cap(1)\\&=1\end{aligned}$$

同理：

$$c_{21}(10)=1$$

$$\cdots$$

$$c_{61}(10)=0$$

$$\cdots$$

按照上述算法得到故障值矩阵 $\boldsymbol{C}$ 为

$$\boldsymbol{C}=\begin{bmatrix}1\\1\\1\\1\\1\\0\\0\\0\\0\\0\end{bmatrix}$$

在矩阵 $\boldsymbol{C}$ 中，1代表检测数据正常，0代表系统异常。对于异常项，可以使用类似的矩阵运算算子定位系统异常单元。

按照矩阵 C 值进行节点状态检查，发现对应节点 v_{16} 状态异常时，测试确认其状态失灵，即不能按照指令要求对电磁阀的开度进行调节；进一步检修发现控制信号不能到达电磁阀，检查从外观上看到电磁阀传输线有烤焦现象；更换传输信号线，结果故障排除。最终确认系统异常由电磁阀 V-1失效所致，并认为 v_{16} 节点是引起 v_{17} 节点异常的故障源。

对比于人工方法查找故障，可以发现研究的系统维修功能模型具有快速、简洁、高效、实用的特点，能够满足实际查找故障的要求，并精确找到故障源问题节点，可以为企业安全生产提供切实有效的系统维修帮助。另外，AHP的功能建模方法是基于统计数据的解决方法，通过对数据分析求解问题，数据来源越丰富，求解问题也就越准确。AHP 和数据驱动的设备维修决策方法可以作为分布式复杂机电系统事故预防的指导策略，以提高系统的可靠性与安全性。

7.5 技术对比

1. 应用的范围不同

传统技术是以机电设备为对象进行的系列故障诊断和维护技术，它通过对设备的回旋往复运动单元进行信号采集和处理，再根据信号曲线特性推理和判断设备部件发生的故障情况，最后实施相应的维修决策的过程。传统技术的故障诊断主要是针对单个设备进行的，AHP 方法则是以机电系统为对象开展故障诊断和维护维修决策的，机电系统由众多机电设备组成，某个设备的故障现象可能是由相邻设备所引起的。解决这个问题常对机电系统进行建模，然后基于模型展开相应的故障推理诊断工作。AHP 方法重在研究设备环境对其造成的危害，结合大数据技术是非常合适的，它是对传统技术的扩展。

2. 使用的方法不同

传统技术的故障诊断是对机电设备回旋运动装置进行特征信号采集和提取，再根据其特征信号类型判断设备的故障类别和等级，最后进行相应的维修维护，其关键是信号处理，常采用傅里叶变换、小波变换等方法对信号进行处理。特征信号有八字形、香蕉形、月牙形、锯齿形、非同心圆形等，代表偏心、不对中、磨损、油膜振荡等故障，如图 7-6 所示。诊断的核心方法就是傅里叶变换，函数形式为

$$F(\omega)=F[f(t)]=\int_{-\infty}^{\infty} f(t)\mathrm{e}^{-\mathrm{j}\omega t}\,\mathrm{d}t \tag{7-17}$$

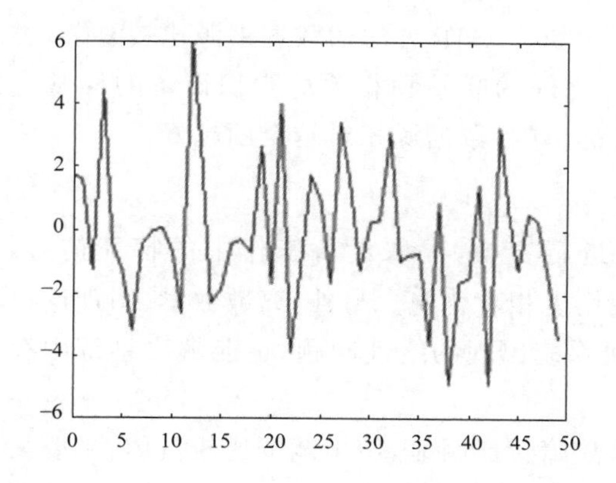

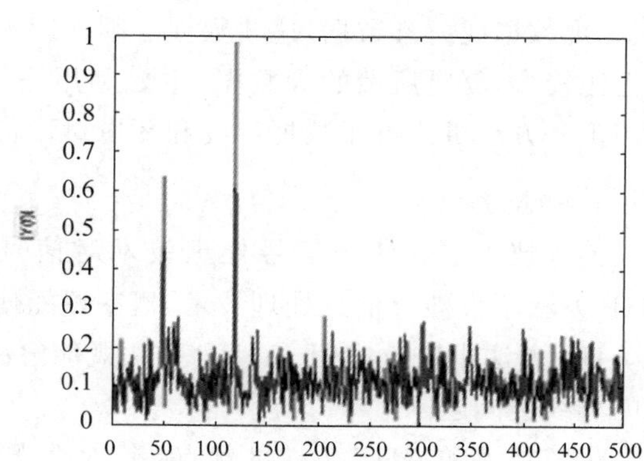

图 7-6 常见的 FFT 信号转换

AHP 方法通过对机电系统的建模，将系统层层分解为不同功能的单元模块，同时找出影响因素、定义诊断机制、制定控制方法。诊断的关键是如何抽象系统为相应的模型，以及诊断推理方法和诊断机制。书中采用数据结构化的构建方法，定义了多种诊断机制模型，形成结构化矩阵，通过设计矩阵运算产生运算结果数据，根据结果数据制定系统的维护决策。常见的系统优化路径如图 7-7 所示。代表性的系统优化方法有最优路径法，其表达形式为

$$\begin{cases}\min\limits_{x\in R^n} F(x)=\min\left[f_1(x),f_2(x),f_3(x),f_4(x)\right]^{\mathrm{T}}\\ \text{s.t. } g_j(x)\geqslant 0 \quad j=1,2,\cdots,m\\ h_k(x)=0 \quad k=1,2,\cdots,p\end{cases} \tag{7-18}$$

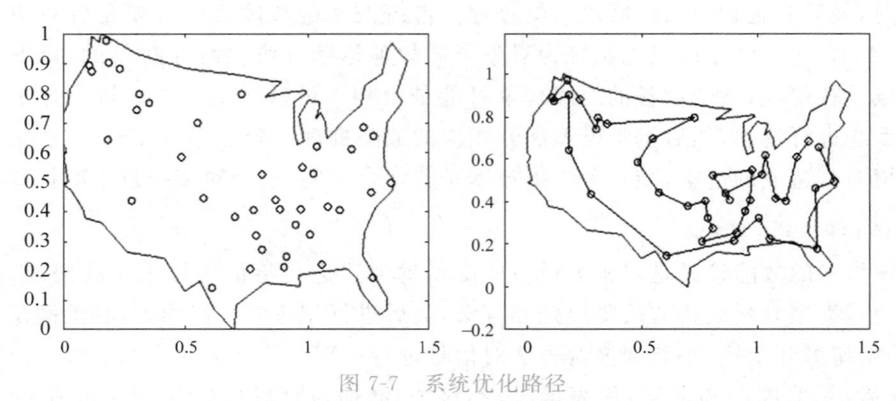

图 7-7　系统优化路径

3. 数据源不同

传统技术的数据来源为机电设备的时序信号，是基于时间的纵向信号，可以是一维数据、二维数据或三维数据，这些数据必须连续不间断。AHP 方法的数据来源比较复杂，类型也比较多，就是所谓的大数据，主要利用信号之间的联系和相关性辨识设备的异常变化，AHP 方法更注重于数据广度和环境对设备的影响，数据源相对越全面越好。

4. 涉及的学科不同

传统技术主要使用信号处理技术对信号进行变换，提取设备工作中的特征信号。AHP 方法不仅涉及信息处理技术，概率论的使用也相对普遍。另外，离散数学、图理论也在 AHP 方法中广泛应用。AHP 方法既能解决系统出现的线性问题，也能解决系统中存在的非线性问题。

传统技术和 AHP 方法的优点：针对性强，故障特征明显，使用范围比较具体；主要采用信号处理技术；数据来源于同一对象，且为连续的同一类型数据；此诊断技术涉及的学

科相对比较专一。两个技术的缺点：只能对已发送的故障进行诊断，不能预测将要发生的故障，对引起故障的外部因素不能做诊断，针对性强，对于认知不足的现象无法诊断。

AHP 方法的优点：应用范围广泛，从单一设备到系统层级，注重环境因素对设备造成的影响；方法技术较为全面，不仅能进行信号处理，还可以进行逻辑推理、最优规划等；数据来源广泛，能够和大数据技术紧密结合；方法涉及多专业、多学科的知识。AHP 方法的缺点：需要强大的知识支撑，诊断存在精确度的问题；和大数据技术类似，该方法尚处在一个发展完善的过程中。

通过上述四个方面的比较分析以及对两种方法的优缺点总结，可知 AHP 方法优越于传统的故障诊断方法。

7.6　本章小结

本章对基于大数据驱动的系统维修决策技术进行了介绍，它是对成型数控系统可靠性的一种恢复，是装备使用中的一项关键工作。

基于大数据的系统维修决策技术能够很好地保障装备正常运行的需要，通过借助现代信息化技术、大数据驱动技术可以解决现代大型机电系统的维修难题。本章在介绍大数据背景的基础上，重点讲解了大数据结构化、数据驱动的模型设计以及数据驱动的维护维修决策方法，并使用一个例子加强了对提出方法的说明。

第8章 智能制造可靠性技术

现代机电系统由多达数以万计的单元组成，其任一单元的质量对整个系统的可靠性都有着至关重要的影响。结合经济性方面的考虑，系统可靠性配置显得非常重要。本章将从以下几个方面介绍智能制造可靠性技术：可靠性技术的背景、可靠性技术的产生、可靠性技术的相关知识、可靠性冗余概述、可靠性冗余技术、例子分析。本章的重点为8.4节、8.5节和8.6节，这些章节向读者完整地介绍了冗余配置的可靠性方法。冗余配置方法是机电系统可靠性保障的一种非常好的选择，而且非常实用，能够有效地解决现实中的许多问题。本章提出重要的可靠性熵的概念，给出可靠性冗余配置的诸多计算函数，最后使用一个完整的例子对可靠性冗余方法做详细说明。

8.1 可靠性技术背景

"挑战者"号航天飞机失事事故如图8-1所示。调查这一事故的总统委员会的报告指出，爆炸是由一个O形封环失效所致。这个封环位于右侧固体火箭推进器的两个低层

图8-1 "挑战者"号航天飞机失事事故

部件之间，失效的封环使炽热的气体点燃了外部燃料罐中的燃料。O 形封环会在低温下失效，尽管在发射前夕有些工程师警告不要在冷天发射，但是由于发射已被推迟了 5 次，所以警告未能引起重视。

切尔诺贝利核电站事故如图 8-2 所示。1986 年 4 月 26 日凌晨 1 点 24 分，切尔诺贝利核电站第四号核反应堆在进行半烘烤试验时发生了逆火，继而引发了爆炸，核反应堆很快被熔毁，爆炸引起的放射性尘埃四处飘散，引发了一场史无前例的核灾难。

图 8-2　切尔诺贝利核电站

核能专家认为，切尔诺贝利事故发生的主要原因是该核电站采用的核反应堆(石墨慢化、轻水冷却、堆内沸腾反应堆，称为 RBMK 型反应堆)存在严重的设计缺陷。运行人员执行试验程序时考虑不周和违反操作规程也是导致这次事故的主要原因。但追溯其根本原因，应归因于核电站主管部门的安全意识淡薄，因为这种堆型的设计缺陷早已为人所知，但未引起重视。

魁北克大桥坍塌事故如图 8-3 所示。魁北克大桥本该是美国著名设计师特奥多罗·库帕的不朽杰作，库帕曾称他的设计是"最佳、最省的"。库帕陶醉于自己的设计，而忘乎所以地把大桥的长度由原来的 500m 增加到 600m，以成为当时世界上最长的桥。桥的建设速度很快，施工组织也很完善。正当投资修建这座大桥的人士开始考虑如何为大桥剪彩时，人们忽然听到一阵震耳欲聋的巨响——大桥的整个金属结构坍塌了：19 000t 钢材和 86 名建桥工人落入水中，只有 11 人生还。库帕由于过分自信而忽略了对桥梁质量的精确计算，从而导致了这场悲剧。

图8-3 魁北克大桥坍塌事故

8.2 可靠性技术的产生

8.2.1 可靠性的起源

可靠性起源于第二次世界大战，1944年，德国用V-2火箭袭击伦敦，有80枚火箭在起飞台上爆炸，还有一些掉进了英吉利海峡。由此德国提出并运用了串联模型得出火箭系统的可靠度，研制出第一个运用系统可靠性理论的飞行器。当时美国海军统计，运往远东的航空无线电设备有60%不能工作，电子设备在规定使用期内仅有30%的时间能有效工作。在此期间，美国因可靠性问题损失飞机2.1万架，是被击落飞机的1.5倍，由此引起了人们对可靠性问题的认识，开始通过大量的现场调查和故障分析采取对策，并诞生了可靠性这门学科。

8.2.2　可靠性工程的发展阶段

1. 20 世纪 40 年代——萌芽时期

通过现场调查、统计、分析重点解决电子管的可靠性问题。

2. 20 世纪 50 年代——兴起和形成时期

1952 年，美国成立了电子设备可靠性咨询组(AGREE)，并于 1957 年发表了《军用电子设备可靠性》的研究报告，该报告成为可靠性发展的奠基性文件，国际影响力很大，是可靠性发展的重要里程碑。

3. 20 世纪 60 年代——可靠性工程全面发展时期

形成了一套较为完善的可靠性设计、试验和管理标准，如 MIL-HDBK-217、MIL-STD-781、MIL-STD-785，并开展了 FMEA 与 FTA 分析工作。在这十年中，美、法、日、苏联等工业发达国家相继开展了可靠性工程技术的研究工作。

4. 20 世纪 70 年代——可靠性发展成熟时期

建立了可靠性管理机构，制定了一整套管理方法及程序，成立了全国性可靠性数据交换网进行信息交流，采用严格降额设计、热设计等可靠性设计，强调环境应力筛选，开展了可靠性增长试验及综合环境应力的可靠性试验。

5. 20 世纪 80 年代——可靠性向更深更广的方向发展时期

提高可靠性工作地位，增加了维修性工作内容、CAD 技术在可靠性领域中的应用，开展软件可靠性、机械可靠性及光电器件和微电子器件可靠性等的研究。最有代表性是美国空军于 1985 年推行了“可靠性与维修性 2000 年行动计划”(R&M2000)，在 1991 年的海湾战争中，该计划取得了成效。

6. 20 世纪 90 年代——可靠性步入理念更新时期

出现了新的可靠性理念，改变了一些传统的可靠性工作方法，一些经典理论也在被修改，甚至失效率的“浴盆曲线”也被质疑。

8.3　可靠性技术的相关知识

8.3.1　可靠性的定义

可靠性是每一个产品都具有的客观属性，是指产品到了用户手中，随着时间的增加而稳定保持原有功能的能力，即对一个产品投入使用后无故障工作能力的度量。事实上，产品可靠性问题早已存在，只不过当可靠性还没有成为一门科学或还没有被人们所掌握时，通常不使用"可靠性"这个词，而是用"质量可靠""寿命长""经久耐用"等概念表示产品的可靠性。

根据国家标准规定，可靠性的定义是：产品在规定条件下和规定时间内完成规定功能的能力。

这里的产品是指作为单独研究和分别试验的任何元器件、设备和系统。

从定义不难看出，产品可靠性的高低必须是在规定条件下和规定时间内，按完成规定功能的可能性大小衡量，如果离开了这三个"规定"，就失去了衡量可靠性高低的前提。

通常，规定条件是指工作条件，如功能模式、操作方式、负载条件、工作电源、维修条件等。环境条件包括温度、湿度、气压、振动等。显然，同一种设备在不同的工作条件和环境条件下的可靠性是完全不同的。条件越恶劣，设备就越容易发生故障或失效。

由于服务对象不同、使用目的不同，即使同一种设备的规定时间也是不相同的。而设备的可靠性本身就具有与时间关系密切的属性，使用时间越长，肯定就越不可靠，所以在评价一种设备的可靠性时，必须指明是多长时间范围内的可靠性，离开了时间谈可靠性是毫无意义的。

功能是指设备的主要性能指标和技术要求，如调速系统的平滑变速、正反向运行、调速范围、调速精度、稳速精度等技术要求和性能指标。

按失效的定义，失效就是指产品丧失规定功能。例如船舶电站自动化系统因某一器件失效而使系统停止运行，无法向船舶电网供电，这就是完全丧失了规定的功能，即发生一次故障。

对于可修复产品，不仅有不发生故障的可靠性问题，还有发生故障后能方便、及时地修复，以保持良好功能状态的能力。

维修性(Maintainability)：产品在规定条件下和规定时间内按规定的程序和方法进行维修时，保持或恢复到规定状态的能力。

可用性(Availability)：可以修复的产品在某时刻具有或维持规定功能的能力。

8.3.2 可靠性度量指标

1. 可靠度 $\boldsymbol{R}(t)$ 和不可靠度 $\boldsymbol{F}(t)$

可靠度是指系统或设备在规定条件下和规定时间内完成规定功能的概率，记为 $R(t)$，表达式为 $R(t)=\int_0^t f(t)\mathrm{d}t$，其中 $f(t)$ 为失效概率密度函数。

不可靠度(失效概率)是指系统或设备在规定条件下和规定时间内未完成规定功能的概率，记为 $F(t)$，显然 $F(t)+R(t)=1$。

可靠度 $R(t)$可以用统计方法估计。设有 N 个产品在规定的条件下开始使用。令开始工作的时刻 t 为 0，到指定时刻 t 时已发生失效数 $n(t)$，即在此时刻尚能继续工作的产品数为 $N-n(t)$，则可靠度的估计值(又称经验可靠度)为

$$\hat{R}(t)=\frac{N-n(t)}{N}$$

例如：110 只某电子器件的失效时间经分组整理后如表 8-1 所示，试估计它的可靠度函数。

表 8-1　某电子器件的失效时间

i	失效时间范围	失效个数	累计失效个数	仍在工作个数
1	0～400	6	6	104
2	400～800	28	34	76
3	800～1200	37	71	39
4	1200～1600	23	94	16
5	1600～2000	9	103	7
6	2000～2400	5	108	2
7	2400～2800	1	109	1
8	2800～3200	1	110	0

根据估计公式可算得

$$\hat{R}(0)=1,\quad \hat{R}(400)=\frac{104}{110}=0.945$$

$$\hat{R}(800)=\frac{76}{110}=0.691,\quad \hat{R}(1200)=\frac{39}{110}=0.355$$

$$\hat{R}(1600)=\frac{16}{110}=0.145,\quad \hat{R}(2000)=\frac{7}{110}=0.064$$

$$\hat{R}(2400)=\frac{2}{110}=0.018,\quad \hat{R}(2800)=\frac{1}{110}=0.009$$

若把这些计算结果用坐标$(t_i, R(t_i))$标在坐标纸上，并用光滑的曲线把这些点连接起来，就可以得到一条下降的曲线。

2. 故障率(失效率)$\lambda(t)$

故障率是指工作到某时刻尚未发生故障的系统或设备，在该时刻后单位时间内发生故障的概率，记为 $\lambda(t)$ 。

电子产品的典型失效率曲线如图 8-4 所示，称为浴盆曲线，分为三个阶段：早期失效期、偶然失效期和耗损失效期。

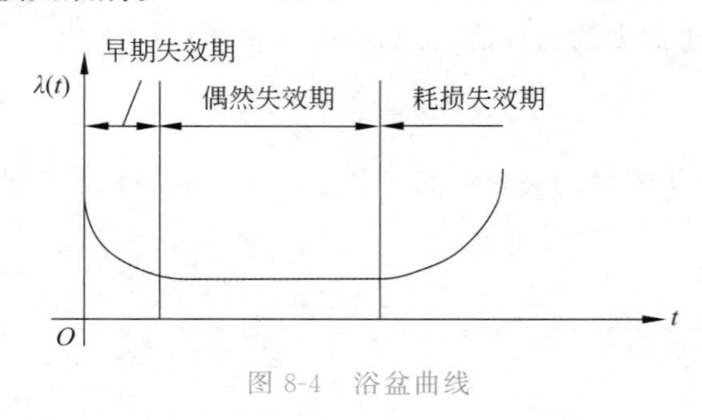

图 8-4 浴盆曲线

3. 平均故障间隔期

平均故障间隔期(MTBF)是指系统或设备在其使用寿命的某个观察期内累计工作时间与故障次数之比。

4. 维修度

维修度是指可修复系统或设备在规定条件下和规定时间内按规定的程序和方法进行维修时，保持和恢复到能完成规定功能的概率，记为 $M(\tau)$，表示式为 $M(\tau)=\int m(\tau)d\tau$，其中 $m(\tau)$ 为维修分布密度函数。

5. 平均修复时间

平均修复时间(MTTR)是指在规定的时期内，系统或设备从停机交付修理起至修复验收止所占用时间的平均值。

6. 有效度

有效度是指系统或设备综合考虑性和维修性的广义可靠性指标，其定义是：可修复系统或设备在规定条件下使用，在规定条件下修复，在规定时间内具有或维持其规定功能处于正常状态的概率。通常研究的是系统或设备长时间使用的有效度，即极限有效度，简称有效度或可利用率，记为

$$A=\text{MTBF}/(\text{MTBF}+\text{MTTR})$$

8.3.3 常用概率分布

1. 泊松分布

泊松分布(Poisson distribution)是一种统计与概率学中常见到的离散机率分布

(discrete probability distribution)。泊松分布是以 18 至 19 世纪的法国数学家西莫恩-德尼·泊松(Siméon-Denis Poisson)命名的,在 1838 年时发表。泊松分布在更早时由贝努里家族的一个人描述过。

泊松分布的概率函数为

$$P(X=k)=\frac{\lambda^k}{k!}\mathrm{e}^{-\lambda},\quad k=0,1,\cdots,n$$

泊松分布的参数 λ 是单位时间或单位面积内随机事件的平均发生次数。泊松分布适合于描述单位时间内随机事件发生的次数。

泊松分布的期望和方差均为 λ,特征函数为

$$\psi(t)=\exp\{\lambda(\mathrm{e}^{it}-1)\}$$

2. 二项分布

当二项分布的 n 很大而 p 很小时,泊松分布可作为二项分布的近似,其中 λ 为 np。通常,当 $n \geqslant 20, p \leqslant 0.05$ 时,就可以用泊松分布近似计算。

事实上,泊松分布正是由二项分布推导而来的。

泊松分布适合于描述单位时间或空间内随机事件发生的次数,如机器出现的故障数。

观察事物平均发生 m 次的条件下,实际发生 x 次的概率 $p(x)$ 可表示为

$$p(x)=\frac{m^x}{x!}\times\mathrm{e}^{-m}$$

$$p(0)=\mathrm{e}^{-m}$$

3. 正态分布

正态分布在机械可靠性设计中大量应用,如材料强度、磨损寿命、齿轮轮齿弯曲、疲劳强度以及难以判断其分布的场合。

若产品寿命或某特征值有故障密度

$$f(t)=\frac{1}{\sqrt{2\pi\sigma}}\mathrm{e}^{\frac{(t-\mu)2}{2\sigma 2}}\quad(\mu\geqslant 0,\sigma\geqslant 0)$$

则称 t 服从正态分布,其曲线如图 8-5 所示。

当 $\mu=0,\sigma=1$ 时,是标准正态分布:

$$f(t)=\frac{1}{\sqrt{2\pi}\sigma}\mathrm{e}^{-\frac{t2}{2}}$$

则有不可靠度为

$$F(t)=\int_0^t\frac{1}{\sqrt{2\pi}\sigma}\mathrm{e}^{-\frac{(t-\mu)2}{2\sigma 2}}\mathrm{d}t$$

$$可靠度为 R(t)=1-\int_0^t \frac{1}{\sqrt{2\pi}\sigma}e^{-\frac{(t-\mu)2}{2\sigma2}}dt$$

$$故障率为 \lambda(t)=\frac{f(t)}{R(t)}$$

正态分布计算可用数学代换把上式变换成标准正态分布，通过查表简单计算即可得出各参数值。

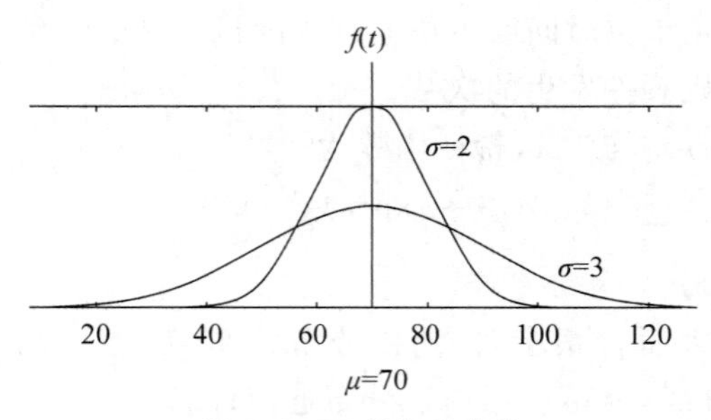

图 8-5 正态分布曲线

4. 指数分布

指数分布在可靠性领域中应用得最多，由于它的特殊性以及在数学上易处理成较直观的曲线，故在许多领域中都需要首先把指数分布讨论清楚。若产品的寿命或某一特征值 t 的故障密度为

$$f(t)=\lambda e^{-\lambda t} \quad (\lambda > 0, t \geqslant 0)$$

则称 t 服从参数 λ 的指数分布，指数分布曲线如图 8-6 所示。

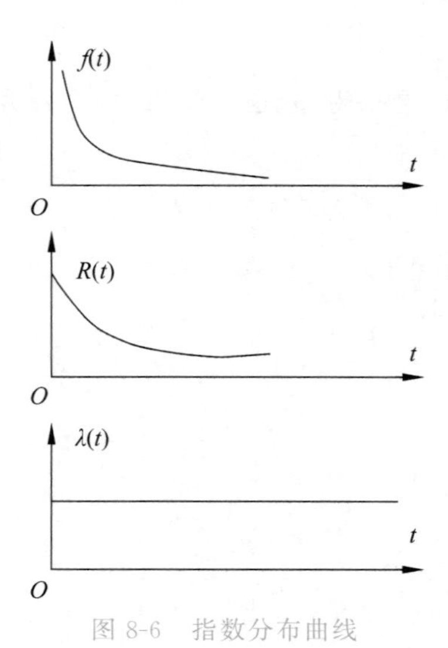

图 8-6 指数分布曲线

则有不可靠度为 $F(t)=1-e^{-\lambda t} \quad (t\geqslant 0)$

不可靠度概率密度为 $f(t)=\lambda e^{-\lambda t}$

可靠度为 $R(t)=1-F(t)=e^{-\lambda t} \quad (t\geqslant 0)$

故障率为 $\lambda(t)=f(t)/R(t)=\lambda$

平均故障间隔时间为 $\text{MTBF}=\frac{1}{\lambda}=\theta$

指数分布的一个重要性质是无记忆性。无记忆性是指产品在经过一段时间的工作之后的剩余寿命仍然具有与原来的工作寿命相同的分布，而与 t 无关（马尔克夫性）。这个性质说明，寿命分布为指数分布的产品过去工作了多久对现在和将来的寿命分布没有影响。

实际意义在浴盆曲线中，它是属于偶然失效期这一时段的。

5. 威布尔分布

威布尔分布的应用比较广泛，常用来描述材料疲劳失效、轴承失效等的寿命分布。

威布尔分布用三个参数描述，这三个参数分别是尺度参数 α、形状参数 β、位置参数 γ，其概率密度函数为

$$f(t)=\alpha\beta(t-\gamma)^{\beta-1}\mathrm{e}^{-\alpha(t-\gamma)^{\beta}} \quad (t\geqslant\gamma,\alpha>0,\beta>0)$$

不同 α 值的威布尔分布（$\beta=2,\gamma=0$）的图形分布变化如图 8-7 所示。

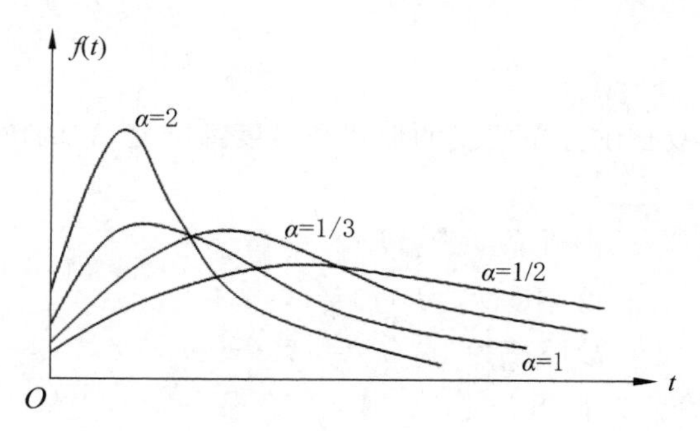

图 8-7　α 威布尔分布曲线

当 β 和 γ 不变时，威布尔分布曲线的形状不变。随着 α 的减小，曲线由同一原点向右扩展，最大值会减小。

不同 β 值的威布尔分布（$\alpha=1,\gamma=0$）的曲线变化如图 8-8 所示。

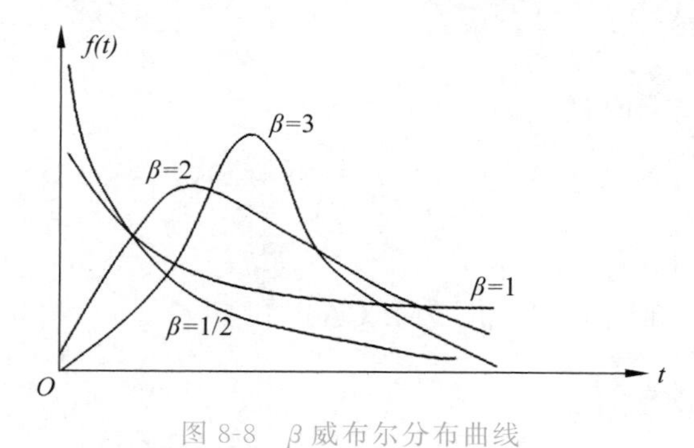

图 8-8　β 威布尔分布曲线

当 α 和 γ 不变，β 变化时，曲线形状随 β 而变化。当 β 值约为 3.5 时，威布尔分布接近正态分布。

不同 γ 值的威布尔分布（$\alpha=1,\beta=2$）的曲线分布形式如图 8-9 所示。

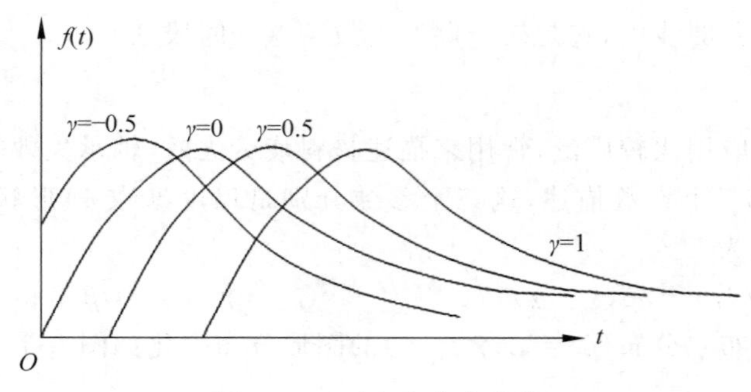

图 8-9 γ威布尔分布曲线

当α和β不变时，威布尔分布曲线的形状和尺度都不变，它的位置随γ的增加而向右移动，则有

不可靠度为 $F(t)=1-e^{-\alpha(t-\gamma)^{\beta}}$

可靠度为 $R(t)=e^{-\alpha(t-\gamma)^{\beta}}$

故障率为 $\lambda(t)=\alpha\beta(t-\gamma)^{\beta-1}$

威布尔分布其他特点如下。

- 当$\beta>1$时，e的指数单调上升，表示磨损失效。
- 当$\beta=1$时，表示恒定的随机失效，这时λ为常数。
- 当$\beta<1$时，e的指数单调下降，表示早期失效。

当$\beta=1,\gamma=0$时，$f(t)=\alpha e^{-\alpha t}$为指数分布。

8.3.4 系统可靠性

系统可靠性包括以下内容。

① 可靠性预测。

② 可靠性分配。

③ 故障树分析(FTA)。

④ 失效模式、后果和危害性分析(FMECA)。

8.3.5 可靠性设计

可靠性设计包括对系统或设备的可靠性预测、分配、技术设计、可靠性评价等工作。为完成系统的可靠性设计，必须对成本、可靠性、维修性、性能等各因素进行综合权衡，并以此作为设计的依据。一般来说，可靠性设计应考虑以下原则。

(1) 尽量采用可靠性高的标准化、系统化零部件。

(2) 在保证系统的规定功能前提下使整个系统尽量简单化、标准化。

(3) 采用先进的设计方法,提高设计系统的可靠性。

(4) 重视维修性设计,考虑可达性、装配性、宜换性、可诊断性等方面的设计。

(5) 进行人机工程设计。

(6) 进行系统的安全性设计。

(7) 进行系统寿命周期内的经济性分析。

1. 可靠性预测

可靠性预测是根据所得的有效数据计算器件或系统可能达到的可靠性指标,或对于实际应用的产品计算出它在特定条件下完成规定功能的概率的预测方法。

可靠性预测的目的如下。

(1) 协调设计参数及指标,提高产品的可靠性。

(2) 进行方案比较,选择最佳方案。

(3) 发现薄弱环节,提出改进措施。

可靠性预测的程序如下。

(1) 系统定义。

(2) 建立系统的结构模型。

(3) 确定组成系统的单元。

(4) 确定失效概率分布。

(5) 确定环境条件。

(6) 确定失效率。

(7) 计算系统的可靠性。

2. 可靠性分配

可靠性分配是指根据系统的可靠性目标确定系统各组成单元的可靠性指标,它是可靠性设计的重要步骤。

可靠性分配的目的:进一步落实可靠性指标,明确各子系统和单元的可靠性要求,发现薄弱环节,为改进设计提供依据。

3. 故障树分析法

故障树分析法是在系统设计过程中通过对可能造成失效的各种因素(包括硬件、软件、环境、人为因素)进行分析,画出称为故障树的逻辑框图,从而确定系统失效原因的各种可能组合方式及其发生概率,以计算系统故障概率,采取相应的纠正措施,从而提高系统可靠性,这种设计方法称为故障树分析法(Fault Tree Analysis,FTA),其构造方法如图 8-10 所示。

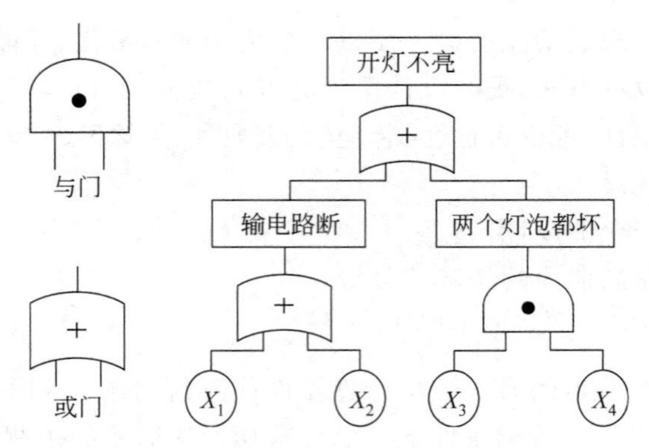

图 8-10 故障树分析法的构造

4. 失效模式影响极其危害性分析

失效模式影响极其危害性分析(Failure Mode, Effect and Criticality Analysis, FMECA)是一种系统化的可靠性分析与评估方法。

FMECA 是从装配等级最低的零件开始,按照一定的格式有步骤地分析每一个零件可能产生的失效模式,由下而上直至系统的分析。

FMECA 是设计决策时的一种依据,应在设计初期尽早开始,并随设计的变动而及时修改。

FMECA 由两部分组成,即后果分析(FMEA)以及危害性分析(CA)。

5. FMEA 表

设计的 FMEA 通常包括多种要素,具体如表 8-2 所示。

表 8-2 FMEA 表

系统名称: 生产日期:
分析层次: 制表日期:
任　　务: 分析人员:
设计及制造部门: 审　　核:

代码	产品或功能标志	功能	失效模式	失效原因	任务阶段与工作方式	失效影响			检测方法	补偿措施	严重度级别	备注
						局部	高一层次	最终				

8.3.6　过程 FMEA 实例

一家木制家具制造厂商经常收到大量的顾客投诉，抱怨椅子的送货时间过长。针对这种情况，管理层决定分析组织内部存在的问题。经仔细研究，管理层发现椅子的生产过程(生产部门)是公司运作最关键的环节，因此，管理者决定重点分析椅子的生产过程。他们将该过程分为以下几个步骤：供应木料、选木料、锯木料、钻孔、打磨。通过对这些步骤进行研究，团队明确了故障所在，找出了原因及后果，提出了可行的解决方案。

1. 故障模式与效应分析示例

下面展示 FMEA 表的使用，如表 8-3 所示。

表 8-3　某木制家具制造厂商的 FMEA 表

日期：2000 年 10 月 第 1 页	公司：约翰逊家具 部门：生产部 主要过程：椅子制造		团队成员：瑞塔、罗德尼、沃伦、威廉、大卫 制表者：罗德尼						
过程步骤	故障模式	原因	效应	P	S	RPN	解决方案	负责人	日期
供应木料	供应困难，职工安全存在危险	运输与搬运设备不齐全	生产延误	7	10	70	配备精良的运输与搬运系统	大卫	2000 年 11 月
选木料	木料从分拣带上滚落	滚动带构造有问题	生产停滞	5	7	35	重新设计滚动带	罗德尼	2000 年 12 月
锯木料	锯料困难	所选木料过大 锯齿不合适	锯料机受损 锯料工艺差	6 2	5 4	30 8	优化分拣程序	沃伦	2001 年 1 月
钻孔	钻孔机经常出现问题	维护系统不完善	生产延误	8	5	40	开发、使用预防维护系统	瑞塔	2001 年 2 月
打磨	木屑粉末带给职工的安全问题	粉末不能被完全抽排	疾病引发高缺勤率	5	10	50	安装粉末抽排系统	罗德尼	2000 年 12 月

2. 因数 P 与因数 S

建立 FMEA 表项的因数故障概率 P 和故障模式强度 S 的强度级别，将详细情况列入表 8-4。

表 8-4　某产品的因数 P 和 S

故障的出现概率 P	故障模式的强度 S
可以按照以下等级确定因数 P： 0 代表不可能/从不 1 代表可能性极低 2 代表可能性低 3 代表有一定的可能性 4 代表低于平均值 5 代表平均值 6 代表高于平均值 7 代表比较高 8 代表高 9 代表非常高 10 代表一定	可以按照以下等级确定因数 S： 0 代表没问题 1 代表极小的问题/几乎没有问题 2 代表有一些问题/通过员工的努力能够解决 3 代表不太严重 4 代表低于一般情况 5 代表一般情况 6 代表高于一般情况 7 代表比较严重 8 代表严重 9 代表非常严重 10 代表灾难性的/带给人们危险

3. FMECA 表

建立 FMECA 表，设计表项的各项内容，如表 8-5 所示。

表 8-5　某公司产品的 FMECA 表

系统名称：　　　　　　　　生产日期：
分析层次：　　　　　　　　制表日期：
任　　务：　　　　　　　　分析人员：
设计及制造部门：　　　　　审　　核：

代码	产品或功能标志	功能	失效模式	失效原因	失效影响		失效模式相对概率	失效后果概率	失效模式危害度	产品危害度	故障率	结论和建议	备注
					局部	最终							

8.3.7　系统可靠性的相关研究

现代产品具备了相当高的复杂性，不单单有某几个零部件所组成，往往由成千上万的零部件所组成，产品功能也不单一的是某一种，而是具备了多种功能的复合体，由于其复杂性，某一个部件，哪怕是非常小的一个部件失效，或者某一种功能失效，都会引起整个产品的合作系统不能工作,甚至报废,给用户或企业带来损失或浪费。保障产品或系统完好的有效方法就是提升产品或系统的可靠性,从设计环节开始对产品的薄弱环节进行可靠性配置,保证其在工作或运行期间不出问题。产品配置的方法大致包括这些方面:基于拓扑结构的系统优化方法;基于系统功能模块分析的配置优化方法;基于产品某些个单元冗余配置的优化方法。在对产品和系统进行优化的过程中,又引申出很多具体的理论和现实方法,这里有具体的配置方法研究,如智能算法,比较经典的就是遗传算法,也有针对某些具体方面进行的可靠性优化研究,如车辆轮胎的配置方法既使用了 K/N 系统的配置方法,也使用了冗余配置的优化方法等。

关于系统可靠性的研究是当今社会的一个热点问题,其中,在冗余系统的可靠性设计方面的研究占据较大的比重,并起到了较好的效果。目前在冗余配置方面,早期研究较多集中在结构冗余配置、智能方法的冗余配置、其他方面的冗余配置等方面。在结构冗余配置研究方面有串并系统的配置研究,有 J. Safari 提出的具有冗余策略选择的串并联系统多目标可靠性优化 ,M.A. Ardakan 和 A.Z. Hamadani 提出的在子系统中具有混合冗余的串并联系统可靠性优化,M. A. Ardakan 等人提出的可靠性冗余配置问题的冗余组件方法等。利用智能方法进行冗余配置的研究成果也相当多,如使用遗传算法解决可靠性冗余优化问题、利用模糊不确定方法解决多目标可靠性冗余配置问题。

另外的一些研究是利用某些优化规则进行的研究,如混合 Jaya 解决冗余配置问题,使用 Pareto 进行的可靠性冗余配置问题,使用冗余配置解决系统可靠性与风险的问题,还有利用关联失效重要度度量的冗余配置方法研究,自由分布式可修多状态可用性冗余分配的仿真优化方法等。

上述研究很好地解决了系统可靠性存在的配置方法问题,然而在系统可靠性冗余优化配置等方面的研究相对较少,为此,本书介绍机电系统关重件的可靠性冗余配置优化方法的研究,以作为系统可靠性方法成果的一个补充。本研究首先对当前系统的可靠性及其冗余配置的当前研究与发展进行概述,提出机电系统关重件的可靠性冗余优化研究;接着对冗余系统可靠性进行分析,提出可靠熵的概念;然后对可靠性冗余设计与优化计算进行研究,给出相应的计算模型;其后使用具体的例子对研究方法进行详细证明;最后对提出方法进行总结,说明提出方法的特点。

8.4　可靠性冗余概述

冗余系统可以简单地理解为对现有系统的备份,按照备份的形式有热备份和冷备份之分。热备份就是指备份系统和工作系统同时处在工作状态或称在线状态,冷备份就是指备份系统处在备用状态或称离线状态。当工作系统故障时,通过快切等技术手段使备份系统即时恢复工作状态并取代原有的工作系统。冗余备份通常又有多级冗余之分，就是指对工作系统进行多个冗余备份，仅有一个冗余系统的备份通常称为冗余备份，有两个冗余系统的备份称为二级冗余备份。现实中的很多情况是，为了使某个功能部分不出故障，往往采用多重冗余提升系统的可靠性，造成资源不足或浪费。那么究竟采用何种冗余程度较为合理，目前还没有一个确定的标准，为此提出了可靠熵 R_a 的概念。

定义可靠熵 A 为在系统可靠性 R 发生改变时系统可靠度改变的快慢。在对系统可靠性进行改变时，系统设计的可靠熵越大，说明对系统可靠性的设计越有效，反之则无效。可靠熵对产品设计者来说是一个非常重要的指标。

8.5 可靠性冗余技术

8.5.1 冗余系统可靠性计算

冗余系统可看作对于一个功能单元或系统的备份，因此，不同的备份方式和备份等级所得到的系统可靠度和产生的效果是不同的。

一级冗余系统分为热备份和冷备份两种，如图 8-11 所示，它们的可靠性计算是不同的。

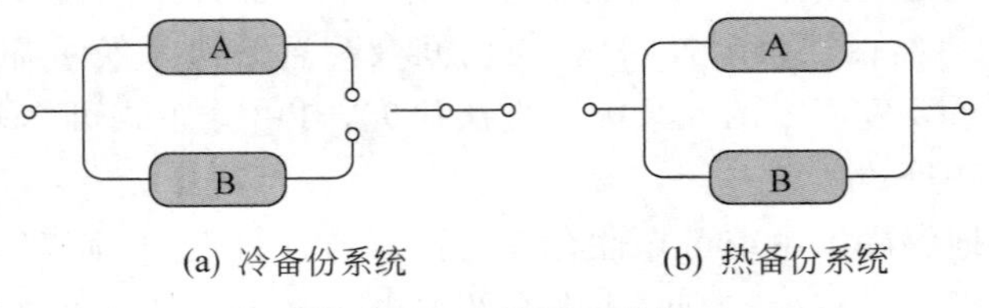

(a) 冷备份系统　　(b) 热备份系统

图 8-11 一级冗余系统

A 为主元件，B 为储备元件，当主元件 A 发生故障时，储备元件 B 立即通过切换投入运行。只有当 A 故障且 B 故障时，系统才发生故障，因此储备系统可以大幅提高系统的可靠性。假设 A、B 元件完全相同，故障率均为 λ，研究系统为机电系统，因此可以按照泊松分布规律计算系统无故障和一个元件故障时的概率分布为

$$f(t)=\lambda\beta(t-\gamma)^{\beta-1}\mathrm{e}^{-\lambda(t-\gamma)\beta} \tag{8-1}$$

机电系统的电气特性强于其机械特性，且故障更多发生在电气材料的器件上，因此式(8-1)可进一步简化，取 $\beta=1,\gamma=0$，式(8-1)就可以转换为式(8-2)。

$$f(t)=\lambda\mathrm{e}^{-\lambda t}\quad(\lambda>0,t\geqslant 0) \tag{8-2}$$

研究单元的不可靠度可以计算出来，即

$$F(t)=1-\mathrm{e}^{-\lambda t}\quad(\lambda>0,t\geqslant 0) \tag{8-3}$$

相对应的系统可靠性可以表示为

$$R(t)=1-F(t)=e^{-\lambda t}(t\geqslant 0) \tag{8-4}$$

式(8-1)和(8-2)为关重部件没有冗余情况下故障率的计算方式，如果对此关重部件进行一级冗余备份，则其冗余系统的故障率计算方法就会发生改变。

设两个原部件和备份部件的故障率分别λ_1和λ_2，两个部件的故障率分别为$F_1(t)$和$F_2(t)$，其不可靠度表示为

$$\begin{cases}F_1(t)=1-\mathrm{e}^{-\lambda_1 t}\\F_2(t)=1-\mathrm{e}^{-\lambda_2 t}\end{cases} \tag{8-5}$$

根据并联系统可靠性的性质，其总的不可靠度求解数学模型可表示为

$$F_p(t)=F_1(t)\times F_2(t) \tag{8-6}$$

即

$$F_p(t)=1-\mathrm{e}^{-\lambda_1 t}-e^{-\lambda_2 t}+\mathrm{e}^{-(\lambda_1+\lambda_2)t}$$

由于F_1和F_2为冗余备份的系统，$\lambda_1=\lambda_2$，因此式(8-6)进一步可以写成

$$F_p(t)=1-2\mathrm{e}^{-\lambda t}+\mathrm{e}^{-2\lambda t}$$

一级冗余单元的可靠性可以表示为

$$\begin{cases}R_p(t)=1-R_p(t)\\R_p(t)=1-F_1(t)\times F_2(t)\\R_p(t)=2\mathrm{e}^{-\lambda t}-\mathrm{e}^{-2\lambda t}\end{cases} \tag{8-7}$$

多级冗余系统热备份和冷备份故障率的计算可表示为

$$\begin{cases}F_p(t)=\prod\limits_{i}^{n}F_i(t)\\F_p(t)=(1-\mathrm{e}^{-\lambda t})^n\end{cases} \tag{8-8}$$

多级冗余备份系统可靠性的计算，如n级冗余备份的可靠性计算可表示为

$$\begin{cases}R_p(t)=1-\prod\limits_{i}^{n}F_i(t)\\R_p(t)=1-(1-\mathrm{e}^{-\lambda t})^n\end{cases} \tag{8-9}$$

上述模型反映了机电系统关重部件冗余配置的个数与可靠度提升的关系，使用仿真计算方式计算多重冗余的可靠性变化曲线如图 8-12 所示，从图中可以直观地看出当从$n=1$增加到$n=2$，一直增加到$n=5$时的系统可靠性曲线图，但能够看到采用不同级别的冗余度系统可靠性的提示是不同的，总体上系统的可靠度随着n的数值不断增大，系统的可靠度会得到不断提升。

从冗余系统的可靠性计算结果可以看出，无论采用热备份还是冷备份、单级冗余还是多级冗余都能够改变系统的可靠性，使系统的可靠性得到提升。

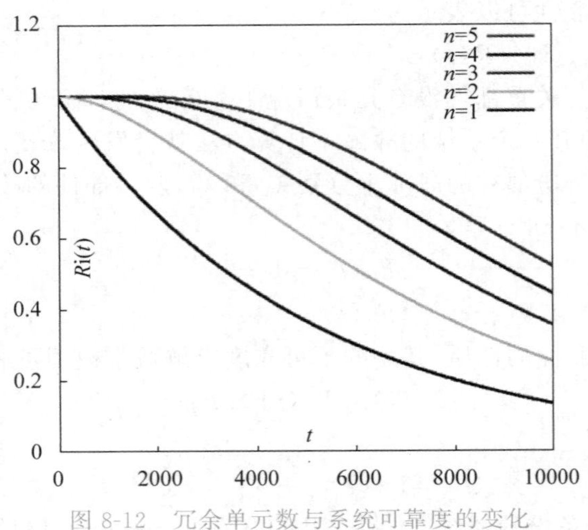

图 8-12 冗余单元数与系统可靠度的变化

8.5.2 冗余系统可靠熵的计算

从可靠性增长的角度分析，可靠性越大，系统越有保障，然而现实中系统必须考虑系统成本的问题，无线冗余带来的是巨额成本，为此，在研究机电系统现实设计时，要有一种确定冗余配置级别的方法使系统最优化。本章提出了可靠熵的概念，通过它保障系统配置最优化。

可靠熵是用于反映系统可靠性变化快慢的数值量，可用于实际工程中解决系统可靠性最优配置的问题。

假如某功能单元当前的可靠度为 R_0，经过配置后该单元的可靠性为 R_1，那么该功能单元的可靠熵为 A，可以表示为

$$A^i=\frac{\Delta R_i}{R_i}=\frac{R_i-R_{i-1}}{R_{i-1}} \tag{8-10}$$

功能单元一级冗余可靠性的提示计算方法为

$$A^1(t)=\frac{(2\mathrm{e}^{-\lambda t}-\mathrm{e}^{-2\lambda t})-\mathrm{e}^{-\lambda t}}{\mathrm{e}^{-\lambda t}}=1-\mathrm{e}^{-\lambda t} \tag{8-11}$$

功能单元多级冗余可靠性的提示计算方法为

$$A^i(t)=\frac{1-(1-\mathrm{e}^{-\lambda t})^n}{1-(1-\mathrm{e}^{-\lambda t})^{n-1}} \tag{8-12}$$

为此，对多级冗余单元的可靠熵进行仿真分析，其函数变化曲线如图 8-13 所示。通过对图 8-13 分析能够发现，多级冗余配置函数曲线是一个逐级递减的曲线函数，随着冗

余配置数量的增加，单元配置的可靠熵逐渐减小。从最优配置的角度而言，一级冗余配置能够获得最大的可靠熵，即为单元最优配置。

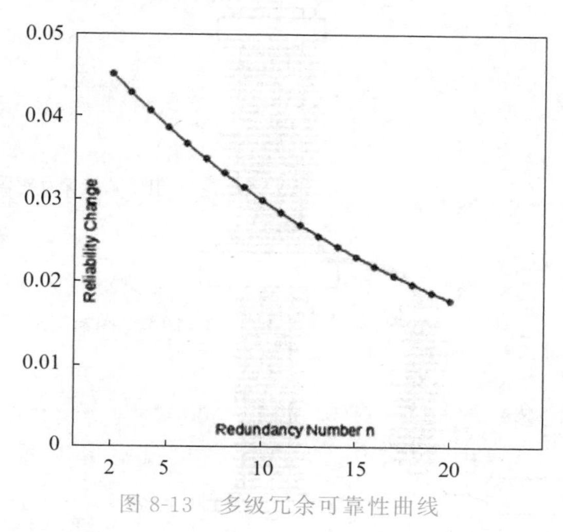

图 8-13　多级冗余可靠性曲线

8.6　例子分析

8.6.1　例子说明

下面以电气系统的集成式隔离断路器为例说明冗余配置的最优配置方法。集成式隔离断路器是电气系统的重要组成单元，使用非常频繁，对可靠性的要求非常高，其组成机构如图 8-14 所示，包含灭弧室、断路机构、电子互感器、支柱套管四部分。由于此部件价格的关系，对整个部件进行冗余备份不经济。另外，系统故障大多发生在其采集数据的电子互感器上，为此，此部件把电子互感器设计为可冗余器件，采用冷备份方式进行处理。

目前，单个电子互感器的平均寿命（MTBF）大致为 10 万小时，此功能单元的故障率为 $\lambda=1\times10^{-5}$。

若工作一年，约 8500h，则单个电子互感器的可靠度为

$$\begin{aligned}R(t)&=1-F(t)=\mathrm{e}^{-\lambda t}\\&=\mathrm{e}^{-1\times8500\times10^{-5}}=0.9185\end{aligned}$$

那么工作一年（8500h）的一级冗余备份功能模块的可靠度为

$$\begin{aligned}R_p^1(t)&=1-F_p^1(t)=2\mathrm{e}^{-\lambda t}-\mathrm{e}^{-2\lambda t}=2\mathrm{e}^{-1\times8500\times10^{-5}}-\mathrm{e}^{-2\times8500\times10^{-5}}\\&=1.837-0.8437=0.9933\end{aligned}$$

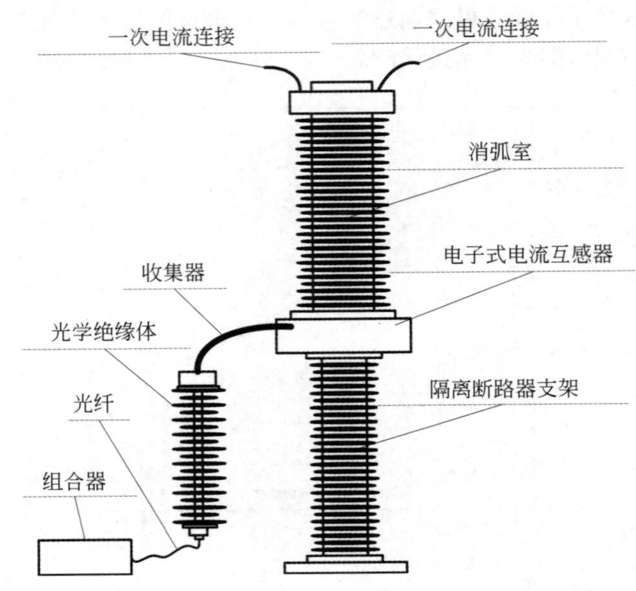

图 8-14 IICB 结构

一级冗余功能单元的可靠性可提升为

$$A^1(t)=1-0.9185=0.0815$$

那么工作一年(8500h)的二级冗余备份功能模块的可靠度为

$$R_p^2(t)=1-(1-\mathrm{e}^{-\lambda t})^2$$
$$=0.9934$$

二级冗余功能单元的可靠性可提升为

$$A^2(t)=\frac{0.9934-0.9933}{0.9933}=0.0001$$

8.6.2 结果分析

从上述电子互感器的冗余配置可以看出,冗余备份能够有效提升关重部件的可靠性,且不论是一级冗余还是多级冗余。此方法的工程实现相对简单,对整个系统不需要做太多改变即可提升系统的可靠性。

从配置单元的可靠熵方面分析,一级冗余配置对系统可靠性的提升是最大的,也是最优化的,因此,现实系统的最优冗余配置就是一级冗余配置,过渡配置和不足配置都是不合理的。

8.7 本章小结

本章在介绍可靠性技术背景、技术产生及其相关知识的基础上，重点对机电系统关重部件的可靠性冗余配置方法进行了介绍，可靠性冗余方法为成型数控系统可靠性的提升提供了一种全新的配置方法，为提升数控装备的可靠性配置增加了一种新的思路和有效的解决途径。

机电系统具有较高的复杂性，其关重部件的质量对整个系统可靠性的影响至关重要。结合经济性方面，为机电设备提供了一种新的可靠性配置方法。本章介绍了一种机电系统关重部件的可靠性冗余配置方法，它为冗余系统的可靠性设计提供了理论依据。通过本章内容的学习，读者应了解此方法的背景，重点掌握系统关重部件的可靠性冗余配置方法，包括可靠性冗余配置函数、可靠性冗余设计与优化计算的计算函数的定义、可靠性熵的概念，清楚例子对提出方法所做的详细说明。本章的难点是可靠熵的概念，利用可靠熵计算可靠性冗余配置最优值，以及冗余系统的可靠性求解函数的推导和仿真计算等内容。

第9章 智能物流技术

现代企业利用设备从事生产活动是一个复杂的系统工程，它涉及物料的供应、人员的组织、设备的准备、技术的支持等多种工作内容的协同，这些工作及其内部之间彼此关联、相互制约、协同配合，任何一项工作或工作中的某个环节出现问题都会影响企业的正常生产，给企业带来不同程度的损失。那么，在上述诸多复杂因素相互影响的情况下，如何有效地组织资源，实现精益化生产，提高企业核心竞争力是企业面临的一大难题。

本章从物流技术的背景意义、技术现状、基于BOM的物流技术、BOM物流的关键技术内容和实现方法、前景理论的物流技术几个方面对物流技术进行介绍。其中，前两节为物流基础，讲述物流的一些基本概念和技术指标，随后三节主要介绍基于BOM的物流技术，BOM是企业产品生产的重要技术手段，是本章的重点内容。前景理论的物流技术也是较为流行的一种物流方法，本章对其进行详细说明。现代物流庞大而复杂，借助智能方法解决智能制造的物流技术是非常有价值和有意义的工作。

9.1 背景意义

9.1.1 研究背景

智能制造具有生产控制实时化、过程管理可视化、设备决策自主化以及方案可预见等诸多特点，进一步通过对制造数据和管理信息的整理分析，可以实现企业运营管理的智能化和全面化。在第四次工业革命热潮的推动下，世界各国为提升国家的经济实力和企业的科技水平，均以落实智能制造模式和建造智能工厂为核心部署了各自的工业发展强国策略，其中具有代表性的有：美国于2006年颁布的《美国竞争力计划》中指出，信息物理系统(Cyber Physical System，CPS)作为落实智能制造模式的“地核”，其搭建工作被列为智能化工业规划的核心，将CPS的搭建列为重点科学建设项目，并有计划将其融入与工业相关的各大领域；德国于2011年正式提出的战略计划中强调将围绕CPS推进工业4.0模式走向落地，且该计划发展迅速，短短两年已升级为国家级工业发展战略；2015年，中国为加速向制造强国的转型进程，在发布的强国战略文件中指出，要想成为制造强国，必须紧握船舵向智能制造的坐标前行。

智能物流作为智能企业中的“血液运输者”，智能物流模式的构建是智能企业建造和智能制造模式在企业实施的任务之一。物流智能化的转变可以使制造生产全程变得灵活可控、有序高效，是智能制造高效运转不可缺少的重要部分。智能物流系统拥有物流全程透明、信息可追溯、决策实时、通信流畅、系统管控严密、对象可视等特点，同时要求设备具备决策可自主、通信可自发以及规划智能等特性。在智能制造的大背景下，智能物流模式的地位可体现在以下方面。

1. 智能物流模式突显

目前，制造产业高速发展，制造物流的分工逐渐突显并从制造中独立出来，形成了规模庞大、技术水平明显的一个工种。2016 年的制造业物流市场规模和从业人员相比 2002 年增长了 10 倍以上。生产物流被喻为企业生产的“运输员”，其作业效率是影响生产资源供给和企业生产成本的原因之一。有数据表明，生产物流带来的利润在企业总利润中排名第三，生产物流所花费的成本在产品制造总成本占 30%～75%，而企业产品的增值成本仅占 25%～70%，生产物流在产品生产总时长中占比高达 90%～95%，产品增值时长仅占 5%～10%。制造企业需要更好的物流模式、更精准的计算方法以及更先进的管理手段对制造物流行业进行变革，使制造企业更好地适应未来的发展趋势。压缩成本、提高效率在智能制造物流中是非常重要的目标，物流智能化应用及智能化管理是生产活动持续高效、缩小物流成本、实现智能制造的必要环节，智能制造系统在工作中具备的主动规划能力、实时通信能力和智能协同能力是保证在智能环境下制造进程有序进行的关键，也是智能制造研究中的重点课题。

制造企业在发展的同时也带动了物流行业管理的发展，物流在制造行业中是关键环节，物流供应与制造生产之间是否协同直接影响着企业能否满足客户的需求。目前，已经形成了第三方物流和第四方物流服务模式，制造物流本身也是一个系统工程。物流是制造行业发展的重要模块，制造精益物流模式正逐渐取代传统的物流模式，更加重视物流的组织方法、人员素养、管理体系、设施布局以及物流供应链环节。简单理解，物流就是指按照要求将物品运送到用户手中的过程，其中包括物流装卸过程、运输过程、存储过程等众多环节。目前，制造物流主要包括三种模式：1PL（企业自营模式）、2PL（外协模式）、3PL（第三方物流模式）。物流模式的不断改善升级为物流的发展提供了参考依据，协同创新的物流运作模式逐渐开始渗透到制造物流中，并将取得较好的效果。

2. 信息网络技术促进了智能物流的发展

在高速发展的互联网时代背景下，行业的竞争愈发激烈，信息化工作方式成为制造企业扩展业务的核心手段之一，同时也促进了企业生产模式的改造升级。

智能制造系统的智能性和可靠性来源于系统的信息化建设和物资运输载体的智能化构造。为实现智能物流在运行中的智能性，运输载体在以下三方面将进行智能化的提升：①CPS 的支持，也就是以物联网技术为核心的智能物流技术，是系统具备多种通信能力，设备之间信息可以实时交互、信息共享的能力，为智能制造设备作业通过协同支持；②大数据支持下的系统规划设计的可靠性得到提升；智能物流系统可通过获取的各物资的实时数据对运输场景进行模拟，在数据被挖掘后进行预测，进一步在经验和仿真验证的双重支撑下验证方案可靠度，使系统可靠性能力进一步得到提升；③动态决策的能力，通过对实时信息的提取可自主决策并进行方案规划，要求物资运载在执行作业的过程中具备动态调整作业和智能协同作业的能力。动态规划可实现过程中的任务方案的重组合优化，以选用不同的优化目标，如最大效率或最小成本实现物流作业，同时智能协同通信系统使物流以最均衡负载和要求的时间完成作业。

3. 物流系统的仿真技术

数字化技术和信息化手段在智能制造中被广泛运用，制造的系统仿真技术对方案和规划能进行验证评估，可减少方案的投入成本和提升质量。同时，智能物流模式也改变了方案评估的过程，传统的方案多基于经验原则，实施可靠性没有理论依据，智能制造的物流系统仿真一方面把以往的经验作为仿真的参考，另一方面是在仿真中可以融合优化的决策模型和高效率的求解算法，可实现方案可靠性和规划合理性的提升。物流数据仿真过程也是智能制造的优势所在，信息感知层的物联网为物流系统仿真提供了数据来源的技术支撑，数据分析层的数据处理与挖掘技术为物流系统的模拟、预测、诊断和优化等提供了分析手段，系统仿真层为设备和系统的决策提供了依据、支撑和保障，如诊断物资运载的健康状态、评估方案的可行性等。

4. 个性化需求对智能物流的挑战

现代生产方式越来越朝着个性化的方向发展，电子商务等网络平台的出现使用户选择范围更加广泛，个性化要求也越来越高，对企业生产过程提出了越来越高的要求，服务发现对于个人或者提供服务的企业都至关重要，顾客怎样从众多服务中心挑选出满足自身需求的服务，服务商怎样寻找商机都需要通过建立相关模块进行深入研究。目前，企业适应这种变化的主要方法是改善自身生产过程中的各个环节，尤其是供应链环节，如提高物流模块的响应时间、简化管理过程、最大限度地提高用户对企业的满意程度，物流在供应链管理中起到了决定性的作用。

现代物流将顾客需求作为企业经营之本，以满足顾客个性化需求作为经营目标，符合现代社会发展战略，同时现代物流将资源整合优化作为企业利润来源之根本，优化从原材料生产到最终用户手中整条供应链的各个环节，减少物流的成本同时保证效率，不断进行物流各个环节的优化是可持续发展战略的要求，从而保障企业的竞争优势。现代物流不仅是货物流，还包括信息流、人才流以及资金流等，通过协同合作进行物流活动。

“互联网＋”时代下，大数据等技术的发展能够为个性化生产提供有力的技术支撑。新常态下，物流行业已经开始逐渐转型升级，BTO（Built to Order）等更加智能先进的物流经营模式引领着物流发展的方向。智能化物流工作模式能够促进企业物流资源的合理利用，减少非必要的劳动和浪费，更加符合精益生产的思想。制造企业的物流服务受到众多因素的影响，智能化的规划能够优化物流工作流程，降低物流任务在匹配、配送、周转等环节的冗余，改善传统物流的工作流程，给供需双方带来更大的利润。

综上所述，在智能制造的建设过程中，由于生产模式和途径发生了改变，不仅要求物流过程管理具备全方位性和实时性，而且对物流过程规划的安全可靠度和可预测性也提出了更高的要求。

9.1.2　研究意义

目前，物流发展将朝着低成本化、智能化、绿色环保的方向发展，使物流活动能够更灵活、优质、高效、低耗。

物流的智能规划方法应用能够帮助企业及时响应用户需求，以个性化低成本的生产，最大限度地提升企业的市场竞争力。

精准配置资源，实时响应需求，集中调度分配各种资源，充分增加物流效益，提高资源的使用效率，打破传统经验式物流模式，各个资源之间协同合作，达到资源的合理利用和配置。

同时能够寻找最佳物流方案（包括最低成本和最短路径），逐渐形成有计划、有组织、有目标的物流服务模式。

以大数据和云计算等新兴技术作为支持，能够快速、敏捷地进行服务与需求之间的调配，将企业需求物料尽快送到生产线，做到准时生产，减少企业的生产费用，满足用户的个性化需求。

不同规模、背景的企业基于不同因素可灵活地选择方法，对制造企业物流智能规划方法进行研究，选取某个制造企业为研究对象，对制造企业物流中使用的智能规划方法进行梳理，并通过对比各种方法得出最适合制造企业发展的智能规划方法，为未来制造业物流智能决策方法的选择提供参考。

9.2　技术现状

9.2.1　制造物流研究内容

根据制造企业生产过程的物流分类，主要有生产物资供应物流环节、产品制造运输环节以及产品到客户的环节，共同完成一个完整的供产销闭环。目前一般采用订单式生产，因此在三个物流环节中，物资供应物流环节至关重要，相对把控困难。在整个制造生产周期内，如果在物流保障方面能够增强企业柔性，节约物流成本，便能够为企业带来更多的利益，加强企业的市场竞争优势等。本书重点介绍制造生产的物资供应物流环节，一是对制造企业而言此环节相对重要，二是其他两个环节和本环节类似，物流控制方法、各种指标的计算算法可以相互借鉴。

物资到场是制造企业利用工具把一种或多种物资转换成另一种产品的基础条件，其专业性和复杂性极高，有序的物流模式能够为企业组织生产节约成本、发挥效率，提高企业供应链的敏捷度，帮助企业获得更大的竞争优势。物资供应物流主要有送货模式、取货模式、配送中心的系统调度模式。最好的到场物流能够减少库存的积压，追求零库存的生产模式。美国等物流发达国家大多采用外包物流模式，即将物流外包给第三方，将制造精力集中在产品质量和市场营销方面，但我国目前的物流水平仍然处于制造厂商自营物流模式，没有协同运输，信息不对称严重，运输过程中空车率较高，浪费了大量运输资源，增加了企业经营成本。

产品运输环节是产品生产企业将产品运输到客户手中所涉及的全部过程，包括产品装卸、运输、存储、配送等众多环节。为了能够给用户提供更好的服务，同时增加企业自身的市场竞争力，产品运输环节能否快速响应客户的需求至关重要，能够将产品的运输规划为汽车路径规划问题，大数据时代要求产品制造厂商能够更快捷地响应用户需求，做到生产柔性足够高，用户能够按照自身需求订购个性化产品，产品物流的发展必将按照智能化的方向发展。产品能否快速准确地到达客户手中受到众多环节的影响，包括运输过程中是否按照时间窗约束条件进行，运输过程中物件是否受到损坏，以及运输车辆是否按照规定路径行走等因素都可能影响运输质量的好坏。通过系统工程学理论能够进行带动态时间窗的物流运输路径规划问题研究。

建立复杂供需关系的物流模型至关重要。现实中产品的供需分布具有高度的复杂性，各个供需之间都有需求量的要求、产品价格、地点路况、提供产品的时间、产品质量、产品供货可靠率以及物流总成本等，基于这些因素建立协同运输模型，将运输资源进行整合，提高了物资运输效率，同时减少了资源的浪费。

在多种因素影响下的智能计算算法非常关键。现实中的物流运输远比想象中复杂得多，人工计算和凭借经验估计的方式很难计算出实时更新的用户需求数据以及物流服务商提供的服务。如何在大数据时代利用有效的算法进行智能匹配服务与需求，进一步将服务与需求相匹配的组合进行决策，满足最低成本和最快速度等约束条件的运输路径规划，本章将通过智能匹配以及路径的优化解决相关问题。

9.2.2　智能算法研究现状

面向用户的需求搜索技术主要研究用户通过计算机技术在注册中心中寻找自己需求的服务并对服务满意程度进行改善的方式,计算机技术的发展以及云技术的成熟使得大数据可以被更好地开发和利用,基于大数据的智能调度系统逐渐取代了传统人工匹配物流的运作模式,服务更加智能化和便捷化。

通过构建服务本体描述其概念、公共属性以及专有属性等特点,保证本体之间具有显著的差异性,增加各种属性能够更准确地对服务进行匹配,降低了匹配的出错率,但就匹配的效率来看,还是存在一定的缺陷,这种基于语义的匹配大多采用性质匹配,没有考虑定量因素,无法将定量与定性分析相结合而进行研究。

顾客需求和服务提供商之间的对应关系构成了服务的多种要素,包括顾客对运量、时间、运输质量等的要求。卢忠东等人将 CRM 运用到了物流运输模型中,物流信息服务平台不仅能够单向接收顾客的需求信息,同时能够接收企业提供的服务信息,并将信息集成匹配,提高了物流信息平台的工作效率,协同性更强。孙承志将云计算概念引入物流平台,通过云计算实现供求双方的信息匹配,提高了服务速度和质量,并且能够实现物流匹配智能化。张晓磊等人提出基于改进蝙蝠算法的任务调度,以节约运输时间和优化资源利用率作为物流平台的目标。高蓟超提出将 Hadoop 云计算技术运用到物流服务匹配计算中,Hadoop 是一款由 Google 公司开发的开源软件,能够提供大量数据接口,保证数据重复利用以及快速准确的计算。

常用的智能算法大致可以分为两类：一类是确定性智能算法,如分支定界法、整数规划法等,应用在解决确定性问题,因此大多需要确定性的数据作为依托,但是这类方法需要计算的任务量十分庞大,对计算机资源的要求极高,在大数据的基础上很难运行起来,因此主要被应用在解决小型企业的确定性规划问题上;另外一类是概率型优化算法,这种算法在确定性优化算法的基础上进行了改进,主要是运用大数据提供的数据基础,基于一定的假设条件,采用一定的算法建立预测模型,对未知事件进行预测估计等。运用较普遍的概率性优化算法有以下几种。

(1) 模拟退火算法。这种算法是 Arianna W.等于 1953 年首次提出的优化算法,该算法模拟了固体物质在退火过程中粒子的运动规律,利用其寻找最优解的过程进行数学公式仿真。我国学者胡敏将这种算法进行了改进,并运用到配电系统的重构过程,在一定程度上放宽了对参数的要求。

(2) 禁忌搜索算法。Glover 提出的一种以建立 Tabu 表为计算方法的一种全局搜索算法,这种算法能够对之前的搜索形成记忆,不断地缩小搜索范围,并最终确定搜索目标。郎茂祥利用禁忌搜索算法解决了车辆路径优化问题,通过不断寻求车辆行驶更优解并禁止重复之前的解得到了车辆最终行驶路径，实验表明这种方法能够高速度、高质量地完成车辆路径优化问题。张炯将禁忌搜索算法应用到有时间窗约束的车辆调度问题中，即将车辆的最晚到达时间加入约束条件，同样取得了能够快速收敛的最优解，由此可见禁忌搜索算法在求解过程中具有快速收敛性。

(3) 遗传算法。在达尔文进化论的基础上发展而来，将模型内的整体模拟为生物个体，并通过改变模型参数(生物个体基因)不断进化，不断地进行重复迭代，最终生成最优解。首先应该确定模型的一组解并通过不断进化寻找更满足条件的最优解。姜大立将车辆路径进行染色体表达，建立了车辆路径优化模型，通过遗传算法解决了车辆路径优化的问题，基于八个仓库和一个配送中心实验数据对模型进行检验，实验结果表明该模型能够较快地模拟出车辆行驶路径，减少运输费用，提高经济效益。李军等将遗传算法应用于车辆调度(VSP)问题，解决了车辆非满载调度问题。

(4) 人工神经网络算法。基于模仿动物的神经系统进行数据计算的一种智能算法，即通过不断学习进行反馈调节，最终寻找到最优解，在物流需求预测领域的应用比较广泛。后锐将人工神经网络算法应用在配送中心的选址问题上，通过神经网络预测出各个需求地的需求量和需求频率，对配送中心进行预测。陈治亚等人对这种算法进行了改进，提出了物流需求预测模型，该模型在计算中加入了适应函数，能够避免神经网络容易出现局部最优问题，同时对计算方法进行了简化，降低了计算的复杂程度，能够很好地进行需求预测。

物流路径优化问题可以分为两类：经典算法和启发式算法。经典算法采用精准方式对路径进行规划和计算，随着大数据时代的到来和云计算技术的发展，经典算法已经不能满足企业发展需求，在大型企业的物流路径规划问题上，启发式算法逐渐取代了经典算法，以通过不断反馈调节寻求最优解得到精确解。

9.3 基于BOM的物流技术

分析当前制造生产中的实际情况，结合当前ERP实施过程中的难题，抽象出其中的一些共性问题，然后采用一种合理、有效的理论方法解决它们。

具体包括这些方面：现代企业生产制造存在ERP管理与制造过程联系松散的情况，为此探索基于BOM的MES系统的研究与开发。此研究的一个关键环节就是建立系统产品BOM，正确的产品BOM是指导后续MES生产的基础，在此提出了层次分解法的BOM构建方法。在前期工作的基础上进一步研究了模糊综合评判的最优库存确定方法，为MES提供了可行性支持。最后，构建了四层架构的MES为实际的生产应用提供帮助。

9.3.1 BOM 物流介绍

现代企业生产是一个复杂的系统工程，它不仅表现为制造的产品相当复杂，而且制造手段以及制造过程也都相当复杂。在产品的制造过程中，它涉及物料的供应、人员的组织、设备的准备、技术的支持等多方面的工作，这些工作及其内部之间彼此关联、相互制约、协同配合，任何一项工作或工作中的某个环节出现问题都会影响企业的正常生产，给企业带来不同程度的损失。那么，在上述诸多复杂因素相互影响的情况下，如何有效地组织资源、实现精益化生产、提高企业核心竞争力是摆放在现代企业管理面前的一个巨大难题。解决这些难题不仅需要科学的方法，同时也需要借助一定的科学技术手段才能保证企业的正常生产。为此，本项目提出了基于 BOM(Bill of Manufacturing)的 MES(Manufacturing Execution System)研究与开发，这里的 BOM 代表使用的科学方法，MES 代表研究项目所借助的技术手段，即通过信息化、智能化的方法保证和实现企业生产的有序和高效。

本项目的研究与开发旨在有效地组织生产、提高加工效率、提升产品质量，并在此前提下满足企业的经济效益。项目的最终成果将是一套融合了多种技术的信息化软件系统，此系统将能够应用于实际生产以指导生产，并能够满足上述目标要求。另外，基于 BOM 的 MES 研究与开发也是规模企业生产中的一个共性问题，此项研究与开发能够广泛应用于不同的生产制造行业，具有重要的现实意义。

9.3.2 国内外的研究

目前，持续低迷的世界经济严重影响到了我国的制造生产企业，并给我国的企业带来了前所未有的竞争压力。在这个非常时期，企业必须生产出比以往品质更好、功能更强、价格更低廉的产品才能立足于市场。因此，企业通过提高信息化、自动化水平提升制造的协同性、竞争力和生产效率等是非常重要的。

影响企业生产的因素主要有生产物料的组织、生产人员的管理等。产品 BOM 的研究为组织生产物料需求和备料提供了科学方法；生产的信息化、自动化为企业的 MES 提供了强大的支持与保障。

产品 BOM 是人们在制造生产过程中发现总结出来的一种物料准备方法，它能有效地组织物料，使生产过程能够顺利进行并减少浪费。企业生产中的一些重要工作就是建立制造产品的 BOM，BOM 的准确性将直接影响整个生产制造的效率。

MES 能很好地把企业计划层和生产实际过程结合起来，为企业提供快速反应、有弹性、精细化的制造业环境，帮助企业降低成本，提高产品品质以及服务质量，进一步提升企业的竞争力。

因此，有人提出了基于 BOM 的 MES 研究与开发，研究把 BOM 技术运用到 MES 之中，能使企业制造能力得到大幅提升、生产效率得到大幅提高。这种结合是提升企业核心竞争力较为有效的方法。

MES 在发达国家已实现了产业化，其应用覆盖了离散与流程制造领域，并给企业带来了巨大的经济效益。MES 被广泛应用于下列 7 大行业：机械制造、电气/电子、汽车、塑料与化合物、通信、医疗产品等。调查表明，企业使用 MES 后，可有效缩短制造周期和生产提前期，减少在制品，减少或消除数据输入时间和作业转换中的文书工作，改进产品质量，减少次品，消除损失的文书工作。据权威咨询公司 AMR 最新完成的一项市场调查显示：2006 年全球制造业在管理软件方面的投资，MES 居第二位，仅次于 ERP。在国外很多行业应用中 MES 已和 ERP 相提并论，而且 MES 已经成为目前世界工业自动化领域的重点研究内容之一。国内在“十五”期间，流程工业领域 MES 成为技术研究的突破口，重点面向钢铁和石化 2 个典型流程制造行业，如上海宝信 MES、中国石化 MES(S-MES V1.0)等。MES 的多年研究，取得很多成果，国内市场上针对离散制造业的 MES 产品代表性的有：ICON-MES、OrBit-MES、天为 MES 等。随着我国制造业信息化建设的深入开展，MES 有望在我国获得更广泛和深入的应用。

MES 系统正朝着下一代 MES 的方向发展。下一代 MES 的主要特点是易于配置、易于变更、易于使用、无客户化代码、良好的可集成性以及提供门户(Portal)功能等，其主要目标是以 MES 为引擎实现全球范围内的生产协同。

基于 BOM 的 MES 的研究与开发能使 MES 和前期的 ERP 系统结合贯通起来，通过企业的信息化、自动化完成与 ERP 系统的完美对接，在企业生产制造过程中实现系统资源共享、制造的协同与优化。

9.4 BOM 物流的关键技术内容

9.4.1 技术内容

(1) 研究构建一个 MES，解决 ERP 应用系统和制造过程管理相脱节的情况，探索 MES 与 BOM 的结合。

(2) 企业制造生产都以产品为核心，采用合理的方法组织产品的物料供应是 MES 应用的重要一环，在此研究采用层次分析法的产品 BOM 构建技术。

(3) 构建产品 BOM 不是最终目的，产品 BOM 是为生产提供服务与指导的，接下来还要研究模糊综合评判的最优库存确定方法。

(4) 解决实际问题最终是要建立切实可用的 MES 应用系统，研究的最后一项内容是设计四层架构的 MES 应用平台。

9.4.2 技术的关键问题

1. 层次分析法的产品 BOM 构建技术

基于 BOM 的 MES 研究与开发中的一个重要问题就是构建生产的 BOM，我们将采用层次分解法(Analytic Hierarchy Process, AHP)确定需要制造的物料的基本单元，理清制造生产过程中所需的物质材料等资源，为顺利组织生产提供可靠的依据。

2. 模糊综合评判的最优库存确定方法

企业生产追求的目标是经济性，影响此性能的指标有很多，如产品原材料的品质、产地、采购时间、型号、运输方式等。影响因素不易量化，它们与物料种类之间形成了一种模糊的关系。因此，采用模糊综合评价的方法将这种模糊性量化，然后确定所需采购的物件种类，具有一定的科学性和可行性，在企业的实际生产中有效果很好的应用。

3. 构建四层架构的 MES 系统

研究内容的软件实现也是本项目中非常重要的一项工作。从应用的可靠性、安全性、健壮性出发，系统采用了四层体系的软件架构，将业务逻辑层、表现逻辑层和数据逻辑层分离，各层以接口连接，达到了低耦合、高内聚的目的。这样，系统在任何一个部分出现问题都不会影响另一个部分，可以有效保护系统数据，并在系统出现问题时进行备份和恢复。

9.5 BOM 物流技术的实现方法

9.5.1 层次分析法的 BOM 物流模型

本节采用层次分解法确定需要制造的物料的基本单元，然后应用模糊综合评判法进一步对物料种类进行确定。

这里的基本单元是指以目标产品为核心、以采购为基准而划分的最小物料零部件。

确定 BOM 的具体流程如图 9-1 所示。

A 类单元：经过 AHP 分析得到生产需要的物料的单元。

B 类单元：经过 AHP 分析得到生产消耗的物料的单元。

C、D、E 类单元经过模糊综合评判法分析后确定它们是否是需要储备的物料。

通过分析可知，运用 AHP 和模糊综合评判法可以确定维修 BOM 的组成结构。为方便、快捷、经济、安全地对产品物料进行采购和储存，本节将提供可靠的依据，下面论述模糊综合评判法在确定维修 BOM 组成结构中的具体应用。

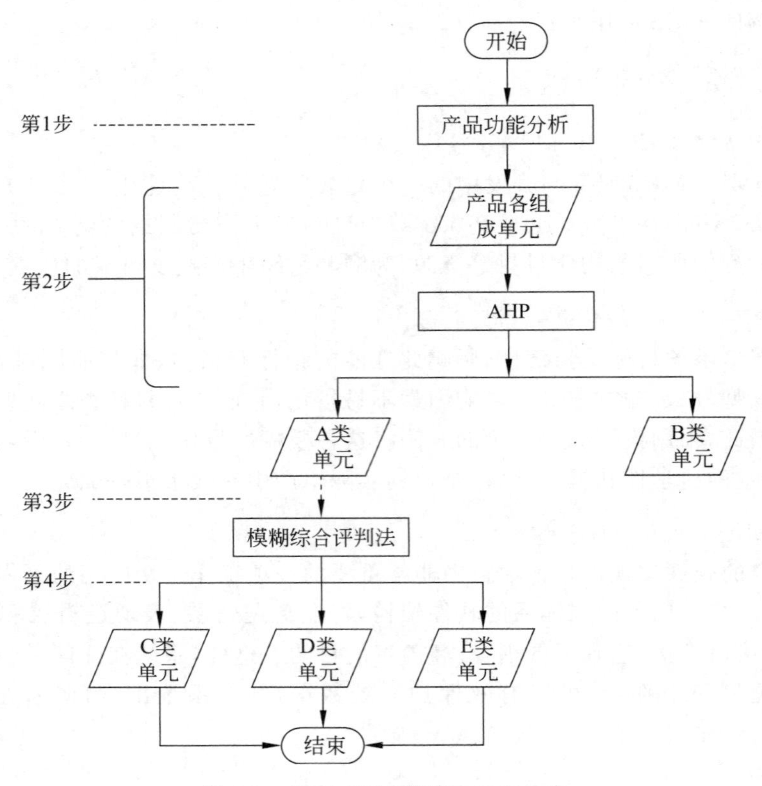

图 9-1 生产 BOM 的建立流程示意

9.5.2 模糊库存确定法

模糊综合评判法认为，影响产品物料准备的因素较多，既有物料消耗损失的影响，又有重要程度和关键性等的影响，还要考虑经济性影响等。在这些因素中，有的不易量化，它们与物料种类的关系是模糊的关系。此外，是否采购某类物料本质上是看采购该类物料的效果，并根据效果的不同进行分类，按照类别确定此物料是否采购，如何采购，采购的时间、数量、型号、商家等一系列指标。但综合评价效果的好坏本身也带有很大程度的模糊性。

模糊综合评判法是指通过综合分析影响物料效果的各种因素（如重要性、经济性、耗损性等），定量判断是否需要采购某种零物件，通过计算出来的效果分类（效果好、效果一般、效果差）确定所需物件的采购情况。

行业 n 个专家对选定的 5 个因素进行排列，结果如下。

$$\begin{array}{cccccc} & U_1 & U_2 & U_3 & U_4 & U_5 \\ L_1 & \text{I} & \text{II} & \text{III} & \text{IV} & \text{V} \\ L_2 & \text{III} & \text{IV} & \text{V} & \text{II} & \text{I} \\ \vdots & \vdots & \vdots & \vdots & \vdots & \vdots \\ L_n & \text{I} & \text{IV} & \text{II} & \text{V} & \text{III} \end{array}$$

排在Ⅰ、Ⅱ、Ⅲ、Ⅳ、Ⅴ的分别给5、4、3、2、1分，可得到系数矩阵

$$\boldsymbol{K}=\begin{bmatrix} K_{11} & K_{12} & K_{13} & K_{14} & K_{15} \\ K_{21} & K_{22} & K_{23} & K_{24} & K_{25} \\ \vdots & \vdots & \vdots & \vdots & \vdots \\ K_{n1} & K_{n2} & K_{n3} & K_{n4} & K_{n5} \end{bmatrix}=\begin{bmatrix} 1 & 2 & 3 & 4 & 5 \\ 3 & 4 & 5 & 2 & 1 \\ \vdots & \vdots & \vdots & \vdots & \vdots \\ 1 & 4 & 2 & 5 & 3 \end{bmatrix}$$

综合评判矩阵的计算为

$$\boldsymbol{B}=\boldsymbol{A}\cdot\boldsymbol{R}=(\alpha_1\quad \alpha_2\quad \alpha_3\quad \alpha_4\quad \alpha_5)\cdot\begin{pmatrix} R_{u1} \\ R_{u2} \\ R_{u3} \\ R_{u4} \\ R_{u5} \end{pmatrix}=(b_1\quad b_2\quad b_3)$$

根据计算结果且依据最大隶属原则，可得出采购某类物料的评判情况。情况好，则应采购该物料；效果差，则不予采购；效果一般，则应结合定性分析方法和企业的物料实际消耗情况进一步判定。

通过以上分析可知，企业可以运用模糊综合评判法进一步确定企业所需物料的种类，剔除不需要的库存物料，从而减少物料的库存资金，降低企业成本。

9.5.3 基于BOM的MES平台

项目开发选择MES的技术构架，它是一种适合于制造生产的技术方式，并能保证生产的品质与效率。因此，我们开发的MES是集物料管控、仓库管理、生产计划、在制品管控、品质管控、SPC预警、设备管理、工艺管控、人员管理、生产管理等组件为一体，以质量和效率为目标，实时反馈信息，帮助企业实现专业的生产运作的管理体系。

MES的数据采集功能强大，系统支持自动或人工条码采集，iPad平板电脑、Android智能手机终端数据录入，设备自动接口等多种方式采集产量、工艺参数、不良率、产品特性、设备状态、原材料等数据。MES具有极强的灵活性，采用Web网页技术开发，即使在远程异地也能随时了解工厂的生产运作情况。MES可与SAP、ORACLE等ERP系统无缝集成。

软件的实现采用了基于J2EE/.NET平台的四层体系架构，如图9-2所示，应用服务

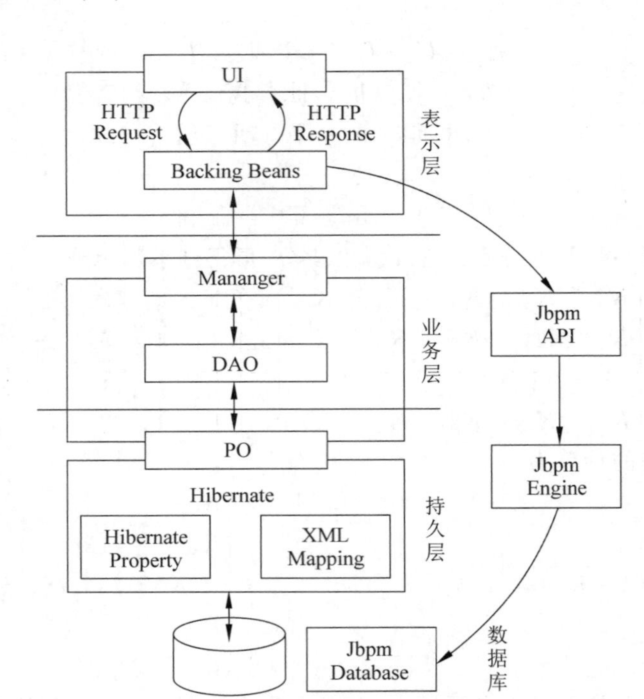

图 9-2　系统的体系结构

器采用 Tomcat。系统将业务逻辑层、表现逻辑层和数据逻辑层分离，各层以接口连接，达到了低耦合、高内聚的目的。中间层是业务逻辑层，主要处理各项具体业务，然后通过表现层（即浏览器）将业务处理结果展示出来，期间通过 Hibernate 的 O/R Mapping 映射技术将处理好的数据持久化到数据库中。

9.5.4　市场价值与风险分析

基于 BOM 的 MES 系统既有一定的理论基础，同时将按照产业化的方式实施项目。当前的制造企业正处在一个产品制造升级与转型的关键时期，有相当数量的企业需要此类产品推动和提升自己的生产能力。基于 BOM 的 MES 系统不同于以往的 ERP 系统和办公管理软件，它能够把生产、管理、组织和实际制造过程紧紧结合起来，并结合于 BOM 的理论和方法使企业的生产过程更加科学、可靠。此研究项目是在以往 ERP 的基础上发展起来的，解决了以往 ERP 系统所不能解决的生产性问题，因此，本项目的实验方案采用关键技术实验室研究，同时结合需求强烈的企业试用的方式。

目前，产品化的 MES 大多由国外软件商提供，价格相当昂贵，每套软件的售价从百万元到千万元不等。如果本项目产品化,则将形成我们自己的软件产品,并能取代国外软件在国内的市场。那么,我们的软件产品的销售价格可以是国外软件产品的售价的1/10～1/5,按 120 万元/套计算,若有 1000 家制造生产企业使用我们的软件产品,则能节约外购资金达 12 亿元。

基于 BOM 的 MES 技术在制造企业产业化后能够帮助企业实现转型,是企业脱离传统制造方式的一种有效和重要的手段,它对提高企业的制造能力起着基础作用;同时,它能大幅增强了企业在市场中的竞争力,使企业能够为社会提供高品质的产品与服务,产品将经过严格的软件功能测试以及特殊的边缘数据的测试;另外,产品在设计过程中将严格按照软件可靠性的要求进行软件容错设计和安全设计,因此产品质量具有较强的稳定性。此项目将综合中国大多数企业的生产模式研制生产而成,在用户的使用性能和友好性方面将会超越国外产品。

本项目研制的系统主要由通用的硬件设备和专用的软件系统所构成,用于硬件设备的通用性,因此不需要投入过多的资金定制设备,软件本身不存在危害等风险。系统投资主要用在研发人员的费用上,在预算中,人员费用的支出不足整个项目费用的 40%,因此具有很好的可行性。

9.6　前景理论的物流技术

9.6.1　前景理论物流介绍

人们在决策过程中经常通过直观推断将一些复杂的决策问题简化为一些简单的判断。坎内曼和特维尔斯基等心理学家通过大量实验发现了这一经验规则,并发现经验规则中的直观推断会产生严重的系统性错误和偏差,据此,他们提出了前景理论(Prospect Theory)。

前景理论是一个范式的描述性决策模型,它把风险决策过程分为编辑和评价两部分。在编辑阶段,个体凭借框架(Frame)、参照点(Reference Point)等采集和处理信息;在评价阶段,依赖价值函数(Value Function)和主观概率的权重函数(Weighting Function)对信息予以判断。价值函数是经验型的,它有三个特征:一是大多数人在面临获得时是风险规避的;二是大多数人在面临损失时是风险偏爱的;三是人们对损失比对获得更敏感。因此,人们在面临获得时往往小心翼翼、不愿冒风险;而在面对失去时会很不甘心、容易冒险,人们对损失和获得的敏感程度是不同的,损失时的痛苦感要大幅超过获得时的快乐感。

按照以上描述建立人们的行为模型,前景理论的研究有较高的应用价值,它能够指导人们面对问题会选择怎样做。目前,前景理论的应用研究,特别是在我国的应用研究才刚刚起步,前景理论作为风险下决策的描述性模型,其应用价值非常高,目前它被广泛应用在金融市场的决策中,本书将把前景理论的应用范围进行扩展,以帮助解决物流领域的决策问题。

前景理论从行为心理学的角度分析人的决策问题,充分考虑了心理因素对问题决策的影响,其核心是人在面对未来的不确定性而进行决策时是否总是理性或正确的,这决定着前景理论的存在价值。坎内曼和特维尔斯基的研究认为:人往往会出现系统性错误而偏离经济学的最优行为假定模式,因此结论是否定的。

(1) 同一问题在不同框架下,人们会显示出不同的偏好,这种偏好会带来决策的部分偏离,但它有着实质性影响。另外,它不仅在人的投资决策过程中存在,还发生于人的非经济判断行为之中。

(2) 人们通常并不知道其他替代性的问题框架以及它对人的偏好与选择的潜在影响,人们总是希望自己的决策与问题的框架无关。

(3) 大部分人受到记忆和可利用信息的限制,往往会以偏概全。

(4) 直观推断、价值函数与权数函数的非线性是偏好偏移与决策不一致产生的技术原因。

基于上述前景理论的思想,人们通常通过构建模型、量化参数、构建智能算法的方式克服上述问题,为问题决策提供最优方案。目前流行的相关物流算法有基于启发式算法的智能配置方法、基于模块的智能配置方法和基于过程的智能配置方法三种。启发式算法能够从全局中寻找最优解,这类方法通过不断迭代、变化寻找最优解,步骤基本相同,较具代表性的有遗传算法。基于模块的配置算法由多个功能模块组成,不同模块负责不同任务,各个模块之间具有一定的逻辑关系,以下是几种常用模块:基础模块、前提效果配置模块、QoS的智能配置模块等。基于过程的配置方法是根据物流业务的发生流程进行配置的一种方法,目前主要有基于时变petri网的智能配置方法、基于工作流的智能配置方法。

目前流行的三种智能匹配方法都存在一定的优势,同时又有一定的局限性,为了能够更好地满足制造企业物流的智能配置需求,应选择合适制造企业的物流配置方案。

9.6.2 现代物流的特征与配置方法

1. 现代物流特征

现代物流系统不仅能够实现资源调度,还能够根据物流指标的过程和环节进行配置规划,实现现代物流管理的智能化。用户根据系统提供的决策选取符合自己需要的物流方式的服务。根据现代物流的要求,智能物流的服务要具有以下特点。

（1）海量的物流数据。时刻都会产生大量的物流数据，将物流信息资源采集保存在信息系统中，用户能够通过各种设备访问物流系统，从中挖掘自己需要的资源，物流系统可以通过云计算技术实时更新数据，将处理结果反馈给用户。因为物流企业众多，每个企业拥有不同的物流资源，不同数量的资源也分布在不同地点，所以使得物流处理的数据量极大。

（2）算力强大的平台。物流的大量异构数据催生了平台的计算技术发展。云计算技术被普遍采用对分布式处理海量数据进行计算，提供各种用户要求的任务指标计算，计算结果并反馈给用户，为用户提供个性化需求并为物控提供决策。

（3）降低物流成本。相对于传统物流模式，智能物流能够利用计算机模拟配置过程，缩短处理计算时间，节省时间成本，用户无须雇用大量人员和计算设备工作，只需要根据自身需求在物流平台发布任务，计算机就能够利用物流数据进行分布式计算并给出配置结果。

（4）物流服务标准化。从事物流行业的企业数量众多，在资源系统中，会自动通过传感器采集和获取各种物资资源，如物资仓库位置、存储能力、车辆载重量、车辆地点等数据信息都会以标准形式保存在系统中，用户可以根据需要进行调用，物流系统按照标准模式读取数据并进行计算，减少了异构数据带来的不可计算问题。目前，大型计算机系统和云计算技术已经能够解决物流的计算量问题。

2. 智能物流的配置

制造企业对物流的要求不同，选用的智能配置方法也有所不同。选取合适的智能配置方法对企业而言非常重要。智能配置方法的选取受到多种因素的影响，如设备质量、资金投入、能够为公司带来的利益等，因此物流智能配置方法需要企业自行选择。制造企业属于生产销售类企业，物流系统的工作效率将直接决定企业的发展，如供应物资资料、物流投入成本等，物流系统不仅能够及时响应需求，同时能够帮助企业以最快的速度做出反应，从而提高用户满意度。下面从时间配置、质量配置等多个方面介绍配置方法的运作模式及其优缺点。

（1）时间配置

时间配置会直接影响物流方案的成败，不同配置方法所采用的配置框架不同，配置的时间长短也不同。

启发式智能配置是在资源描述的基础上直接进行匹配操作的一种方法，如遗传算法，它是根据自然界遗传基因的进化原理形成的算法，是一种启发式算法，通过模拟物种的繁殖过程中基因的变化而不断优化，使整个个体达到最优并输出最终结果。再如 k-means 算法，它在准备阶段确定制造企业需求，包括制造企业对运输时间限制、货物质量限制、运输成本限制等，平台中存储了大量待使用资源，可以采用寻找质心法进行资源搜索，如

图 9-3 所示。

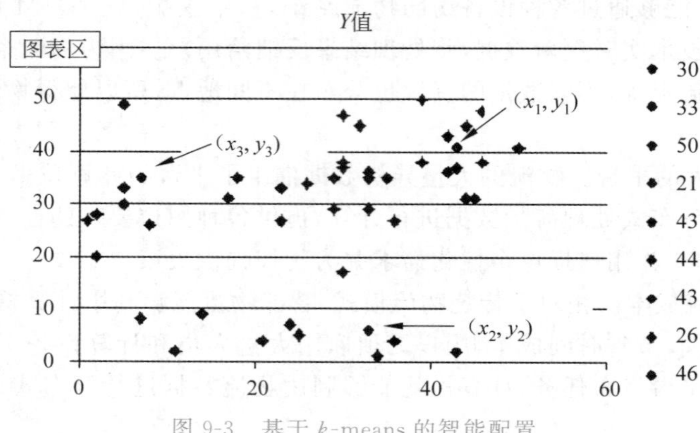

图 9-3　基于 k-means 的智能配置

图 9-3 中的点代表物流供应商能够提供资源的位置点。假设供应商需要 3 种资源，则可以通过寻找质心法找到 3 种资源，为了能够找到合适的资源，随机生产 3 个点（x_1，y_1）、（x_2，y_2）、（x_3，y_3），将这 3 个点作为质心进行计算，将所有点分为 3 类，之后按照制造企业需求从各个类别中分别挑选一种服务进行服务组合，否则计算机智能随机选取 3 个资源作为对象而计算各个属性是否满足条件。有可能产生 3 个资源都是某一类资源的情况，这样会浪费大量的计算机资源，通过寻找质心能够将所有服务进行划分，既能够将资源进行分类，从距离质心最近的位置出发，也便于找到最符合条件的点，这样就大幅减轻了计算机的计算压力，从而提高效率。

基于模块的智能配置方法是将服务看成一个整体，并将这个整体分为可以被调用的不同模块，各个模块之间相互独立地工作，模块数量能够根据不同需求进行扩展、减少或重新定义。图 9-4 为基于模块智能配置方法的几种配置方式。其中，t_i 表示第 i 个任务的响应时间，t 表示该结构所用的总时间，a 表示结构相对任务的可用性，a_i 表示第 i 个任务的相对可用性，p 表示该结构的计算成本，p_i 表示单个任务成本，r 表示信誉度。

将用户需求定量处理，之后根据用户自定义的优先级对每种组合 QoS 进行计算，如图 9-4 所示。

串行是指在配置过程中进行 QoS 元素的逐一对比，此模式能够提高配置质量，但匹配时间稍长。并行模式指多个子模块能够同时工作，因此并行模式的完成时间取决于耗时最长的子模块。4 种模式的配置性能如表 9-1 所示。

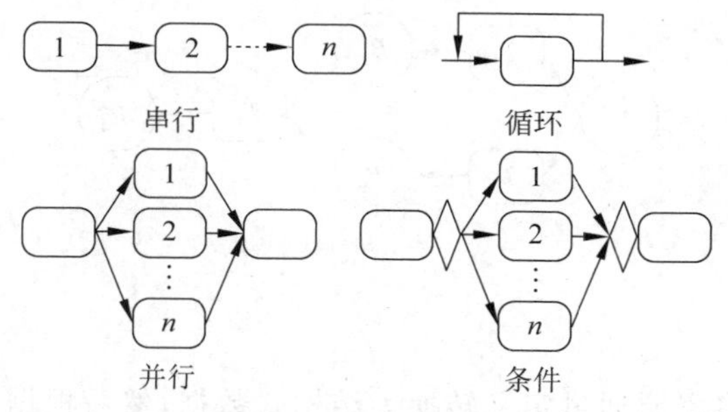

图 9-4　基于模块配置的 4 种模式

表 9-1　4 种基于模块匹配方法的对比

结构	响应时间	可用性	价格	信誉度
串行	$t=\sum_{i=1}^{n} t_i$	$a=\prod_{i=1}^{n} a_i$	$p=\sum_{i=1}^{n} p_i$	$r=\underset{i=1-n}{\mathrm{AVG}}\, r_i$
并行	$t=\underset{i=1-n}{\mathrm{MAX}}\, t_i$	$a=\prod_{i=1}^{n} a_i$	$p=\sum_{i=1}^{n} p_i$	$r=\underset{i=1-n}{\mathrm{AVG}}\, r_i$
条件	$t=\sum_{i=1}^{n} p(t_i) * t_i$	$a=\sum_{i=1}^{n} p(t_i) * a_i$	$p=\sum_{i=1}^{n} p(t_i) * p_i$	$r=\sum_{i=1}^{n} p(t_i) * r_i$
循环	$t=nt_i$	$a=(a_i)^n$	$p=np_i$	$r=r_i$

基于过程的智能配置方法是按照工作流的思想对服务进行智能配置的一种方法，该方法近些年比较流行，它将智能匹配分为一系列相互关联的任务或业务活动，工作中的任务和信息能够在多个参与者之间传递，并不断通过参与者的操作对其进行完善。在基于流程的工作中，定义角色、伙伴、过程和规则十分重要，对这些元素进行规范整理，最终实现经营目标，这是基于过程的基本思想。

QoS 约束下基于工作流智能配置模型能够从空间和时间上对智能配置结果进行约束，整个配置流程都受到 QoS 管理，更能够从空间和时间上对配置结果进行控制，QoS 系统可以按照不同需求针对不同匹配方案形成不同要求，用户能够自己定义。

图 9-5 是最典型的 Petri 网过程模型，其中，$P_1 \sim P_4$ 为节点，T_1、T_2 为变迁以及有向线段，以该模型为例，规定了匹配的起点为 P_1，并继续按照规定的方向向下延续，且只能按照箭头的指定方向计算，变迁会产生令牌并赋予节点，每个节点以相应的令牌提供给下一个变迁，得到允许后开始进行变迁，并输出新的令牌，赋予新的节点，这样才能够使计算持续，节点之间不能够连接，节点之后必须连接下一次变迁，否则流程终止。时间是指各个节点所花费的时间总和。

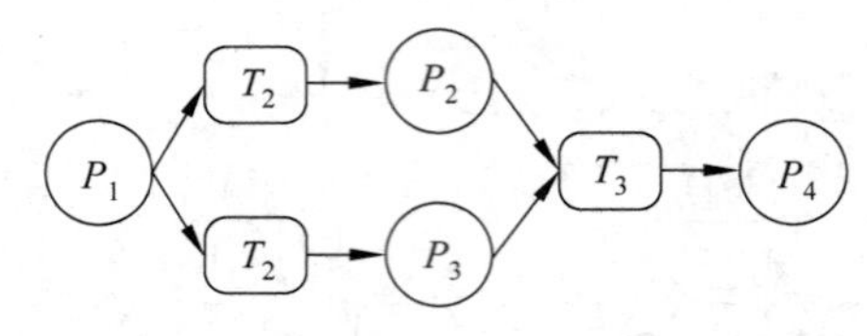

图 9-5 Petri 网过程模型

（2）配置质量

启发式算法是指将资源通过定义转换为结构式数据，然后根据智能算法进行计算，数据类型和计算方式一般是固定不变的，当数据量不大时能够给出简单结果，当物流数据量非常庞大时，配置结果会受到一定的影响。

基于模块的方法能够对数据进行筛选，如前提配置模块可以过滤一大部分数据，不同的功能模块可以实现不同功能，通过不断添加模块和增加过滤条件可以尽可能精确地满足用户需求，其中包括时间约束模块，用来控制匹配时间；违罚因素模块，用来对未按规定完成任务的供需双方进行一定惩罚，保证配置能够更加精准地进行。

基于过程匹配的方法由于难于实现扩展，其满足条件的数据过滤只能在建立系统时事先定义，无法在后期添加，因此当数据量增加、条件增多后，配置精度也会影响模块的并行，导致并发的系统问题，对活动进程和时间都存在一定要求，因此可以在简单的 Petri 网基础上加入时间约束、逻辑约束等，以增强 Petri 网的实用性。时间 Petri 网模型是在简单 Petri 网上加上时间因素而形成的，在对物流任务进行智能配置的阶段，针对不同任务的差异性，时间 Petri 网能够对已经匹配的服务进行自动检验，保证已经匹配的服务符合标准才能够输出为有限匹配。逻辑 Petri 网是在简单 Petri 网的基础上基于过程控制的智能匹配方法，变迁的输入和输出都会被逻辑控制，也称为逻辑变迁。逻辑 Petri 网可以保障每组服务组合都具有可行性，保证了智能匹配的封闭性和正确性。

（3）实现难度

启发式算法的实现相对容易，成本最低，只需要建立相应的数据库、定义配置算法即可实现。基于模块配置的方法需要不断维护和增加新模块以满足不同条件，需要花费一定建设成本，不同模块定义在不同位置的服务器中，维护成本较高。基于过程的方法比较稳定，只需要一次性的投入，一般系统建立后只需要保证系统不受到干扰，既能保证其正常运行。

（4）稳定性与扩展性

稳定性和扩展性存在交叉关系。启发式匹配方法的扩展性最差，定义不同数据来源为不同类型后，通过算法进行配置，一旦用户要求发生变化，就需要重新定义配置条件。

基于模块的方法本身就是通过定义不同的模块功能实现的，新增模块是模块法的常用方法，因此这三种方法中其扩展性最强，稳定性也能得到保证。基于过程的方法的扩展能力一般，在三者中处于中等，扩展存在一定技术难题，且扩展后的稳定性不能保证。因其存在时间序列的流程，且其中某一环节发生异常就会影响整个配置过程，故时间长短存在一定的不确定性。

9.6.3　物流指标

上面介绍的现代物流特点提到了对物流智能配置方法的时间、精度等指标，这部分将详细归纳和总结这些物流指标，可以用来对物流配置算法的质量进行评估，这些指标对制造企业的制造过程和制造成本的影响也非常之大。由于制造企业的规模、产业结构、产品定位的不同，通常对这些物流指标的要求也不尽相同，因此在使用指标评价物流配置方法时，它们将有所侧重，但它们作为物流行业的共同属性，在物流研究工作中不可或缺。本书在总结物流供需关系的众多要求中列举了几个重要的指标：匹配时间、匹配精度、实现难易程度、稳定性、扩展性等，按照类别划分等级，这五个指标可以作为物流智能配置的一级指标。

五个一级指标可以采用对象分析法或扎根理论把它们进一步细分，如时间指标可以进一步划分为计算时间、修复时间、正常运行时间等，其他指标类似此方法划分下去，这样被划分出来的指标可以称为二级指标，所有一级指标划分为二级指标的情况如表 9-2 所示。

表 9-2　物流指标

一级指标	二级指标
B_1：时间	C_1：计算时间
	C_2：修复时间
	C_3：正常运行时间
B_2：精确性	C_4：识别精确性
	C_5：匹配精确性
	C_6：反馈精确性
B_3：可实现性	C_7：容易
	C_8：一般
	C_9：较难

续表

一级指标	二级指标
B_4：扩展性	C_{10}：前端扩展
	C_{11}：系统扩展性
	C_{12}：终端扩展性
B_5：稳定性	C_{13}：终端稳定性
	C_{14}：系统稳定性
	C_{15}：拓展稳定性

B_1：时间，包括整个系统的运行时间。

C_1：计算时间，系统通过不同算法对数据进行计算，是能够影响系统运行快慢的主要因素。

C_2：修复时间，若系统出现故障，则对其进行修复所花费的时间，系统稳定与否能够影响时间长短。

C_3：匹配时间，各个环节所用的总时间，指从需求商发布信息开始到货物到达目的地的时间。

B_2：精确性，整个系统的精确性，包括能否正确识别传感器信息、反馈是否已经参与匹配资源等。

C_4：识别精确性，指各类信息的收集精确性，包括不同传感器处理数据后能否精确被录入等。

C_5：匹配精确性，若信息全部满足条件，则系统能否给出最佳匹配选项。

C_6：反馈精确性，信息被确认后，系统根据确认信息对现有资源进行调整的速度以及精度。

B_3：可实现性，开发系统的工作量大小，包括 C_7、C_8、C_9 三种，分别表示容易、一般和较难。

B_4：扩展性，包括匹配功能的扩展、新加传感器和模块等。

C_{10}：前端扩展性，指各类信息的接入点扩展，不同信息接入点能否顺利介入系统，并以新数据形式参与计算。

C_{11}：系统扩展性，指系统本身进行扩展、增加可用性和功能等。

C_{12}：终端扩展性，即用户界面的扩展能力。

B_5：稳定性：系统运行的稳定性。

C_{13}：终端稳定性，指用户界面的稳定程度、点击反馈率和正确性。

C_{14}：系统稳定性，指系统正常运行的时间长短。

C_{15}：扩展稳定性，终端能够适应不断接入新设备，保障系统正常运行。

9.6.4　物流建模

制造企业根据不同的生产批次、产品数量选择不同的物流指标，不同的指标要求下的物流配置结果是不同的。制造企业选择适合的配置物流方式是实现配置的基本依据和出发点。因此，本节将介绍影响智能物流配置模式的物流模型的建模以及多种指标期望确定的物流决策方法，计算出适合制造企业盈利目标的智能配置方法。

1. 层次法物流建模

为了能够消除制造企业物流配置过程中人为因素给配置方法带来的偏差，物流配置可以设置人为因素指标，设计一个人为因素产生误差的指标的数据统计计算函数，记录系统之前人为误差数据和实际数据之间的误差，可采用加权平均法或最小方差方法处理，得到人为误差因素指标的权重值，在进行物流系统配置计算时，使用此值对系统进行调节。这种权重值也可以通过经验数据或专家数据进行设定，可以通过多次配置选择合适的结果。

前面介绍过目前制造企业的三种智能配置方法，在三种方法的评价过程中，发现它们都具有几种共同属性，这些属性因不同的制造规模、产业结构，物流要求也不尽相同。由于本书采用制造企业作为介绍背景，因此可以按照层次结构分析法将物流指标设计为物流配置模型的二级评价因素，分别为配置时间、配置精确、实现难度、可扩展性和稳定性。将最佳匹配方法作为目标层，将评价因素 $B_1 \sim B_5$ 作为准则层，$C_1 \sim C_{15}$ 作为子准则层，构造的模型如图 9-6 所示。

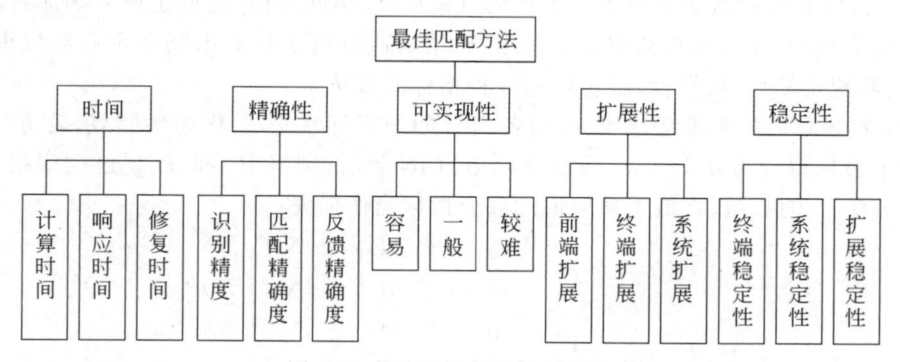

图 9-6　物流层次结构指标模型

2. 指标权重的确定

为了能够选择更符合发展需求的配置方法，应首先建立参数指标，参数确定方法通常包括数据统计法和经验法，对不同的指标逐一进行确定，使用表格的形式对比指标因素，如表 9-3 所示，即若第 i 行指标与第 j 列定义中的同等重要，则比值 $a_{ij}=1$，同理若第 i 各指标与第 j 各指标比稍微重要，则 $a_{ij}=3$，以此类推，其中，2、4、6、8 代表两个重要性的中间值，以增加对比精度。

表 9-3　评价法准则

相对重要性分数	定　义
1	同等重要
3	稍微重要
5	明显重要
7	非常重要
9	极端重要
2、4、6、8	相邻判断中值

为了能够对不同方法进行区分，以及区分不同方法的不同指标的具体表现，基于前文的分析，对不同表现进行标准化等处理，如时间指标的下级指标的考察：计算时间、响应时间、匹配时间等综合对三种方法进行赋值等。

9.6.5　量化方法

下面介绍一些常用的指标量化方法。

（1）首先获得制造企业对不同指标的重视程度，不同规模、类型企业对物流智能配置方法的要求不同，通过调查获取企业需求，利用层次分析法计算出制造企业对权重时间、精确性、实现难易性、扩展性、稳定性这 5 种指标的权重 ω。

（2）将各单一指标期望水平 q_j 与各组合期望指标水平 q_l 作为参照点，若方法 A 在某指标上表现得分为 $d_i, j\geqslant q_j$ 或组合期望值 $d_{il}\geqslant q_l$，则将 d_{ij} 和 d_{il} 超过期望指标的部分当作方法 A 的收益，将低于期望值的部分指标当作损失。

$$F(d_{ij})=\begin{cases}d_{ij}-q_j, i\in M, j\in N\cap Nb\\ q_j-d_{ij}, i\in M, j\in N\cap Nb\end{cases}\tag{9-1}$$

$$F(d_{il})=\begin{cases}d_{ij}-q_j, i\in M, j\in N\cap Nb\\ q_j-d_{ij}, i\in M, j\in N\cap Nb\end{cases}\tag{9-2}$$

式中，$F(d_{ij})$表示某单一指标第 i 种方法的 j 指标的对应收益，若该方法在该指标的得分值超过预期指标，则 $F(d_{ij})$为正值，若得分未能达到预期指标，则 $F(d_{ij})$为负值。

（3）计算方法 A 针对指标 C_j 和 C_l 的前景价值 V_{ij} 和 V_{il}，若指标得分为正，则前景价值也为正值；若指标得分为负，则前景价值也为负值。

其中，$V_j^{(+)}$、$V_j^{(-)}$ 分别代表方法 A 在指标 C_j 中获得的收益和损失，

$$V_{ij}^{(+)}=F(d_{ij})^{\alpha},\quad i\in M,j\in N \tag{9-3}$$

$$V_{ij}^{(-)}=-\theta(-F(d_{ij}))^{\beta},\quad i\in M,j\in N \tag{9-4}$$

综合指标损失收益与该方法相同。其中，θ 为损失规避系数，α 和 β 为决策者风险态度系数，经过学者 Kahneman 在实证中分析，当 α 和 β 取 0.88 且 θ 取 2.25 时与实际误差相差最小，因此本书将采用该数值。

(4) 归一化前景价值 V_{ij} 和 V_{il} 为 Z_{ij} 和 z_{il}。

$$Z_{ij}=\frac{V_{ij}}{V_{\max j}},\quad i\in M,j\in N \tag{9-5}$$

$$Z_{il}=\frac{V_{il}}{V_{\max l}},\quad i\in M,j\in N \tag{9-6}$$

其中，

$$V_{\max j}=\max_{i\in M}\{\mid V_{ij}\mid\} \tag{9-7}$$

$$V_{\max j}=\max_{i\in M}\{\mid V_{ij}\mid\} \tag{9-8}$$

将通过层次分析法得到的权重 ω 与规范的前景价值向量构建成综合前景价值向量 $U_i=(u_{i1},u_{i2},\cdots,u_i(k+1))$，其中

$$u_{io}=\begin{cases}\sum_{j=1}^{n}\omega_j z_{ij}, & o\in\{1\}\\ z_{i(o-1)}, & o\in Kj\{1\}\end{cases} \tag{9-9}$$

(5) 根据综合前景价值向量计算论域。

$$Y_o=[Y_o^L,Y_o^L]=[\min_{i\in M}\{u_{io}\}],\quad \max_{i\in M}\{u_{io}\},o\in K \tag{9-10}$$

通过前景价值向量求得模糊约束为

$$R_o^f=\text{HIGHu}_o,\quad o\in K \tag{9-11}$$

求出一个模糊约束集为

$$C^f=\{R_1^f,R_2^f,\cdots,R_{k+1}^f\} \tag{9-12}$$

(6) 求方法 A 针对模糊约束 R_{of} 的隶属度 μ_{io}。首先求模糊约束集 C_f 中模糊约束 R^f 所对应的隶属度函数。

$$\mu_{io}=\mu_0(u_{io})=\frac{u_{io}-Y_o^L}{Y_o^U-Y_o^L},\quad i\in M,\quad o\in K \tag{9-13}$$

其中，

$$\mu_o(x)=\frac{x-Y_o^L}{Y_o^U-Y_o^L},\quad i\in M,o\in K \tag{9-14}$$

(7) 将制造企业工作人员给出的单一指标期望 Q 与组合指标期望关注度 η 和 η_l 转换为各模糊约束优势系数 $\rho(R_{of})$,$l\in K$,o 属于 Kl,即

$$\rho(R_o^f)=\begin{cases}\eta, & o\in\{1\} \\ \eta_{o-1}, & o\in\dfrac{Kl}{[1]} \qquad o\in K_l\end{cases} \tag{9-15}$$

最终确定推理准则 F 为

$$(R_1^f,\rho(R_1^f))\text{and}(R_2,\rho(R_2^f))\cdots(R_k+1R_{k+1}^f) \tag{9-16}$$

其具有的现实意义是优选方案应该具有 HIGHu1 and HIGHu2 and HIGHuk+1。通过以上步骤能够算出三种方法针对推理准则 F 的满意度为

$$\alpha F(U_i)=F\left\{g\left(\mu_{io},\frac{\rho(R_o^f)}{\rho\max}\right)\mid R_o^f\in C^f\right\}=\mu_{i1}\wedge\cdots\wedge\mu_{i(k+1)},\quad i\in M \tag{9-17}$$

从而对 $\alpha F(U_i)$进行排序,选取最优方案。

9.7 本章小结

企业利用设备从事生产是一个复杂的系统工程,涉及物料的供应、人员的组织、设备的准备、技术的支持等多方面的工作,这些工作的任何环节出现问题都会影响企业的正常生产,给企业带来不同程度的损失。本章介绍了基于 BOM 的 MES 研究与开发,在了解研发背景的基础上,重点介绍了层次分析法的产品 BOM 的构建技术、模糊综合评判的最优库存确定方法以及构建四层构架的 MES 系统等内容。

第10章 智能制造系统测试

基于智能制造关键技术的理论基础选择符合要求的制造样机进行测试。系统测试必须做好相关的测试设计，然后按照设计要求分阶段、按次序、有步骤地进行测试。本章内容包括系统测试的总体介绍、系统硬件测试、PLC程序测试、系统驱动器调试、NC程序测试等。本章的内容安排不仅蕴含现代产品的测试方法，而且对正常机电设备产品的功能和性能都分别做出相应的测试，测试结果作为反馈信息将用于指导设备的调试和智能程序的修正。

10.1 系统测试的总体介绍

10.1.1 系统的体系结构

智能制造系统因功能不同而形态各异，本章将基于制造系统所具有的共性内容以及独有功能展开系统测试工作。由于系统测试工作是一个实践的工作，因此必须基于一定的有形实体，故本章的测试工作将选用一个具有智能制造代表性的装备进行。本书的撰写基于前期的工作基础，此工作受到了中国博士后科学基金委“交流伺服电机直驱式新型回转头压力机及其智能控制策略”研究项目、广东省教育部关于“高端高速精密板材冲压加工中心的研究与开发”产学研结合项目的资助和支持，以及广东锻压机床厂有限公司的资金资助和制造能力支持，在此背景下展开了各项智能制造关键技术的研究，并获得了多项技术成果，制造了一套产品样机，样机集成了所有研究成果和技术，外观如图10-1所示，后续的测试工作都是基于该设备实施的，所有测试数据都是真实有效的。下面将从系统的硬件和软件两个方面详细介绍测试过程。

制造装备通常具有通用性，尽管形态各异，但其结构非常类似，硬件组成基本相同，一般包括人机交互界面、输入/输出设备、PLC、计算机控制装置、电气控制装置、伺服单元、测量装置、辅助装置、驱动装置及机床本体等部分。不同的制造任务是通过软件控制实现的。图10-2是数控机床的组成框图。

(1) 人机交互界面，主要提供人机对话、设备操作的接口装置。

图 10-1 GMP1-3032 型智能制造设备

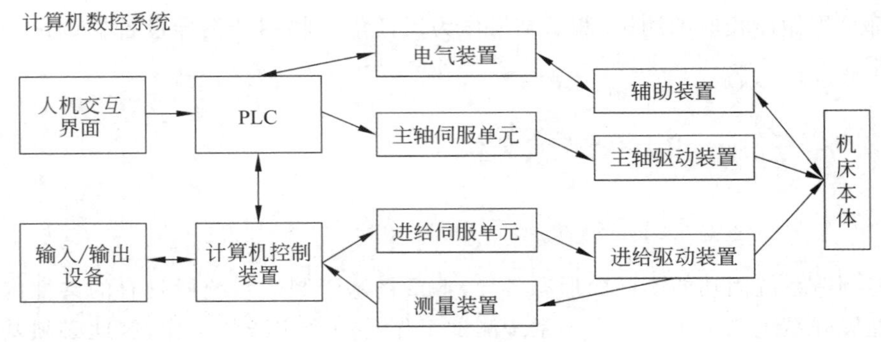

图 10-2 数控机床的组成框图

(2) 输入/输出设备,键盘、显示器、手轮等是数控机床的典型输入设备。

(3) 可编程控制器(PLC)是一种以微处理器为基础控制设备的逻辑开关。

(4) 计算机控制装置(CNC),它是制造系统的核心,主要包括微机系统和接口。

(5) 电气装置,提供系统所需的能源,包括能源控制和能源分配。

(6) 伺服单元,执行 CNC 驱动信息,实现装置的定位。

(7) 测量装置,它是能够测量机床上某些单元的物理量,并反馈信息给 CNC 的装置。

(8) 辅助装置,其他为了系统能够正常运行而设计的系统设置。

(9) 驱动装置,它是把能量转换为机械运动的机构。

(10) 机床本体,机床的支撑部分,包括加工时的受力,对变形和刚度的要求较高。

其中,硬件部分大多采用可以集成的标准化设备,包括输入/输出设备、计算机控制装置、伺服单元、驱动装置、可编程控制器等;部分专用设备进行了自主研发,如机身、回转塔等。

数控机床的软件部分包括 CNC 软件、PLC 软件以及支持研究的应用软件，如 NC 自动编程系统、制造过程优化系统、自动建模系统、精度控制系统等。所有软件部分都可以自主完成，这不仅是本书研究中的重点，同时也是实现装备升级的有效解决方案。

10.1.2　装备的性能要求

结合当前的研究现状和已有基础，兼顾产品先进性的要求，制定了样机的主要性能指标，见表 10-1。

表 10-1　设计目标指标值

指标名称	指标值
公称压力	200～300kN
冲压速度	1200～1500 次/分钟
一次再定位加工板材幅面	1250mm×2500mm
4mm 冲压行程、25mm 步距时的行程次数	400 次/分钟
加工孔位置精度	±0.1mm
模位数	32 个
板材最大移动速度	113m/min
一次冲孔最大直径	88.9mm
控制轴数	5 个

10.2　系统硬件测试

10.2.1　系统硬件安装

研究样机采用 SINUMERIK802D sl 产品，该系统有两种通信方式：PROFIBUS 总线和 DRIVE CLiQ 总线。因此，总线的正确连接是非常重要的。

PCU 为 PROFIBUS 的主设备，每个 PROFIBUS 从设备(如 PP72/48)都有自己的总线地址，因此从设备在 PROFIBUS 总线上的排列次序是任意的。PROFIBUS 总线的连接如图 10-3 所示。PROFIBUS 两个终端设备的终端电阻开关应拨至 ON 位置。PP72/48 的总线地址由模块上的地址开关 S1 设定。第一块 PP72/48 的总线地址为 9(出厂设定)；第二块 PP72/48 的总线地址应设定为 8；第三块 PP72/48 的总线地址应设定为 7；

DP/DP 耦合器在 802Dsl 端的总线地址固定为 6。

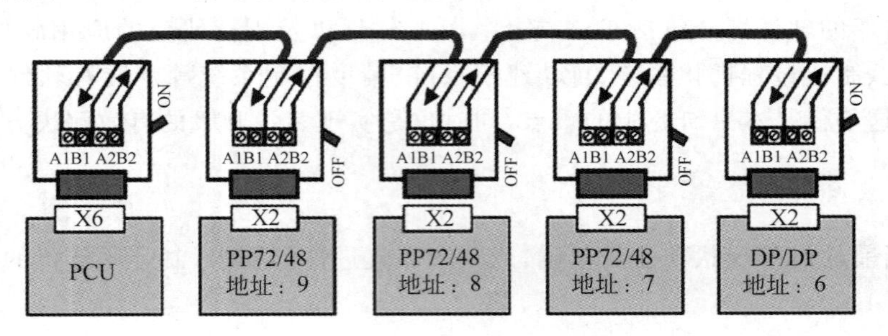

图 10-3 PROFIBUS 总线的连接

调节型进线电源模块(Active Line Module,ALM)具有 DRIVE CLiQ 接口,由 802D sl X1 接口引出的驱动控制电缆 DRIVE CLIQ 连接到 ALM 的 X200 接口,由 ALM 的 X201 连接到相邻电动机模块的 X200,然后由此电动机模块的 X201 连接至下一相邻电动机模块的 X202,按此规律连接所有电动机模块,如图 10-4 所示。

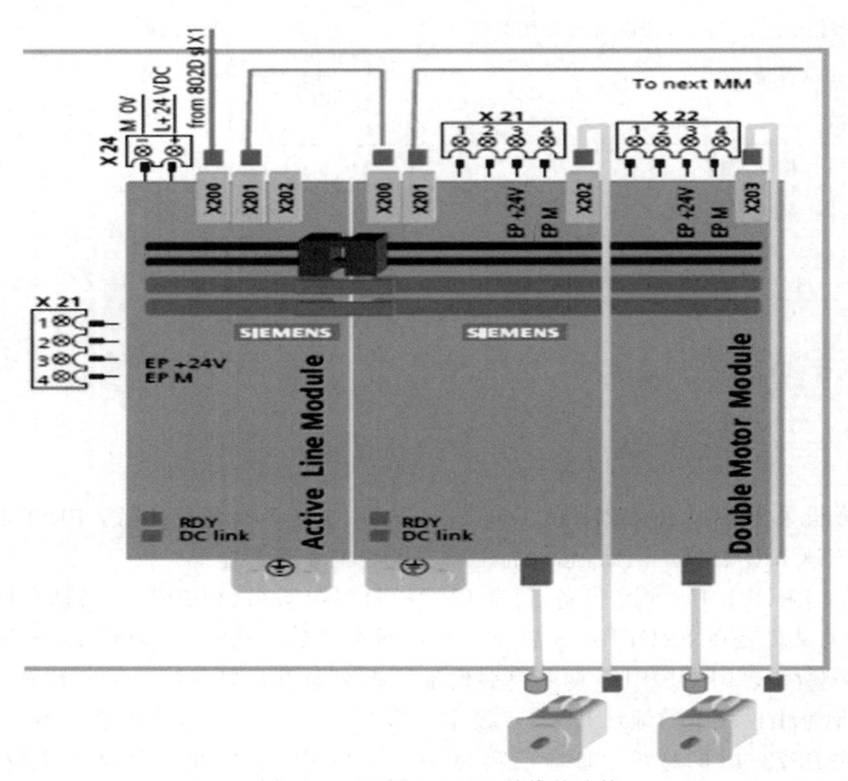

图 10-4 DRIVE CLIQ 总线的连接

10.2.2 硬件连接测试

通电前检查 DC24V 回路有无短路；检查两个电源的 0V 是否连通；检查驱动器进线电源模块和电机模块的 24V 直流电源跨接桥是否可靠连接；检查 DRIVE CLiQ 电缆是否正确连接；检查 PROFIBUS 电缆是否正确连接，终端电阻的设定是否正确。

如果通电前检查无误，则可以给系统加电。合上系统的主电源开关，802D sl 的 PCU、PP72/48 以及驱动器均通电。

- PP72/48 上标有 POWER 和 EXCHANGE 的两个绿灯亮表示 PP72/48 模块就绪，且有总线数据交换。如果 EXCHANGE 绿灯没有亮，则说明总线连接有问题。
- 802D sl 进入主画面，找到 PLC 状态表。在状态表上应该能够看到所有输入信号的状态(如操作面板上的按键状态、行程开关的通断状态等)。如果看不到输入信号的状态，请检查总线连接或输入信号的公共端。
- 驱动器的电源模块和电机模块上的指示灯：READY 为橙色-正常；驱动器未设置：红色-故障；DC Link：橙色-正常；红色-进线电源故障若无指示灯亮，则表示无外部直流电源 DC 24V 供电。

10.2.3 系统的初始化

Siemens 提供了 RCS 802 工具对 802D sl 系统的 NC 进行调试。在使用 RCS 802 工具之前，首先应对软件进行相应的设定；包括控制器选择、版本选择、项目设定等；然后进行以太网设定，地址设在同一网段内即可，还有显示语言、在线帮助文本的设定。

为了简化 802D sl 数控系统的调试，802D sl 的工具盒提供了冲床的初始化文件。初始化的方法是利用工具软件 RCS 802 或 CF 卡将所需初始化文件导入 802D sl 系统。

1. 利用工具软件 RCS 802 初始化

(1) 从“开始”菜单中找到通信工具软件 RCS 802，启动并建立在线连接。

(2) 利用 RCS 浏览器在计算机上找到初始化文件(以 802D sl Pro 铣床为例)，右击，在弹出的快捷菜单中选择 Copy 选项。

(3) 在 Control 802D 中选择 Start-up archive (NC/PLC)选项，右击选择 Paste 选项复制该文件。

(4) NC 断电再上电后初始化文件生效。

2. 利用 CF 卡导入 RCS 802 初始化

(1) 将准备好的 CF 卡插入 802D sl CF 卡插槽，选择“系统”→“调试文件”选项，在

“用户 CF 卡”选项中复制安装文件并粘贴到“802D 数据”对应的目录，根据系统提示完成安装。

(2) 选择“工艺初始化文件”→“调试存档(NC/PLC)”选项。

10.3 PLC 的程序调试

在 802D sl 的各个部件正确连接后，首先应设计并调试 PLC 的控制逻辑，至关重要的是，必须在所有有关 PLC 的安全功能全部准确无误后才能开始调试驱动器和 802D sl 的参数。

10.3.1 PLC 应用程序

利用 PLC 编程工具 Programming Tool PLC 802 V3.1 或更高版本设计机床的电气逻辑。

本系统包括 10 个子程序：①PLC 初始化子程序(PLC_INI)；②MCP 信号传递子程序(MCP_802D)；③主轴和进给轴控制子程序(AXIS_CTL)；④急停处理子程序(E_STOP)；⑤液压力处理子程序(HYDRAULIC)；⑥硬限位和手轮设置子程序(HL_CONTROL)；⑦辅助设备控制子程序(AUX_CTRL)子程序；⑧润滑控制子程序(LUBRICATE)；⑨报警和信息提示子程序(MESSAGE)；⑩子例行程序和中断例行程序终止子程序(OB1 End)。各个子程序规定了具体的处理方法或又包含其他子程序。

根据国际电工委员会制定的工业控制编程语言标准(IEC1131-3)，PLC 有 5 种标准编程语言：梯形图语言(LD)、指令表语言(IL)、功能模块语言(FBD)、顺序功能流程图语言(SFC)、结构文本化语言(ST)。下面给出梯形图语言的编程和结构文本化语言的方式，分别如图 10-5 和图 10-6 所示。

10.3.2 用户报警

PLC 报警是有效的诊断手段之一。SINUMERIK802D sl 报警系统提供了 64 个 PLC 用户报警，每个报警对应一个报警变量(与报警文本相关)和一个设定报警属性的机床参数 MD14516。

1. 制作用户报警文本

(1) 利用准备好的调试网线建立计算机和 802D sl 的连接；在“开始”菜单中找到 RCS 802 并建立在线连接。

(2) 选择 Extras →Toolbox Manager→Select OEM 选项。

(3) 选择 Chinese→alcu.txt→Edit 选项，报警文本最多包括 50 个字符(25 个汉字)。

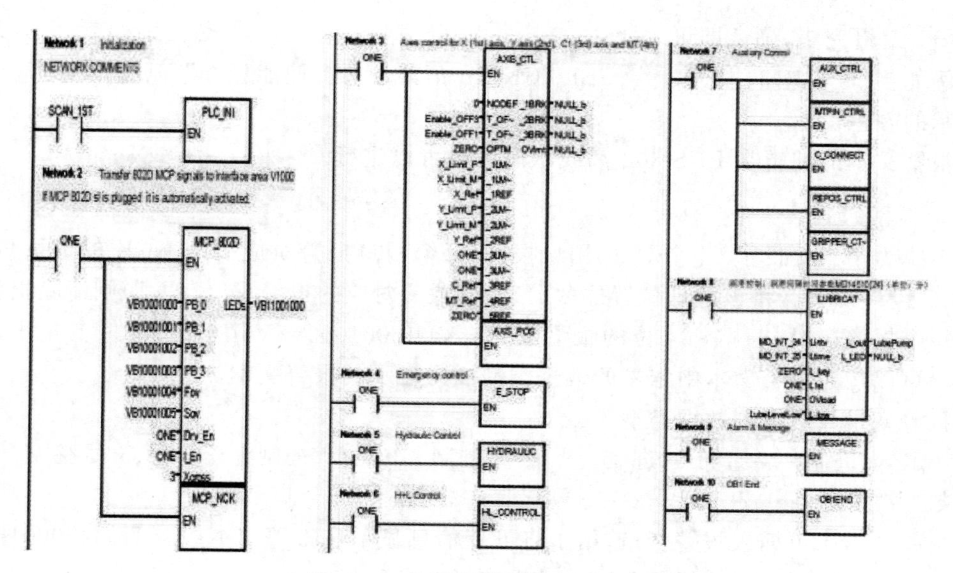

图 10-5　使用梯形图语言的编程

```
1
2   NETWORK 1          //Initialization
3   //NETWORK COMMENTS
4   LD      SCAN_1ST
5   CALL    PLC_INI
6
7   NETWORK 2          //Transfer 802D MCP signals to interface area V1000
8   //If MCP 802D sl is plugged  it is automatically activated.
9   LD      ONE
10  CALL    MCP_802D, VB10001000, VB10001001, VB10001002, VB10001003,
        VB10001004, VB10001005, ONE, ONE, 3, VB11001000
11  CALL    MCP_NCK
12
13  NETWORK 3          //Axes control for X (1st) axis, Y axis (2nd), C1
        (3rd) axis and MT (4th)
14  LD      ONE
15  CALL    AXIS_CTL, 0, Enable_OFF3, Enable_OFF1, ZERO, X_Limit_P,
        X_Limit_M, X_Ref, Y_Limit_P, Y_Limit_M, Y_Ref, ONE, ONE, C_Ref,
        MT_Ref, ZERO, NULL_b, NULL_b, NULL_b, NULL_b
16  CALL    AXIS_POS
17
18  NETWORK 4          //Emergency control
19  LD      ONE
20  CALL    E_STOP
21
22  NETWORK 5          //Hydraulic Control
23  LD      ONE
24  CALL    HYDRAULIC
25
26  NETWORK 6          //H*L Control
27  LD      ONE
28  CALL    HL_CONTROL
29
30  NETWORK 7          //Auxiliary Control
31  LD      ONE
32  CALL    AUX_CTRL
33  CALL    MTPIN_CTRL
34  CALL    C_CONNECT
35  CALL    REPOS_CTRL
36  CALL    GRIPPER_CTRL
37
38  NETWORK 8          //润滑控制，润滑间隔时间参数MD14510[24]（单位：分），
        润滑时间参数MD14510[25]（单位：秒
39  LD      ONE
40  CALL    LUBRICAT, MD_INT_24, MD_INT_25, ZERO, ONE, ONE, LubeLevelLow,
        LubePump, NULL_b
41
42  NETWORK 9          //Alarm & Message
43  LD      ONE
44  CALL    MESSAGE
45
46  NETWORK 10         //OB1 End
47  LD      ONE
48  CALL    OB1END
49
50
```

图 10-6　使用结构文本化语言编程

(4) 编辑完毕，确认即可。

例如："＃[CRED 提示：＃[CBLACK%n 请禁用所有使能！%n"，其中，RED表示报警显示的颜色。

报警文本的编辑在RCS 802离线状态下也可以进行。

2. 报警的激活

系统为用户提供了64个PLC用户报警，每个用户报警对应一个NCK的地址位，参见PLC接口说明。将该地址位置位("1")即可激活对应的报警，复位("0")则清除报警。

每个报警还对应一个64位的报警变量：VD16001000～VD16001252。变量中的内容(值)可以按照报警文本中定义的数据类型插入显示的报警文本。

报警变量具有下列数据类型。

%d：十进制。%x：十六进制。%b：二进制。%o：八进制。%u：无符号整型。%f：浮点数。

报警文本中可插入报警变量，用于将可变信息显示在报警文本中。例如，700012 0 0 "冷却启动信号生效，但接触器KM %d没有吸合！"。

10.4 系统驱动器的调试

当PLC应用程序正确无误后，即可进入驱动器的调试。驱动器的调试步骤如下。

(1) 装载SINAMICS Firmware：确保驱动器各部件具有相同的固件版本。

(2) 装载驱动出厂设置：激活各驱动部件的出厂参数。

(3) 拓普识别和确认(快速开机调试)：读出驱动器连接的拓扑结构以及实际电机的控制参数，设定拓扑结构比较等级。

1. 驱动器的固件升级

除不带Drive CliQ接口的电源模块外，SINAMICS部件的内部均具有固化软件，简称固件；为保证驱动器与数控系统软件的匹配，首先需要对驱动器的固件进行装载，在硬件未更换的情况下，固件装载执行一次即可，如果更换了新的硬件，则需要重新执行固件装载。

(1) 进入系统画面[Shift]＋[ALARM]，进入[机床参数]→[驱动器数据]→选择[SINAMICS_IBN]。

(2) 选择 [装载SINAMICS Firmware] →[打开]。

(3) 选择 [全部组件] → [启动]。

(4) 驱动器进线电源模块和电机模块上的指示灯READY以2Hz的频率绿、红交替显示，表示固件升级正在进行中，升级过程在系统上也有状态指示。

(5) 当系统出现提示"成功结束装载，该过程后必须进行 SINAMICS Power Off/On"时，表示驱动器固件升级完成。

在升级过程中，系统和驱动不能断电，升级完成后驱动器应先断电，再上电。

2. 驱动器的初始化

(1) 进入驱动调试向导[SINAMICS_IBN]→选择[装载驱动出厂设置]→[打开]。

(2) 选择 [全部组件]→激活[启动]。

(3) 当系统提示"组件已设为出厂设置"时表示驱动器初始化完成。

3. 拓普识别和确认

(1) 进入驱动调试向导[SINAMICS_IBN]→选择[拓扑识别和确认(快速开机调试)]→[打开]。

(2) 激活[启动]。

(3) 当系统上提示"该过程后必须进行 SINAMICSPower Off/On"时表示驱动配置完成。

4. 设置 SINAMICS 拓扑结构比较等级

(1) 驱动调试结束后，应将拓扑结构的比较等级设为最低，否则在驱动部件更换后，系统会提示"拓扑结构比较错误"。

(2) 找到驱动器 CU_I 参数 P9，输入 1；参数 P9906，输入 3；参数 P9，输入 0。

(3) 驱动器数据存储。

(4) 找到驱动器参数 P977，输入"1-"存储数据；

(5) 观察驱动器参数 P977，当 P977 由 1→0 时表示数据存储完成。

(6) 选择 "保存参数"选项存储驱动数据。

(7) 802D sl 及驱动器先断电，再上电。

10.5　NC 程序测试

10.5.1　基础参数设置

在进行 NC 编程之前需要进行一系列的参数设置。

- 驱动器模块定位，数控系统与驱动器之间通过总线连接，系统根据下列参数与驱动器建立物理联系。
- 位置控制使能，系统出厂时设定各轴均为仿真轴，系统既不产生指令输出给驱动器,也不读电动机的位置信号。

- 传动系统参数配比,传动系统的参数决定了这个坐标轴的实际移动量。
- 坐标速度和加速度。
- 位置环增益。
- 返回参考点。
- 软限位。
- 反向间隙补偿。
- 丝杠螺距误差补偿。
- 设定用户的数据保护级。

10.5.2 功能调试

1. 往返运动误差测试

```
N10 T31
N15 G55 G01 X10 Y100 F30000
N20 R1=0 R2=0

N25 SUB1: R1=R1+1
N30 G01 G91 Y200 SPP=20 SON
N35 G91 X20 SPOF
N40  R2=1
N45 IF R1<11 GOTOF SUB3
N50 IF R1==11 GOTOF SUB4

N55 SUB2: R1=R1+1
N60 G01 G91 Y-200 SPP=20 SON
N65 G91 X20 SPOF
R2=0
N70 IF R1<11 GOTOF SUB3
N75 IF R1==11 GOTOF SUB4

N80 SUB3: IF R2==0 GOTO SUB1
N85       IF R2==1 GOTO SUB2
N90 SUB4: G00 G90 G500 X0 Y0 SPOF
N95 M30
```

测试结果如图 10-7 所示。

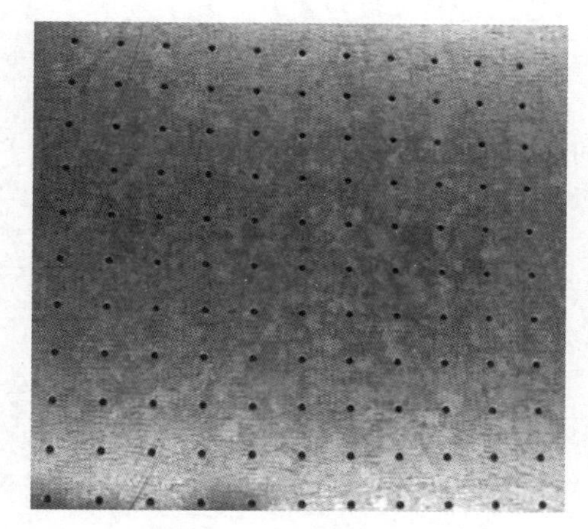

图 10-7　加工格栅测试结果

测试证实研发的设备能够达到设计的精度要求。

2. 圆插补调试

```
N10 T31
N15 G55 G01 X100 Y100 F30000
N20 G91 X30 Y40 SPOF;                //圆弧的起始点
N25 G2 I40 J0 SPP=10 PON;            //终点和圆心
N30 G01 G90 G500 X0 Y0 SPOF
N35 M30
```

测试结果如图 10-8 所示。

图 10-8　插补加工的圆测试结果

通过插补计算能够形成需要的效果。

3. 字符加工

测试程序由主程序和5个子程序组成。

主程序 Main.mpf：

```
N10 G55 G90

N15 TRANS X85 Y75 SPOF ;1-1
N20 GUANGSMALL
N25 TRANS X85 Y75 SPOF
N30 DUANSMALL
N40 PAUSE
N45 TRANS X80 Y70 SPOF
N50 CUTSMALLNEW
N55 TRANS
N65 RETURN
N70 M30
```

子程序 guangsmall.spf：

```
N10 ATRANS X0 Y20
N15 T31
M84
N20 G90 G01 X33 Y61 F30000 SPOF ;      //画"广"
M83
N25 X38.5 Y55.5 SPP=1.2 SON
N30 X60 Y54.7 SPOF
N35 X13 SON
N40 Y29.3
N45 G02 X8.6 Y8.8 CR=50.4

N50 G01 X20.2 Y45.8 SPOF ;              //画"黄"上半部
N55 X55.3 SON
N60 X17.9 Y39 SPOF
N65 X58.4 SON
N70 X31 Y51 SPOF
N75 Y43.5 SON
N80 X44.3 Y51 SPOF
N85 Y43.5 SON
```

```
N90 X37.3 Y34.5 SPOF;                    //画"黄"下半部
N95 Y22 SON
N100 X27.9 Y25.9 SPOF
N105 X48.8 SON

N110 X37.3 Y32.7 SPOF
N115 X52.8 SON
N120 Y27.9
N125 Y23.9 SPOF
N130 Y18.8 SON
N135 X23.4
N140 Y23.9
N145 Y27.9 SPOF
N150 Y32.7 SON
N155 X37.3

N160 X30.5 Y15.7 SPOF
N165 X20.5 Y8.3 SON
N170 X43 Y16 SPOF
N175 X55.7 Y9.5 SON
N185 M30
```

子程序 duansmall.spf：

```
N10 ATRANS X61 Y20
N15 X15.9 Y59.2 SPOF ;                   //画"釒 "
N20 X4.9 Y39 SON
N25 X14.5 Y56.7 SPOF
N30 X23.9 Y46.4 SON

N35 X10 Y40.2 SPOF
N40 X22.7 SON
N45 X6.4 Y30.3 SPOF
N50 X23.9 SON
N55 X4 Y9.9 SPOF
N60 X22.7 Y13.6 SON
N65 X15 Y40.2 SPOF
N70 Y12 SON
```

```
N75 X6.6 Y24.1 SPOF
N80 X9.7 Y16.1 SON
N85 X22 Y24.8 SPOF
N90 X18.9 Y16.8 SON

N95 X36.5 Y58 SPOF ;                    //画"段"左端
N100 X28.2 Y56.7 SON
N105 Y7.1
N110 X24 Y17.9 SPOF
N115 X36.5 Y21.5 SON
N120 X36.4 Y33.6 SPOF
N125 X28.3 SON
N130 X36.4 Y45 SPOF
N135 X28.3 SON

N140 X38.9 Y38 SPOF ;                   //画"段"右端
N145 G03 X42.8 Y49.5 CR=26.2 SON
N150 G01 Y56.9
N155 X53
N160 Y44.4
N165 G03 X61.2 Y40 CR=6.1

N170 G01 X40 Y34.4 SPOF
N175 X55.9 SON
N180 G02 X47.7 Y17 CR=44.9
N185 X34 Y8.8 CR=25.7
N190 G01 X42 Y29.6 SPOF
N195 G03 X46 Y17.7 CR=53 SON
N200 X58.1 Y9.2 CR=14.4
N205 M84
N210 M30
```

子程序 cutsmall.spf：

```
N10 T1
N15 M84
N20 G01 X3.5 Y10 C90 F20000 SPOF
N25 M83
```

```
N30 Y70 SPN=10 SON
N35 X136.5 SPOF
N40 Y10 SPN=10 SON

N45 X129.9 Y3.5 C359.55 SPOF
N50 X10.1 SPN=13 SON
N55 Y76.5 SPOF
N60 X129.9 SPN=13 SON
N65 TRANS
N70 M84
N75 M30
```

子程序 pause.spf：

```
N210 G01 G91 Y350 SPOF
G90
M30
```

子程序 return.spf：

```
TRANS
N75 G500
N80 G90 G01 Y0 C0 SPOF
N85 X0
M30
```

测试结果如图 10-9 所示。

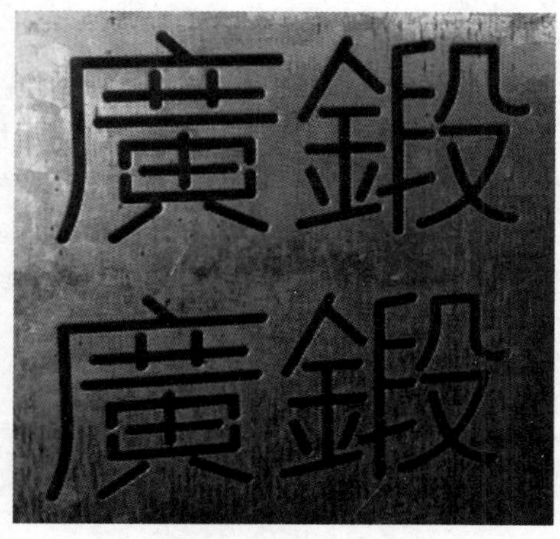

图 10-9　加工的汉字

从图 10-9 可以看出，研究的装备能够实现汉字和字符的加工。

冲压频率的测试结果如图 10-10 所示。

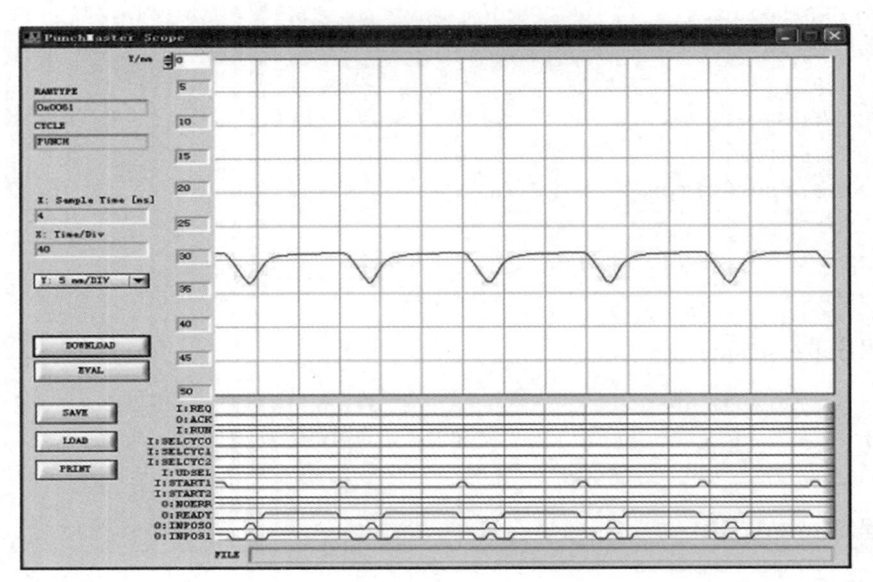

图 10-10 冲压频率波形

$$冲压次数\ H = 60/f = 60/3 \times 0.04 = 500(次/分钟)$$

所有冲压频率均不小于每分钟 500 次。

10.6 本章小结

本章在系统设计要求的基础上进行了系列功能及其性能测试。测试是分步骤、分层次、渐进性展开的，这样条理清晰，测试阶段性任务明确，不会产生测试程序的混乱、测试错误或误判。对系统测试进行了总体介绍，重点介绍了基于接口的系统硬件连接测试、运动控制基础性的 PLC 编程测试以及系统驱动器的调试、NC 的编程测试等，并在这些测试中部分地融入了研究的内容和成果。测试结果表明，该设备完全达到了设计目标的要求。

第11章 结论

11.1 研究结论

本书以 FCNC 智能运动控制技术为例介绍了智能制造的关键技术，在此相关技术的支撑下开发出了一台 FCNC 样机，它体现了提出方法的科学意义及其一定的实际应用价值。具体的技术成果可以归纳为以下主要方面。

(1) 系统辨识建模方法。此研究能够为数控装备提供一个有效的分析和解决问题的工具；研究能大幅提高装备的加工效率和企业的生产效率；研究还能为装备生产问题提供基础性的决策支持。

(2) 基于哈密顿图的制造过程优化方法。该方法能够很好地保障和发挥装备的制造性能。方法大幅提高了装备的自动化水平，切实能够给产品带来升级。此方法也能为企业的生产制造节约能源和材料。

(3) 智能运动与仿真技术。使用 PID 方法对装备运动实施控制，说明该方法是有效的。该方法给出了试凑法和 Ziegler-Nichols 法的参数整定校正及其优缺点。使用 MATLAB 工具进行了仿真，直观显示了运动精度的控制效果。

(4) NC 自动编程方法。本方法不同于以往的 CAD/CAM 图形编程方式，能减轻工作人员的工作强度和难度。本方法的操作极为简便，增强了产品的使用范围，并且能提高生产效率，降低生产成本。

(5) 大数据的运动系统维修决策方法。现代大型机电系统的组成结构越来越复杂、智能化程度越来越高，然而系统的维修工作却越来越困难；另外，信息技术获取的各类大数据也得不到有效利用，为此，本书提出了大数据结构化与数据驱动的复杂系统维修决策方法。大数据结构化使用了 AHP 的思想，依次建立系统维修的各个层级模型；基于模型抽象出支持系统维修的数据变量，提炼出各层级变量的表达函数；研究进一步实现了维护决策的数据驱动技术，在模型和函数之上定义了数据状态块矩阵，通过设计矩阵的特殊运算算法实现维修决策的数据驱动，最后使用一个具体的例子说明提出方法的可用性，结果证明提出的方法是可行的，符合设备维修决策的建设目标，即维修方法经济、高效与实用。

（6）机电系统的可靠性技术研究。面对越来越复杂的机电系统，其关重部件的质量对整个系统的可靠性起着至关重要的作用。结合经济性方面的考虑，冗余配置成为机电系统的一种重要的可靠性保障方法，然而冗余配置对系统可靠性的提升却没有较好的确定度量方法，造成了许多过度设计或配置不足的情况。为此，本书提出了机电系统关重部件可靠性冗余配置方法的研究，为冗余系统的可靠性设计提供了理论依据。本书进行了以下几方面的研究：定义了可靠熵的概念，通过对可靠熵的分析找出可靠性冗余配置的最优值；建立了冗余系统的可靠性求解函数，对求解函数进行了推导解析，找到可靠性函数的变化规律，并在此基础上进行了可靠性冗余优化；提出了可靠熵的仿真计算，验证了提出方法的有效性，结果数据表明，提出的方法能够达到冗余系统可靠性指标的要求。

（7）现代企业生产是一个复杂的系统工程，涉及物料的供应、人员的组织、设备的准备、技术的支持等多方面的工作，这些工作及其内部彼此关联、相互制约、协同配合，任何一项工作或工作中的某个环节出现问题都会影响企业的正常生产，给企业带来不同程度的损失。那么，在上述诸多复杂因素相互影响的情况下，如何有效地组织资源、实现精益化生产、提高企业核心竞争力是摆在企业管理面前的一个巨大难题。解决这些难题不仅需要科学的方法，也需要借助一定的科技手段才能保证生产的正常进行。为此，本书提出了基于 BOM 的 MES 研究与开发，这里的 BOM 代表使用的科学方法，MES 代表研究项目所借助的技术手段，即通过信息化、智能化的方法保证和实现企业生产的有序和高效。本书的研究与开发旨在有效地组织生产，提高加工效率，并在保证生产质量的前提下满足企业的经济效益。项目的最终成果将是一套融合多种技术于一体的信息化软件系统，此系统将能够应用于实际生产并指导生产，同时能够满足上述目标要求。另外，基于 BOM 的 MES 研究与开发也是规模企业生产中的一个共性问题，此项研究与开发能够广泛应用于不同的生产制造行业，具有重要的现实意义。

11.2 下一步的研究工作

装备制造自动化是一项方兴未艾的研究，尽管目前还存在很多问题和困难，但随着人们的不断探索，装备制造自动化将日趋成熟和完善。通过样机的试制和测试能够看到人们的制造水平又大幅向前迈进了一步。然而，由于受到机电产品的设计和开发周期的限制，还有很多工作需要深入考虑和进一步提高，可以归结为以下几点。

（1）进行模块化的创新设计研究。加强模块化、集成化设计，可以进行压力机电机身结构的模块化设计，还有功能单元的模块化设计。模块化设计既可以扩大设备的市场，也可以节约产品成本，提高产品的制造效率。另外，模块化、集成化的产品设计也能方便装备的批量生产。

(2) NC 自动化编程的研究和开发。前期研究的 NC 自动编程方法仍未能进行工程化实现，为此，可以进行 NC 自动编程的功能设计研究、NC 自动编程的设备无关性研究、NC 自动编程的 CAD/CAM 的接口研究等，这些研究都是非常有价值的，也都是当前自动化设备领域亟待解决的一些问题。

(3) 制造过程优化技术的研究与开发。制造过程优化是一个复杂的问题，特别是批量大规模的产品制造生产，它的价值更能体现。制造过程优化不仅涉及加工路线的优化研究，还涉及产品加工材料的下料问题研究，它是一项综合性的研究。此项研究也是提升装备利用率，对装备进行升级的一项工作。

(4) 装备制造的噪声研究与控制。现代制造朝向绿色环保的方向发展，装备制造的噪声问题一直是困扰业界的一个难题，优良品质的设备必须满足低分贝噪声的品质要求。噪声与能量有着密切的关系，大分贝的噪声意味着产品是耗能的，不符合设计目标要求，从装备制造的噪声产生、噪声传播等方面对其进行抑制都是有价值的研究。

(5) 装备的智能制造技术研究。装备在制造过程中要面临不同的生产工况、不同的材质、不同的厚度、不同的温度、不同的数量，所有这些都要求设备能够根据当前工况选择和调节自己的加工参数，保证加工数量和品质要求，这就要求设备具有一定的智能性，能够根据加工材料的厚度、硬度等调节冲压速度，保证加工品质。这些都是智能制造研究的内容，也是未来设备制造的发展方向。

参考文献